（增訂版）

慣 性 技 術

鄧正隆　編著

目　　錄

前　言

慣性技術是一門綜合性技術,用于對運動體的姿態和位置參數的確定,是實現運動體自主式(即工作時不依賴于外界的信息、不受氣候和電子干擾的影響等)控制和測量的最佳手段。慣性技術廣泛用于航天、航空、航海、大地測量等領域,由于慣性導航的自主性,使得慣性技術在軍事上具有特殊的應用價值。

本書以慣性導航系統爲主綫對慣性技術的原理、元件、系統做一全面的介紹,全書共分九章。第一章介紹慣性導航的基本知識,第二章介紹慣性導航的基本原理和三種常用的慣性導航系統,第三章介紹機械轉子陀螺儀的工作原理及其相應的敏感器件和加速度計,第四章介紹光學角速度敏感器件,第五章從系統設計的角度闡述了慣性導航平臺的結構和動特性,第六章介紹半解析式慣性導航系統的分析及其誤差的傳播特性,第七章介紹捷聯式慣性導航系統的基本算法和系統誤差傳播特性,第八章介紹慣性導航系統的初始對準,第九章介紹組合式慣性導航系統。

本書編寫的指導思想是向初學者講述慣性技術的基本概念和相關的基本知識,爲進一步的應用和深入研究打下基礎。爲配合這個教學目的,各章均給出一定的思考題,指出各章需要掌握的主要概念。

本書主要用做自動控制、導航類大學本科生及研究生教材,對于較少學時的本科生,可適當選學相關章節的部分內容,并不影響教材內容的連貫性。

本書在編寫過程中，得到國防科工委教材編寫委員會、哈爾濱工業大學教務處、哈爾濱工業大學出版社的幫助和指導，同時得到哈爾濱工業大學控制科學和工程系的領導和同仁們的支持和鼓勵，王廣雄教授和黃德鳴教授對書稿進行了仔細的審閱，編輯做了大量的編審工作，在此一并表示感謝。

由于作者水平所限，不足和疏漏在所難免，歡迎廣大讀者批評指正。

鄧正隆

總　　序

國防科技工業是國家戰略性產業，是國防現代化的重要工業和技術基礎，也是國民經濟發展和科學技術現代化的重要推動力量。半個多世紀以來，在黨中央、國務院的正確領導和親切關懷下，國防科技工業廣大干部職工在知識的傳承、科技的攀登與時代的洗禮中，取得了舉世矚目的輝煌成就。研制、生產了大量武器裝備，滿足了我軍由單一陸軍，發展成為包括空軍、海軍、第二炮兵和其它技術兵種在內的合成軍隊的需要，特別是在尖端技術方面，成功地掌握了原子彈、氫彈、洲際導彈、人造衛星和核潛艇技術，使我軍擁有了一批克敵制勝的高技術武器裝備，使我國成為世界上少數幾個獨立掌握核技術和外層空間技術的國家之一。國防科技工業沿着獨立自主、自力更生的發展道路，建立了專業門類基本齊全，科研、試驗、生產手段基本配套的國防科技工業體系，奠定了進行國防現代化建設最重要的物質基礎；掌握了大量新技術、新工藝，研制了許多新設備、新材料，以“兩彈一星”、“神舟”號載人航天為代表的國防尖端技術，大大提高了國家的科技水平和競爭力，使中國在世界高科技領域占有了一席之地。十一屆三中全會以來，伴隨着改革開放的偉大實踐，國防科技工業適時地實行戰略轉移，大量軍工技術轉向民用，為發展國民經濟做出了重要貢獻。

國防科技工業是知識密集型產業，國防科技工業發展中的一切問題歸根到底都是人才問題。50多年來，國防科技工業培養和造就了一支以“兩彈一星”元勛為代表的優秀的科技人才隊伍，他們具有強烈的愛國主義思想和艱苦奮斗、無私奉獻的精神，勇挑重擔，敢于攻關，為攀登國防科技高峰進行了創造性勞動，成為推動我國科技進步的重要力量。面向新世紀的機遇與挑戰，高等院校在培養國防科技人才，生產和傳播國防科技新知識、新思想，攻克國防基礎科研和高技術研究難題當中，具有不可替代的作用。國防科工委高度重視，積極探索，鋭意改革，大力推進國防科技教育特别是高等教育事業的發展。

高等院校國防特色專業教材及專著是國防科技人才培養當中重要的知識載體和教學工具，但受種種客觀因素的影響，現有的教材與專著整體上已落后于當今國防科技的發展水平，不適應國防現代化的形勢要求，對國防科技高層次人才的培養造成了相當不利的影響。為盡快改變這種狀况，建立起質量上乘、品種齊全、特點突出、適應當代國防科技發展的國防特色專業教材體系，國防科工委組織編寫、出版200種國防特色專業重點教材和專著。為保證教材及專著的質量，在廣泛動員全國相關專業領域的專家學者競投編著工作的基礎上，以陳懋章、王澤山、陳一堅院士為代表的100多位專家、學者，對經各單位精選的近550種教材和專著進行了嚴格的評審，評選出近200種教材和學術專著，覆蓋航空宇航科學與技術、控制科學與工程、儀器科學與工程、信息與通信技術、電子科學與技術、力學、材料科學與工程、機械工程、電氣工程、兵器科學與技術、船舶與海洋工程、動力機械及工程熱物理、光學工程、化學工程與技術、核科學與技術等學科領域。一批長期從事國防特色學科教學和科研工作的兩院院士、資深專家和一綫教師成為編著者，他們分别來自清華大學、北京航空航天大學、北京理工大學、華北工學院、沈陽航空工業學院、哈爾濱工業大學、哈爾濱工程大學、上海交通大學、南京航空航天大學、南京理工大學、蘇州大學、華東船舶工業學院、東華理工學院、電子科技大學、西南交通大學、西北工業大學、西安交通大學等，具有較為廣泛的代表性。在全面振興國防科技工業的偉大事業中，國防特色專業重點教材和專著的出版，將為國防科技創新人才的培養起到積極的促進作用。

黨的十六大提出，進入二十一世紀，我國進入了全面建設小康社會、加快推進社會主義現代化的新的發展階段。全面建設小康社會的宏偉目標，對國防科技工業發展提出了新的更高的要求。推動經濟與社會發展，提升國防實力,需要造就宏大的人才隊伍,而教育是奠基的柱石。全面振興國防科技工業必須始終把發展作為第一要務,落實科教興國和人才强國戰略,推動國防科技工業走新型工業化道路,加快國防科技工業科技創新步伐。國防科技工業為有志青年展示才華,實現志向,提供了繽紛的舞臺,希望廣大青年學子刻苦學習科學文化知識,樹立正確的世界觀、人生觀、價值觀,努力擔當起振興國防科技工業、振興中華的歷史重任,創造出無愧于祖國和人民的業績。祖國的未來無限美好,國防科技工業的明天將再創輝煌。

張華祝

第一章 慣性導航的基本知識

1.1 慣性導航的概念

一、牛頓定律

1867年英國科學家牛頓發表論文"自然哲學的數學原理",提出了3條定律,建立了經典力學的基本框架,這3條定律也是慣性導航的力學基礎。

牛頓第一定律陳述的是,任何物體都保持其静止或勻速直綫運動狀態,直到作用在物體上的外力迫使它改變這種狀態爲止。牛頓第二定律陳述的是,一個力作用在一個物體上,這個力就使物體沿着力的方向産生加速度,加速度的大小和物體的質量成反比,即

$$\boldsymbol{F} = m\boldsymbol{a} \tag{1.1.1}$$

式中 $\boldsymbol{F}$—— 外作用力;

m—— 物體的質量;

$\boldsymbol{a}$—— 物體産生的加速度。

牛頓第三定律對作用力的性質進行了進一步的説明,對于每一個作用力,總存在一等值反向的反作用力;或者説兩個物體之間的相互作用總是大小相等而方向相反的。

牛頓第一定律表明了物體的慣性,它是牛頓第二定律的特殊情況。牛頓第二定律是對物體的慣性的量度。牛頓第三定律表明了作用和反作用是同時發生的。對其定量的描述是相對慣性空間成立的。

通過對上述牛頓3個定律的描述,我們看出,任何運動體的運動狀態都可以用加速度來表征。如,當加速度 $\boldsymbol{a} = \boldsymbol{0}$ 時,表示運動物體保持原來的運動速度。用 $\boldsymbol{V}_0$ 表示運動物體的初始速度,當 $\boldsymbol{a} = \boldsymbol{0}$、$\boldsymbol{V}_0 = \boldsymbol{0}$ 時,表示運動物體不動;當 $\boldsymbol{a} = \boldsymbol{0}$、$\boldsymbol{V}_0 = \text{const}$ 時,表示運動物體仍以原來的速度運動;當 $\boldsymbol{a}$ 與前進方向相同時,表示運動物體加速運動;當 $\boldsymbol{a}$ 與前進方向相反時,表示運動物體減速運動。當我們知道了加速度的這個特性之后,就可以知道運動物體的運動特性。

二、加速度、速度和位移的關系

加速度計可以測量運動體的加速度。慣性導航是以測量運動體的加速度爲基礎的導航定位方法,測量到的加速度經過一次積分可以得到運動速度,經過二次積分可以得到運動距離,

從而給出運動體的瞬時速度和位置數據。它們三者之間的關係可表示爲

$$\boldsymbol{a} = \frac{\mathrm{d}\boldsymbol{V}}{\mathrm{d}t} = \frac{\mathrm{d}^2\boldsymbol{S}}{\mathrm{d}t^2}$$

$$\boldsymbol{V} = \boldsymbol{V}_0 + \int_0^t \boldsymbol{a}\mathrm{d}t \tag{1.1.2}$$

$$\boldsymbol{S} = \boldsymbol{S}_0 + \int_0^t \boldsymbol{V}\mathrm{d}t = \boldsymbol{S}_0 + \boldsymbol{V}_0 t + \int_0^t\int_0^t \boldsymbol{a}\mathrm{d}t\mathrm{d}t$$

式中 $\boldsymbol{a}$—— 運動體的加速度；

$\boldsymbol{V}$—— 運動體的速度；

$\boldsymbol{S}$—— 運動體的位移。

設 $t = 0$ 時，$\boldsymbol{V}_0 = \boldsymbol{0}$，$\boldsymbol{S}_0 = \boldsymbol{0}$，當 $\boldsymbol{a} = \mathrm{const}$ 時，則有

$$\boldsymbol{V} = \boldsymbol{a}t \tag{1.1.3}$$

$$\boldsymbol{S} = \frac{1}{2}\boldsymbol{a}t^2 \tag{1.1.4}$$

從上面的公式，我們可以看出一個沿直綫（一維）運動的載體，只要借助于加速度計測出載體的運動加速度，載體在任何時刻的速度和相對出發點的距離就可以實時地計算出來。同樣的推理可以推廣到三維狀態。這種不依賴外界信息，只靠對載體自身的慣性測量來完成導航任務的技術稱做慣性導航，也稱做自主式導航。

三、在平面上的導航

這是一個簡化的二維導航例子。考慮一個載體在平面上運動，在此平面上取坐標系 OXY。爲簡單計，設 $t = 0$ 時，載體在坐標系原點 O 處。載體上放置一個平臺，平臺上放置兩個加速度計 A_X 和 A_Y，他們的敏感軸分別平行于 OX 和 OY 軸。在載體做各種機動運動狀態下，平臺能够保持加速度計 A_X 和 A_Y 的敏感軸方向始終分別平行于 OX 和 OY 軸方向。這樣，依據前面的公式，只要對加速度計 A_X 和 A_Y 的輸出信號 a_X 和 a_Y 進行計算，就可以實時計算出載體在坐標系中的位置和瞬時速度，圖 1.1 給出簡化二維導航系統方塊圖。

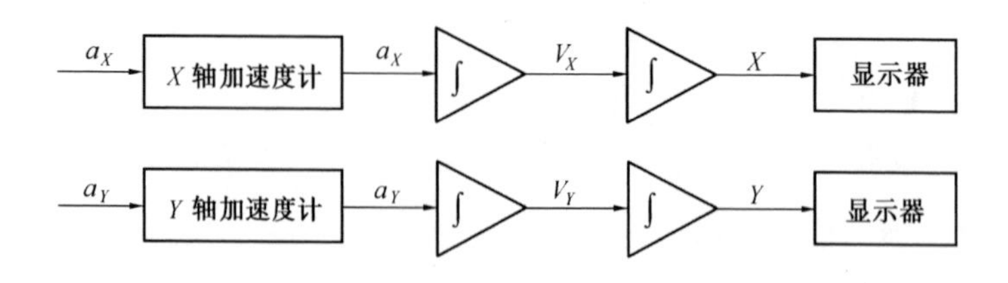

圖 1.1 簡化二維導航系統方塊圖

1.2　地球的形狀和重力特性

一、地球的形狀

使用慣性導航系統的載體,在運動中都必須和地球發生聯系,因此,應當對地球的形狀和重力場的特性有一定的了解。

地球表面的形狀是不規則的,實際上不可能按照這個真實表面來確定地球的形狀和建立模型。在確定地球形狀的時候,是采用海平面作爲基準,把"平静"的海平面延伸到全部陸地所形成的表面稱做"大地水準面",它所包圍的幾何體稱做"大地體"或"地球體"。大地體的表面是地球重力場的一個等位面,也可認爲地球體的法綫方向和重力方向一致。地球上的重力,是由萬有引力和地球自轉引起的離心力合成的。由于地球質量分布的不均匀,即太陽、月亮等天體運動影響等原因,地球重力場的大小和方向實際上是不規則的,在工程技術的應用中對此必須采取某種近似的描述。把地球看做是具有半徑爲 R 的球體,這是一般工程技術中所采用的最簡單的表示方法。

進一步的精確近似,把地球看做是一個旋轉橢球體,稱其爲參考橢球,長半軸 a 在赤道平面內,短半軸 b 和地球自轉軸重合,如圖 1.2 所示。

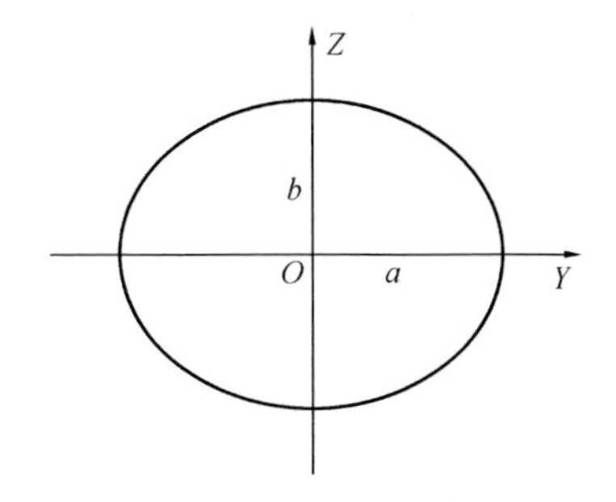

圖 1.2　地球橢球體

目前不同國家和地區所采用的旋轉橢球的參數是不同的,它們根據各自不同的地理條件選擇不同的參數旋轉橢球體,4 種主要的參考橢球的基本數據見表 1.1。

表 1.1　地球參考橢球參數

參考橢球	長半軸 a/km	扁率 α	適用地區
克拉克(Clarke)(1866)	6 378.206	1/294.978 698 2	北美
克拉索夫斯基(Krasovski)(1940)	6 378.245	1/298.30	前蘇聯
國際橢球體(International)(1924)	6 378.388	1/297.0	前蘇聯
WGS - 84(1984)	6 378.137	1/298.257 223 568	全球

注:扁率 $\alpha = \dfrac{a-b}{a}$.

全球大地系(參考橢球)(World Geodetic System)的數據的形成,考慮了大地測量、多普勒雷達、衛星等的測量數據,因此有更好的擬合精度。

我國在測量中曾采用克拉索夫斯基測定的地球橢球體的數值,目前,采用 WGS 系統。描述參考橢球半徑的公式爲

$$r = a[1 - \alpha\sin^2\varphi_c - \frac{3}{8}\alpha^2\sin^2\varphi_c - \cdots] \quad (1.2.1)$$

式中 a—— 赤道半徑(參考橢球長半軸);

φ_c—— 地心緯度;

α—— 扁率。

本書將把地球看做一個圓球體。

二、地球重力場特性

地球的重力場是由萬有引力(或地心引力)和地球自轉所產生的離心力合成的,如圖 1.3 所示。即

$$\boldsymbol{W} = \boldsymbol{j} + \boldsymbol{F} \quad (1.2.2)$$

式中 $\boldsymbol{W}$—— 重力矢量;

$\boldsymbol{j}$—— 地心引力矢量;

$\boldsymbol{F}$—— 地球自轉離心力矢量。

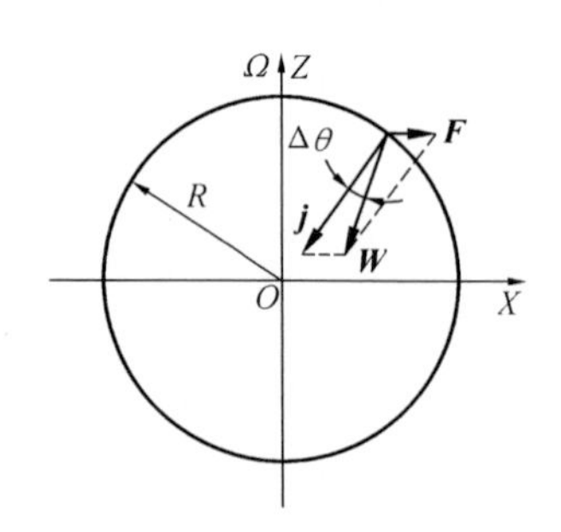

圖 1.3 地球的重力

圖中的圓代表地球爲理想的球體,R 代表地球平均半徑,地心引力矢量沿 $\boldsymbol{j}$ 的方向,地球自轉的離心力矢量 $\boldsymbol{F}$ 將隨緯度 φ 變化。重力 $\boldsymbol{W}$ 的方向也隨緯度變化。

由于離心力 F 比重力 $\boldsymbol{W}$ 小得多,$\Delta\theta$ 角只有幾角分,當 $\varphi = 45°$ 時,$\Delta\theta$ 角約爲 $9'$。

由于地球是橢球體,地心引力的方向一般不和法綫方向 R 重合。$\boldsymbol{j}$ 的大小和方向還取决于地球上被測點附近的物質密度的分布狀況,而且也可能隨時間受地質變化的影響。實際測量數據表明,在 100 年間重力 $\boldsymbol{W}$ 的方向變化小于 $10''$。

單位質量在重力場的作用下所獲得的加速度稱爲重力加速度,通常用符號 $\boldsymbol{g}$ 來表示,可見重力加速度 $\boldsymbol{g}$ 是重力大小和方向的一種表征。在地球上,隨着緯度和距離地面高度 H 發生變化,重力加速度 $\boldsymbol{g}$ 的大小和方向也要變化。

三、垂綫及緯度的定義

地球表面某點的緯度,是該點的垂綫方向和赤道平面之間的夾角,由于地球是不規則的橢球體,緯度的定義變得復雜。

垂綫的定義主要有以下 3 種。

1) 地心垂綫 —— 地球表面一點和地心的連綫。

2) 測地垂綫(大地垂綫)—— 地球橢球體表面一點的法綫方向。

3) 重力垂綫 —— 重力方向,有時也稱天文垂綫。

當考慮地球爲橢球體時,3 種垂綫的方向各不相同,由于橢球體的表面和大地水準面不完

全相符,因此重力垂綫和測地垂綫也不完全一致。由于地球橢球體已很接近大地體的形狀,所以這兩個垂綫之間的偏差是很小的,一般不超過 30′,實際上可以認爲重力垂綫和測地垂綫方向相同。

對應上述 3 種垂綫定義,則有以下 3 種緯度定義。

1) 地心緯度 —— 地心垂綫和赤道平面之間的夾角,如圖 1.4 中的 φ'。在研究一般導航問題時,就是采用地心緯度的概念。實際上是把地球看做一個圓球體。

2) 測地緯度(大地緯度)—— 通過大地測量方法測定出的緯度,即橢球法綫方向和赤道平面之間的夾角,如圖 1.4 中的 φ。目前,大地測量及精確導航中均采用此概念。在慣性導航中,經緯度的推算也是建立在此基礎上的。

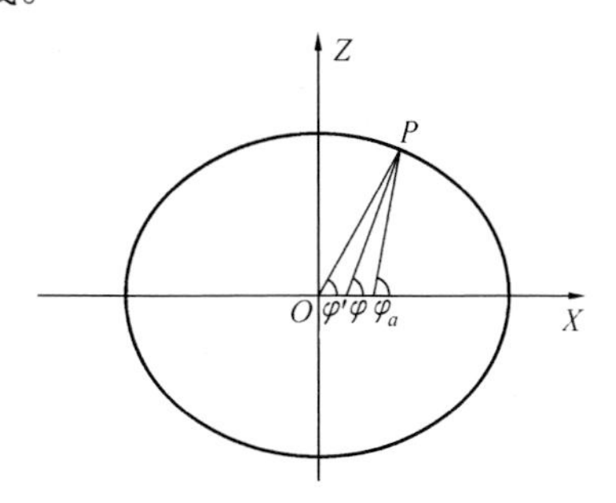

圖 1.4　各種緯度示意圖

3) 天文緯度 —— 通過天文方法測定的緯度,即重力方向和赤道平面之間的夾角,如圖 1.4 中的 φ_a。在慣性導航系統中,加速度計放置在與重力方向相垂直的定位面上,因此,根據加速度計輸出信號所求得的緯度,實際上就是天文緯度。

如上所述,由于重力垂綫和測地垂綫之間的偏差角很小,一般不超過 30′,因此,測地緯度和天文緯度可以不加區別,統稱爲地理緯度。

地理緯度 φ 和地心緯度 φ' 之間的偏差角 δ 有各種表達式,其近似表達式爲

$$\delta = c\sin 2\varphi \tag{1.2.3}$$

式中

$$c = \frac{a^2 - b^2}{2ab} \approx \frac{a - b}{a} \tag{1.2.4}$$

偏差角 δ 最大值可達 11.5′。

四、地球的運動和時間的定義

地球相對慣性空間的運動是由多種運動形式組成的,科學家們對此進行了長期研究工作,從所得結論來看,其中大部分運動對慣性導航技術來説,是没有實際意義的。因爲它們的值太小,還不能計爲慣性元件的干擾源。

主要運動有:地球繞自轉軸的逐日旋轉(自轉);相對太陽的旋轉(公轉);進動和章動;極點的漂移;隨銀河系的一起運動。

對于慣性導航系統來説,重要的數據是地球相對慣性空間的旋轉角速度,這個值能被慣性元件所敏感到。地球在不斷地自轉運動時還有公轉運動,這些運動均是相對太陽來計時的。由

于地球相對太陽旋轉一周(自轉)定義爲 24 h,所以,相對慣性空間旋轉一周的時間就要小于 24 h,地球在完成一次公轉時,其相對太陽轉過365次,而相對慣性空間恰好是366次,則地球相對慣性空間的旋轉角速度爲

$$\Omega = 15.041\ 07°/h$$

通常把地球相對太陽自轉的時間稱爲平太陽時,平太陽時 24 h,則地球相對太陽自轉一周。把地球相對慣性空間的自轉時間稱爲恒星時,恒星時 23 h 56 min 4.1 s,地球則相對慣性空間自轉一周。

1.3 坐標系

在物理學和力學的研究工作中,爲了方便,往往把一個空間或一個運動體抽象爲一個坐標系來表示,所以坐標系可以代表慣性空間、地球、飛行器等。由于運動的相對性,研究運動對象的運動必須指明是相對哪個坐標系的運動。在慣性導航中,無論是導航還是姿態控制的研究都必須引入相應的坐標系才能進行。如慣性元件的輸出信號是相對慣性空間的測量信號,據導航的任務不同,則必須將其轉換爲地理坐標系或其它坐標系的信號。因此,針對不同的研究對象和具體任務要求,正確地選取不同的坐標系是十分必要的。本節只講述確定地球相對慣性空間的運動和確定運動體相對地球運動的兩大類坐標系,而和飛行器、慣導平臺等相固連的坐標系則在適當的章節中給出。

一、確定地球相對慣性空間運動的坐標系

由于宇宙間的一切物體,包括空間都在運動,因此,絶對不動的,或做等速直綫運動的慣性空間是不存在的,要采用慣性坐標系來表示適用于牛頓定律的慣性空間,只能根據需要選擇某些近似系統作爲慣性坐標系,導航中應用的有以下兩種。

1. 太陽中心慣性坐標系

以太陽系作爲慣性空間,坐標原點設在太陽中心,如圖 1.5 所示,Z_s 軸垂直于地球公轉的軌道平面,X_s 和 Y_s 軸在地球公轉軌道平面内組成右手坐標系。

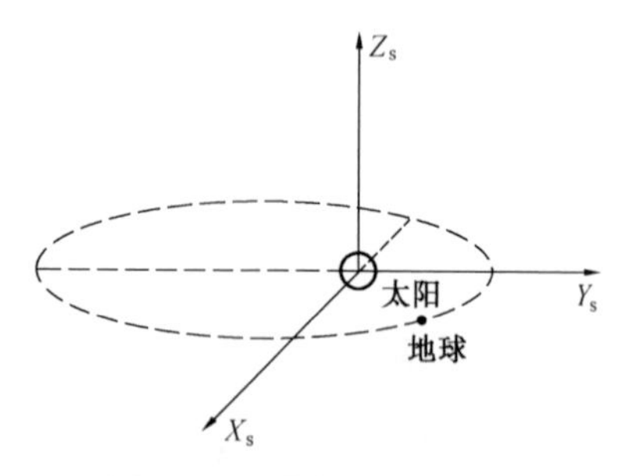

圖 1.5 太陽中心慣性坐標系

2. 地心慣性坐標系

地心慣性坐標系的原點取在地球中心,Z_e 軸沿地球自轉軸,而 X_e 軸、Y_e 軸在地球赤道平面内和 Z_e 軸組成右手坐標系,如圖 1.6 所示。坐標系 $OX_eY_eZ_e$ 不和地球固連,不參與地球的自轉。當運動體在地球附近運動時,多采用此坐標系爲慣性坐標系。

二、確定運動體相對地球位置的坐標系

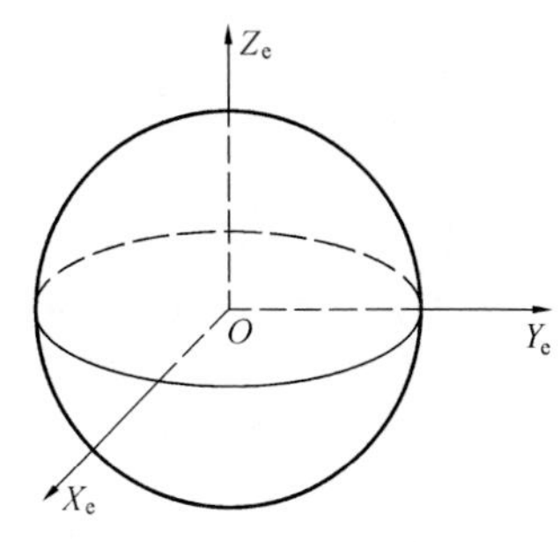

圖 1.6　地心慣性坐標系

1. 地理坐標系

如圖 1.7 所示，坐標系的原點取在運動體 *M* 和地球中心連綫與地球表面交點 *O*(或取運動體 *M* 在地球表面上的投影點)，*OE* 在當地水平面内指東，*ON* 在當地水平面内指北，$O\zeta$ 沿當地地垂綫方向并且指向天頂，與 *OE*、*ON* 組成右手坐標系。即通常所説的 3 個坐標軸成東北天配置，有些資料將 3 個坐標軸組成北天東等不同的配置順序坐標系。

2. 地球坐標系

如圖 1.8 所示，該坐標系與地球固聯，坐標原點在地心，*Z* 軸沿地球自轉軸且指向北極，*X* 軸與 *Y* 軸在地球赤道平面内，*X* 軸指向零子午綫，*Y* 軸指向東經 90° 方向。該坐標系相對地心慣性坐標系以地球自轉角速度旋轉。運動體在該坐標系内的定位多采用經度 λ、緯度 φ 和距地心距離 *R* 來標定。

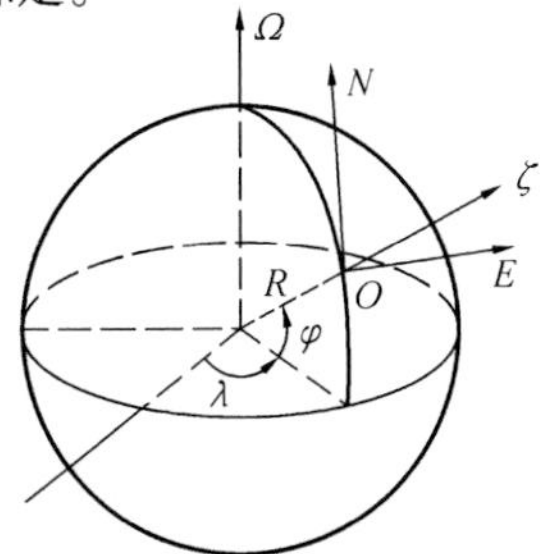

圖 1.7　地理坐標系

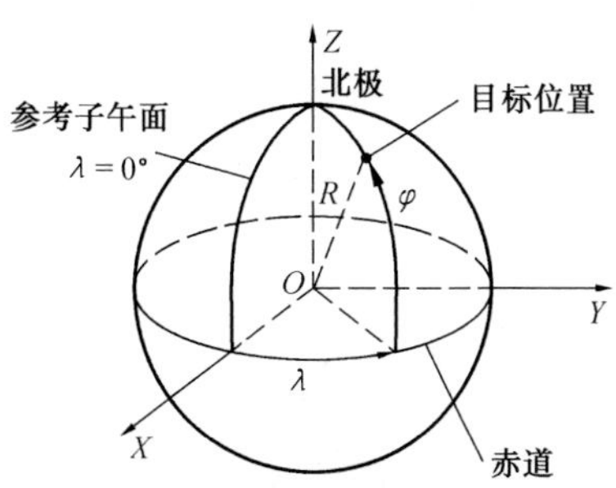

圖 1.8　地球坐標系

3. 大圓弧坐標系

如圖 1.9 所示，武器制導系統設計多采用此坐標系。定義武器發射點、目標點和地球中心 3 點構成的一個平面爲新赤道面，發射點和目標點的距離用大圓弧經度 λ_C 表示，通過地心做新赤道平面的垂綫，構成新極軸，飛行器偏離新赤道平面的距離用新緯度 φ_C 表示，距地面的距離用距地心的距離 R_C 來表示。

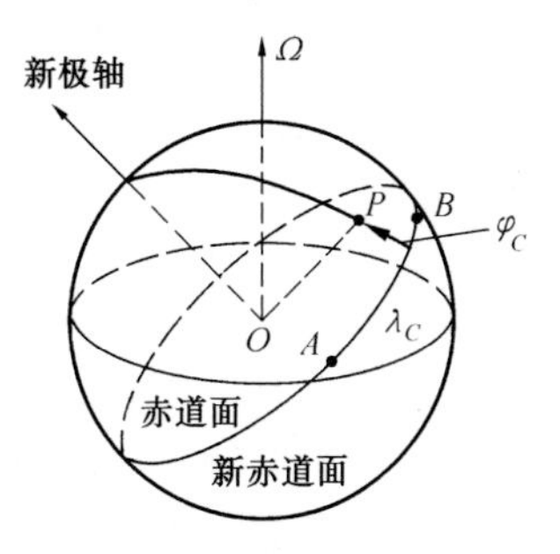

圖 1.9　大圓弧坐標系

A— 發射點；*B*— 目標點；*P*— 飛行器位置

1.4　用矩陣法推導方向余弦表

在推導由慣性導航系統構成的方程組或研究一個給定的系統時,往往需要引入多個坐標系,而且這些坐標系之間要做相對轉動,方向余弦表就是對這種相對轉動的一種數學描述。兩個重合的坐標系,當一個坐標系相對另一個坐標系做一次或多次旋轉后可得另外一個新的坐標系,前者往往被稱爲參考坐標系或固定坐標系,后者被稱爲動坐標系,它們之間的相互關系可用方向余弦表來表示。在某些應用場合,尤其是在研究兩坐標系之間的運動特性時,方向余弦表用矩陣的形式表示,也被稱爲旋轉矩陣,或在某些應用場合稱爲姿態矩陣。

一、方向余弦的物理意義

設有一個矢量 $\boldsymbol{V}$ 在二維的平面 OXY 坐標系中有分量 $x\boldsymbol{i}$ 和 $y\boldsymbol{j}$,當與 OXY 坐標系重合的坐標系 $OX'Y'$ 相對 OXY 坐標系旋轉角 α 時,矢量 $\boldsymbol{V}$ 在 $OX'Y'$ 坐標系中有分量 $x'\boldsymbol{i}'$ 和 $y'\boldsymbol{j}'$,圖 1.10 表示了這個關系。用公式可表示爲

$$\begin{aligned} \boldsymbol{V} &= x\boldsymbol{i} + y\boldsymbol{j} \\ \boldsymbol{V} &= x'\boldsymbol{i}' + y'\boldsymbol{j}' \end{aligned} \tag{1.4.1}$$

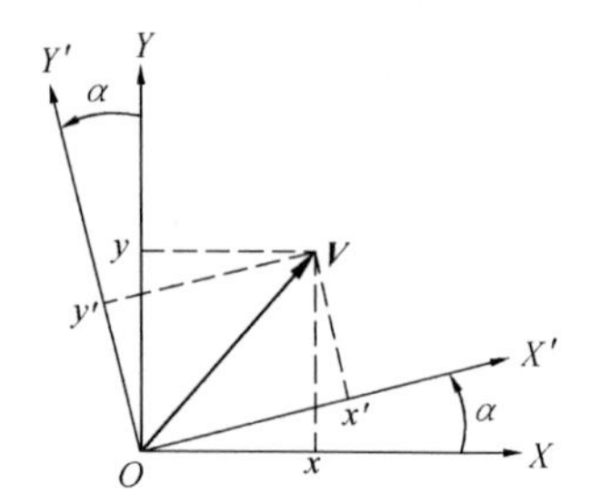

圖 1.10　兩坐標系之間關系

由式(1.4.1) 有

$$x\boldsymbol{i} + y\boldsymbol{j} = x'\boldsymbol{i}' + y'\boldsymbol{j}' \tag{1.4.2}$$

對式(1.4.2) 兩邊同時乘以 $\boldsymbol{i}'$ 或 $\boldsymbol{j}'$,則有

$$\begin{aligned} x' &= \boldsymbol{i}' \cdot \boldsymbol{V} = \boldsymbol{i}' \cdot \boldsymbol{i}\,x + \boldsymbol{i}' \cdot \boldsymbol{j}\,y \\ y' &= \boldsymbol{j}' \cdot \boldsymbol{V} = \boldsymbol{j}' \cdot \boldsymbol{i}\,x + \boldsymbol{j}' \cdot \boldsymbol{j}\,y \end{aligned} \tag{1.4.3}$$

用矩陣形式來表示,則得

$$\begin{bmatrix} x' \\ y' \end{bmatrix} = \begin{bmatrix} \boldsymbol{i}' \cdot \boldsymbol{i} & \boldsymbol{i}' \cdot \boldsymbol{j} \\ \boldsymbol{j}' \cdot \boldsymbol{i} & \boldsymbol{j}' \cdot \boldsymbol{j} \end{bmatrix} \begin{bmatrix} x \\ y \end{bmatrix} \tag{1.4.4}$$

或寫爲

$$\boldsymbol{V}' = \boldsymbol{C}\boldsymbol{V} \tag{1.4.5}$$

$\boldsymbol{V}$ 是一個列矢量,此列矢量的兩個分量是沿着固定坐標系 OXY 的分量。$\boldsymbol{V}'$ 也是列矢量,而該矢量的兩個分量是沿着動坐標系 $OX'Y'$ 的分量。$\boldsymbol{V}'$ 的表示方法是表明矢量在 $OX'Y'$ 坐標系中。注意,在上邊講述的坐標系轉動過程中,盡管有矢量 $\boldsymbol{V}$ 和 $\boldsymbol{V}'$ 的表示方法,矢量 $\boldsymbol{V}'$ 相對固定坐標系 OXY 是沒有相對運動的,僅僅是動坐標系 $OX'Y'$ 相對固定坐標系 OXY 有一個 α 轉角,矢量 $\boldsymbol{V}'$ 和 $\boldsymbol{V}$ 是等同的。式(1.4.5) 可以理解爲一個矢量相對固定坐標系沒有轉動,當動坐標系相對固定坐標系有旋轉運動之后,矢量在兩個坐標系上的關系就由式(1.4.5) 給出。矩陣 $\boldsymbol{C}$ 被稱爲

"方向余弦矩陣",其元素是兩組坐標系單位矢量之間夾角余弦值。按矢量乘法定義可有

$$\boldsymbol{i}' \cdot \boldsymbol{i} = \cos\alpha$$

$$\boldsymbol{i}' \cdot \boldsymbol{j} = \cos(90° - \alpha) = \sin\alpha$$

$$\boldsymbol{j}' \cdot \boldsymbol{i} = \cos(90° + \alpha) = -\sin\alpha$$

$$\boldsymbol{j}' \cdot \boldsymbol{j} = \cos\alpha$$

所以

$$\boldsymbol{C} = \begin{bmatrix} \cos\alpha & \sin\alpha \\ -\sin\alpha & \cos\alpha \end{bmatrix} \tag{1.4.6}$$

當 α 很小時,可取如下近似等式

$$\boldsymbol{C} = \begin{bmatrix} 1 & \alpha \\ -\alpha & 1 \end{bmatrix} \tag{1.4.7}$$

按上述同樣的方法,可以寫出兩個正交的笛卡爾三維坐標系之間的方向余弦矩陣,$OXYZ$ 表示固定坐標系,其單位矢量爲 $\boldsymbol{i}$、$\boldsymbol{j}$、$\boldsymbol{k}$,任一矢量 $\boldsymbol{V}$ 的分量仍以 x、y、z 表示。$OX'Y'Z'$ 表示動坐標系,其單位矢量爲 $\boldsymbol{i}'$、$\boldsymbol{j}'$、$\boldsymbol{k}'$,任一矢量 $\boldsymbol{V}(\boldsymbol{V}')$ 的分量仍以 x'、y'、z' 表示。有如下關系成立,即

$$\begin{bmatrix} x' \\ y' \\ z' \end{bmatrix} = \begin{bmatrix} \boldsymbol{i}' \cdot \boldsymbol{i} & \boldsymbol{i}' \cdot \boldsymbol{j} & \boldsymbol{i}' \cdot \boldsymbol{k} \\ \boldsymbol{j}' \cdot \boldsymbol{i} & \boldsymbol{j}' \cdot \boldsymbol{j} & \boldsymbol{j}' \cdot \boldsymbol{k} \\ \boldsymbol{k}' \cdot \boldsymbol{i} & \boldsymbol{k}' \cdot \boldsymbol{j} & \boldsymbol{k}' \cdot \boldsymbol{k} \end{bmatrix} \begin{bmatrix} x \\ y \\ z \end{bmatrix} \tag{1.4.8}$$

或

$$\begin{bmatrix} x' \\ y' \\ z' \end{bmatrix} = \begin{bmatrix} \cos\alpha_1 & \cos\alpha_2 & \cos\alpha_3 \\ \cos\beta_1 & \cos\beta_2 & \cos\beta_3 \\ \cos\gamma_1 & \cos\gamma_2 & \cos\gamma_3 \end{bmatrix} \begin{bmatrix} x \\ y \\ z \end{bmatrix} \tag{1.4.9}$$

設

$$\boldsymbol{C} = \begin{bmatrix} \cos\alpha_1 & \cos\alpha_2 & \cos\alpha_3 \\ \cos\beta_1 & \cos\beta_2 & \cos\beta_3 \\ \cos\gamma_1 & \cos\gamma_2 & \cos\gamma_3 \end{bmatrix} \tag{1.4.10}$$

式(1.4.10) 稱爲方向余弦陣 $\boldsymbol{C}$,在工程中常以表格形式給出

	x	y	z
x'	$\cos\alpha_1$	$\cos\alpha_2$	$\cos\alpha_3$
y'	$\cos\beta_1$	$\cos\beta_2$	$\cos\beta_3$
z'	$\cos\gamma_1$	$\cos\gamma_2$	$\cos\gamma_3$

稱爲方向余弦表。

據式(1.4.5)、(1.4.9),在三維坐標系中,仍有表達式

$$V' = CV \tag{1.4.11}$$

成立,只不過式中 V' 和 V 爲三維列矢量,C 爲式(1.4.10),采用類似于對式(1.4.5)的推導,可有

$$V = C^{T}V' \tag{1.4.12}$$

成立。C^{T} 爲 C 的轉置表示形式。將式(1.4.11)代入式(1.4.12),有

$$V = C^{T}CV \tag{1.4.13}$$

即

$$C^{T}C = I \tag{1.4.14}$$

或有

$$C^{T} = C^{-1} \tag{1.4.15}$$

于是 C 是一個正交矩陣,用 C_{ij} 表示其元素,方程(1.4.14)可寫爲

$$\sum_{k=1}^{3} C_{ik}C_{jk} = \begin{cases} 1 & 當\ i = j \\ 0 & 當\ i \neq j \end{cases} \tag{1.4.16}$$

這是一組具有6個約束的方程式組。

二、用矩陣法推導方向余弦表

用歐拉角的形式表示一個坐標系的轉動。

設 $OEN\zeta$ 爲定坐標系,有一動坐標系 $OX_0Y_0Z_0$,在起始時刻兩坐標系重合,經過繞相應軸3次小角度之後,轉到它的新位置 $OXYZ$。稱3次小轉動角度 ψ、θ、φ 爲歐拉角。

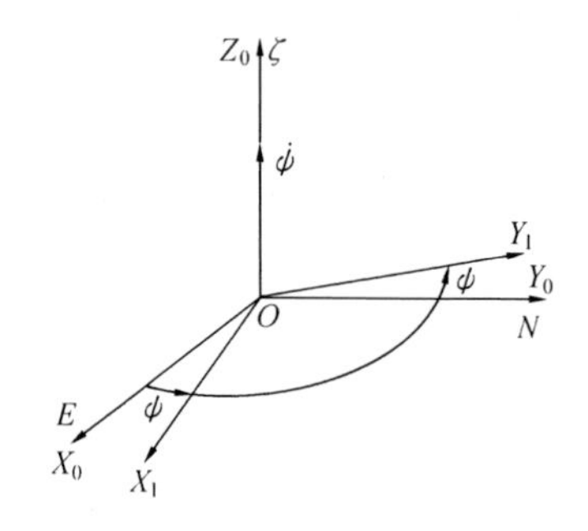

圖1.11　繞 ζ 軸的旋轉

按3次轉動順序列寫方向余弦矩陣。

第1次轉動,$OX_0Y_0Z_0$ 坐標系繞 ζ 軸轉 ψ 角,得到坐標系 $OX_1Y_1Z_0$,如圖1.11所示。

可列寫方向余弦表

	E	N	ζ
X_1	$\cos\psi$	$\sin\psi$	0
Y_1	$-\sin\psi$	$\cos\psi$	0
Z_0	0	0	1

或寫成矩陣 C_{ψ} 的表達形式

$$\begin{bmatrix} X_1 \\ Y_1 \\ Z_0 \end{bmatrix} = \begin{bmatrix} \cos\psi & \sin\psi & 0 \\ -\sin\psi & \cos\psi & 0 \\ 0 & 0 & 1 \end{bmatrix} \begin{bmatrix} E \\ N \\ \zeta \end{bmatrix} \tag{1.4.17}$$

$$\boldsymbol{C}_\psi = \begin{bmatrix} \cos\psi & \sin\psi & 0 \\ -\sin\psi & \cos\psi & 0 \\ 0 & 0 & 1 \end{bmatrix} \tag{1.4.18}$$

第2次轉動，$OX_1Y_1Z_0$坐標系繞OX_1軸轉動θ角，得到坐標系$OX_1Y_2Z_2$，如圖1.12所示。

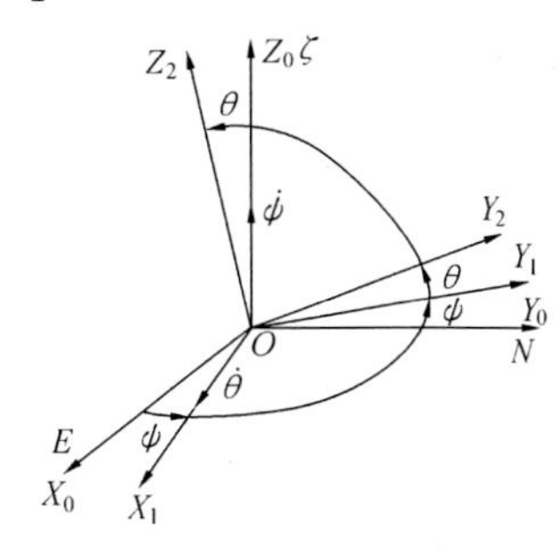

圖1.12　繞OX_1軸的旋轉

可以列寫方向余弦表

	X_1	Y_1	Z_0
X_1	1	0	0
Y_2	0	$\cos\theta$	$\sin\theta$
Z_2	0	$-\sin\theta$	$\cos\theta$

或寫成矩陣$\boldsymbol{C}_\theta$的表達形式

$$\begin{bmatrix} X_1 \\ Y_2 \\ Z_2 \end{bmatrix} = \begin{bmatrix} 1 & 0 & 0 \\ 0 & \cos\theta & \sin\theta \\ 0 & -\sin\theta & \cos\theta \end{bmatrix} \begin{bmatrix} X_1 \\ Y_1 \\ Z_0 \end{bmatrix} \tag{1.4.19}$$

$$\boldsymbol{C}_\theta = \begin{bmatrix} 1 & 0 & 0 \\ 0 & \cos\theta & \sin\theta \\ 0 & -\sin\theta & \cos\theta \end{bmatrix} \tag{1.4.20}$$

第3次轉動，$OX_1Y_2Z_2$坐標系繞OY_2軸轉φ角，得到坐標系$OXYZ$，OY_2軸即OY軸，如圖1.13所示。

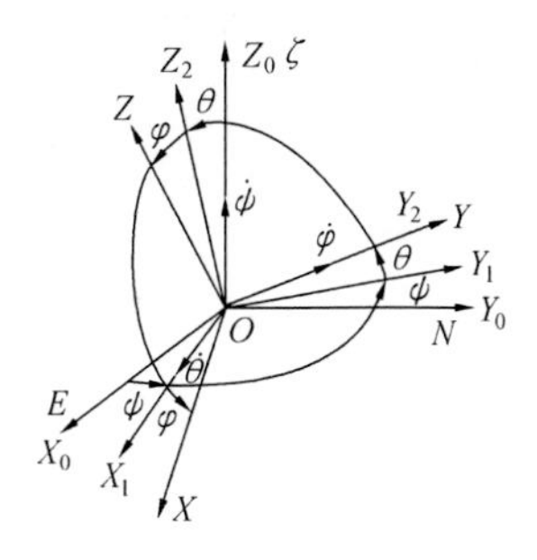

圖1.13　繞OY_2軸的旋轉

可以列寫方向余弦表

	X_1	Y_2	Z_2
X	$\cos\varphi$	0	$-\sin\varphi$
Y	0	1	0
Z	$\sin\varphi$	0	$\cos\varphi$

或寫成矩陣$\boldsymbol{C}_\varphi$的表達形式

$$\begin{bmatrix} X \\ Y \\ Z \end{bmatrix} = \begin{bmatrix} \cos\varphi & 0 & -\sin\varphi \\ 0 & 1 & 0 \\ \sin\varphi & 0 & \cos\varphi \end{bmatrix} \begin{bmatrix} X_1 \\ Y_2 \\ Z_2 \end{bmatrix} \tag{1.4.21}$$

$$\boldsymbol{C}_\varphi = \begin{bmatrix} \cos\varphi & 0 & -\sin\varphi \\ 0 & 1 & 0 \\ \sin\varphi & 0 & \cos\varphi \end{bmatrix} \tag{1.4.22}$$

將式(1.4.19) 代入式(1.4.21),有

$$\begin{bmatrix} X \\ Y \\ Z \end{bmatrix} = \begin{bmatrix} \cos\varphi & 0 & -\sin\varphi \\ 0 & 1 & 0 \\ \sin\varphi & 0 & \cos\varphi \end{bmatrix} \begin{bmatrix} 1 & 0 & 0 \\ 0 & \cos\theta & \sin\theta \\ 0 & -\sin\theta & \cos\theta \end{bmatrix} \begin{bmatrix} X_1 \\ Y_1 \\ Z_0 \end{bmatrix} =$$

$$\begin{bmatrix} \cos\varphi & \sin\theta\sin\varphi & -\cos\theta\sin\varphi \\ 0 & \cos\theta & \sin\theta \\ \sin\varphi & -\sin\theta\cos\varphi & \cos\theta\cos\varphi \end{bmatrix} \begin{bmatrix} X_1 \\ Y_1 \\ Z_0 \end{bmatrix} \tag{1.4.23}$$

將式(1.4.17) 代入式(1.4.23),有

$$\begin{bmatrix} X \\ Y \\ Z \end{bmatrix} = \begin{bmatrix} \cos\varphi & \sin\theta\sin\varphi & -\cos\theta\sin\varphi \\ 0 & \cos\theta & \sin\theta \\ \sin\varphi & -\sin\theta\cos\varphi & \cos\theta\cos\varphi \end{bmatrix} \begin{bmatrix} \cos\psi & \sin\psi & 0 \\ -\sin\psi & \cos\psi & 0 \\ 0 & 0 & 1 \end{bmatrix} \begin{bmatrix} E \\ N \\ \zeta \end{bmatrix} =$$

$$\begin{bmatrix} \cos\psi\cos\varphi - \sin\psi\sin\theta\sin\varphi & \sin\psi\cos\varphi + \cos\psi\sin\theta\sin\varphi & -\cos\theta\sin\varphi \\ -\sin\psi\cos\theta & \cos\psi\cos\theta & \sin\theta \\ \cos\psi\sin\varphi + \sin\psi\sin\theta\cos\varphi & \sin\psi\sin\varphi - \cos\psi\sin\theta\cos\varphi & \cos\theta\cos\varphi \end{bmatrix} \begin{bmatrix} E \\ N \\ \zeta \end{bmatrix} \tag{1.4.24}$$

則式(1.4.24) 方向余弦矩陣 $\boldsymbol{C}$ 可表示爲

$$\boldsymbol{C} = \boldsymbol{C}_\varphi \boldsymbol{C}_\theta \boldsymbol{C}_\psi \tag{1.4.25}$$

可得坐標系 $OXYZ$ 和坐標系 $OEN\zeta$ 之間方向余弦表爲

	E	N	ζ
X	$\cos\psi\cos\varphi - \sin\psi\sin\theta\sin\varphi$	$\sin\psi\cos\varphi + \cos\psi\sin\theta\sin\varphi$	$-\cos\theta\sin\varphi$
Y	$-\sin\psi\cos\theta$	$\cos\psi\cos\theta$	$\sin\theta$
Z	$\cos\psi\sin\varphi + \sin\psi\sin\theta\cos\varphi$	$\sin\psi\sin\varphi - \cos\psi\sin\theta\cos\varphi$	$\cos\theta\cos\varphi$

從式(1.4.24) 可以看出,最終的方向余弦矩陣表達式不僅取决于每次單獨轉動角的大小,而且和轉動順序有關,這一點是應該特別注意的。

三、小角度近似問題

在列寫慣導系統方程需要采用方向余弦表時,因爲 α 較小,經常采用兩個假設,即

$$\begin{aligned}\cos\alpha &\approx 1\\ \sin\alpha &\approx 0\end{aligned} \tag{1.4.26}$$

式中 α—— 兩坐標系間每次相對轉動的角度。

由于在工程實踐上可以使其值保持很小,所以,近一步可以忽略如下形式二階小量

$$\sin\alpha\sin\beta \approx 0 \tag{1.4.27}$$

式中 β—— 兩坐標系間每次相對轉動的角度,滿足式(1.4.26)。

這種假設所帶來的誤差很小,是可以忽略不計的,如圖 1.14 所示。

將式(1.4.26)、(1.4.27) 的假設條件代入式(1.4.24),有

$$\boldsymbol{C} = \begin{bmatrix} 1 & \psi & -\varphi \\ -\psi & 1 & \theta \\ \varphi & -\theta & 1 \end{bmatrix} \tag{1.4.28}$$

因此,也可以得到和上式相同形式的簡化方向余弦表。

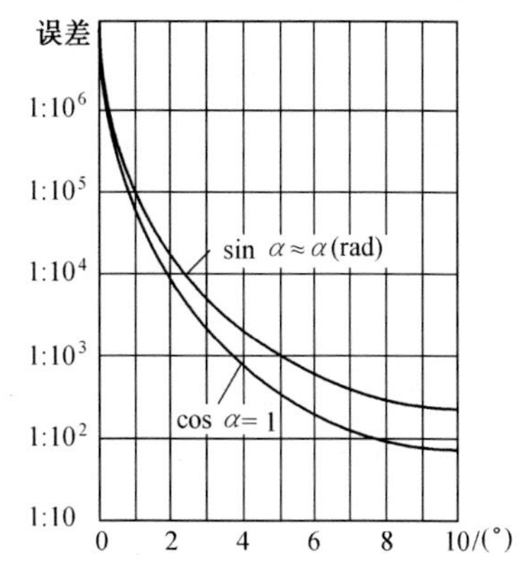

圖 1.14　小角度近似誤差

提示　本節講述的内容,實質上是講述剛體定點運動的有限位移與無限位移的概念。

設動坐標系相對固定坐標系的 3 個坐標軸有 3 次轉動 ψ、θ、φ,當其轉動角度爲有限位移時(轉角不是無限小或可忽略的程度),且轉動順序不同時,剛體(動坐標系可代表剛體) 相對參考坐標系的最終位置是不同的,因爲方向余弦矩陣(變换矩陣) 相乘的順序(如式(1.4.23)和式(1.4.24) 中的相乘) 是不可交换的,得到的最后變换矩陣是不同的。當然,剛體的這種 3 次轉動,可以繞通過剛體定點某一軸的一次轉動 α 角來等效,角 α 與ψ、θ、φ 之間有確定的關系,在有限位移條件下,這種關系很復雜。這就是剛體定點運動的位移定理,即定點運動剛體的任何有限位移,可以繞過定點某一軸經過一次轉動而實現。

當剛體繞定點運動爲無限小位移,即滿足式(1.4.26) 和式(1.4.27) 時,有如下的簡化方向余弦矩陣

$$\boldsymbol{C}_\psi = \begin{bmatrix} 1 & \psi & 0 \\ -\psi & 1 & 0 \\ 0 & 0 & 1 \end{bmatrix} \quad \boldsymbol{C}_\theta = \begin{bmatrix} 1 & 0 & 0 \\ 0 & 1 & \theta \\ 0 & -\theta & 1 \end{bmatrix} \quad \boldsymbol{C}_\varphi = \begin{bmatrix} 1 & 0 & -\varphi \\ 0 & 1 & 0 \\ \varphi & 0 & 1 \end{bmatrix}$$

上述 3 個矩陣連乘,無論矩陣順序如何,其連乘結果總爲式(1.4.27)。這一結果説明在無

限小的位移條件下，無論按什么順序繞 $O\zeta$、OE、ON 三個軸分別轉過無限小位移 ψ、θ、φ，剛體都將達到同一位置，這一位置可以繞過剛體定點(坐標原點) 某一軸轉動一微小角度 α 來實現，可有

$$\boldsymbol{\alpha} = \boldsymbol{\theta} + \boldsymbol{\varphi} + \boldsymbol{\psi}$$

$$\boldsymbol{\alpha} = \theta \cdot \boldsymbol{i} + \varphi \cdot \boldsymbol{j} + \psi \cdot \boldsymbol{k}$$

所以剛體繞定點轉動微小位移時，微小位移是矢量，并且符合矢量合成法則，這爲研究坐標變換帶來極大的方便。

1.5 用四元數表示坐標變換

四元數(四維數) 的數學概念是 1843 年由哈密頓首先提出的，它是代數學中的內容之一。近些年來，隨着控制理論、慣性技術、計算技術，特別是捷聯慣性導航技術的發展，爲了更簡便地描述剛體的角運動，設計控制系統，采用了四元數這個數學工具，用它來彌補通常描述剛體角運動的三個歐拉角參數在設計控制系統時的不足。本節先介紹四元數的基本概念，而后給出其坐標變換的算法。

一、四元數的基本概念

所謂四元數，是指由 1 個實數單位 1 和 3 個虛數單位 i、j、k 組成并具有下列實元的數，即

$$\boldsymbol{q} = \lambda \cdot 1 + p_1\mathrm{i} + p_2\mathrm{j} + p_3\mathrm{k} \tag{1.5.1}$$

通常省略 1 而寫成如下的形式

$$\boldsymbol{q} = \lambda + p_1\mathrm{i} + p_2\mathrm{j} + p_3\mathrm{k} \tag{1.5.2}$$

式中 λ、p_1、p_2、p_3 代表實數；i、j、k 爲 3 個虛數單位，也可看做是三維空間的單位矢量，i、j、k 服從如下運算公式

$$\begin{aligned} &\mathrm{i} \circ \mathrm{i} = \mathrm{j} \circ \mathrm{j} = \mathrm{k} \circ \mathrm{k} = -1 \\ &\mathrm{i} \circ \mathrm{j} = -\mathrm{j} \circ \mathrm{i} = \mathrm{k} \\ &\mathrm{j} \circ \mathrm{k} = -\mathrm{k} \circ \mathrm{j} = \mathrm{i} \\ &\mathrm{k} \circ \mathrm{i} = -\mathrm{i} \circ \mathrm{k} = \mathrm{j} \end{aligned} \tag{1.5.3}$$

數 λ 稱爲四元數的標量部分，而 $p_1\mathrm{i} + p_2\mathrm{j} + p_3\mathrm{k}$ 部分稱爲四元數的矢量部分。四元數的另一種表示方法爲

$$\boldsymbol{q} = (\lambda, \boldsymbol{P}) \tag{1.5.4}$$

式中 λ—— 泛指四元數的標量部分；

$\boldsymbol{P}$—— 泛指四元數的矢量部分。

二、四元數 q 的基本性質

1. 四元數 $\boldsymbol{q}$ 和四元數 $\boldsymbol{M}$ 的加減法

$$\boldsymbol{q} \pm \boldsymbol{M} = (\lambda + p_1\mathrm{i} + p_2\mathrm{j} + p_3\mathrm{k}) \pm (\nu + \mu_1\mathrm{i} + \mu_2\mathrm{j} + \mu_3\mathrm{k}) = (\lambda \pm \nu) + (p_1 \pm \mu_1)\mathrm{i} + (p_2 \pm \mu_2)\mathrm{j} + (p_3 \pm \mu_3)\mathrm{k} \tag{1.5.5}$$

或簡單地表示爲

$$\boldsymbol{q} \pm \boldsymbol{M} = (\lambda \pm \nu, \boldsymbol{p} \pm \boldsymbol{\mu}) \tag{1.5.6}$$

2. 四元數 $\boldsymbol{q}$ 和四元數 $\boldsymbol{M}$ 的乘法

$$\boldsymbol{q} \circ \boldsymbol{M} = (\lambda + p_1\mathrm{i} + p_2\mathrm{j} + p_3\mathrm{k}) \circ (\nu + \mu_1\mathrm{i} + \mu_2\mathrm{j} + \mu_3\mathrm{k}) = (\lambda \cdot \nu - p_1\mu_1 - p_2\mu_2 - p_3\mu_3) + (\lambda \cdot \mu_1 + p_1\nu + p_2\mu_3 - p_3\mu_2)\mathrm{i} + (\lambda \cdot \mu_2 + p_2\nu + p_3\mu_1 - p_1\mu_3)\mathrm{j} + (\lambda \cdot \mu_3 + p_3\nu + p_1\mu_2 - p_2\mu_1)\mathrm{k} \tag{1.5.7}$$

或簡單表示爲

$$\boldsymbol{q} \circ \boldsymbol{M} = (\lambda\nu - \boldsymbol{P} \cdot \boldsymbol{\mu}, \lambda\boldsymbol{\mu} + \nu\boldsymbol{P} + \boldsymbol{P} \times \boldsymbol{\mu}) \tag{1.5.8}$$

式中　$\boldsymbol{P} \cdot \boldsymbol{\mu}$—— 矢量的點乘積；

$\boldsymbol{P} \times \boldsymbol{\mu}$—— 矢量的矢量積。

上述虛數單位相乘時，采用了式(1.5.3)的乘法規則。爲便于記憶，可參看圖1.15，按箭頭指向排列的兩個虛數單位相乘時，便得到帶有正號的第3個虛數單位；當反方向(逆箭頭方向)相乘時，虛數單位便具有負號。

在一些文獻中，四元數相乘的表示符號各异，如“·”、“∘”等，有時在兩個四元數之間不寫任何符號也表示四元數相乘，閱讀時應注意區分。

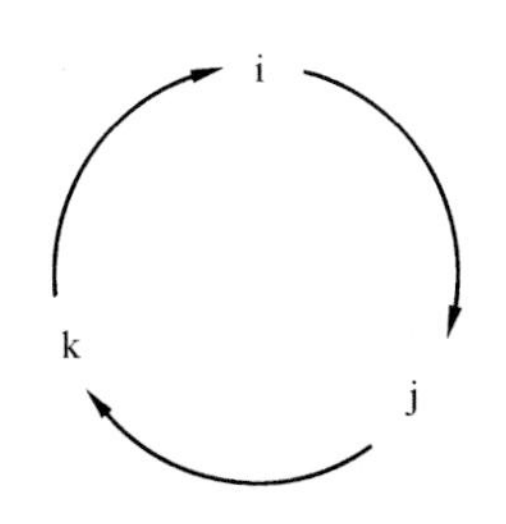

圖1.15　乘法規則圖示法

從式(1.5.7)可以看出，交換律不適用于四元數的乘法，但結合律適用于四元數的連乘。

3. 共軛四元數

四元數矢量部分僅相差一個正負號的兩個四元數 $\boldsymbol{q} = (\lambda, \boldsymbol{P})$ 和 $\boldsymbol{q}^* = (\lambda, -\boldsymbol{P})$ 互爲共軛，符號 $\boldsymbol{q}^*$ 表示爲 $\boldsymbol{q}$ 的共軛四元數。

通過計算可證明

$$(\boldsymbol{qh})^* = \boldsymbol{h}^*\boldsymbol{q}^* \tag{1.5.9}$$

4. 四元數的範數

符號 $\|\boldsymbol{q}\|$ 表示爲 $\boldsymbol{q}$ 的範數，四元數的範數定義爲

$$\|\boldsymbol{q}\| = \boldsymbol{qq}^* = \lambda^2 + p_1^2 + p_2^2 + p_3^2 \tag{1.5.10}$$

當四元數的範數 $\|\boldsymbol{q}\| = 1$ 時,四元數 q 稱爲規範化的四元數。

5.逆四元數

符號 $\boldsymbol{q}^{-1}$ 表示爲 $\boldsymbol{q}$ 的逆四元數,四元數的逆四元數定義爲

$$\boldsymbol{q}^{-1} = \frac{1}{\boldsymbol{q}} \tag{1.5.11}$$

由于 $\|\boldsymbol{q}\| = \boldsymbol{q}\boldsymbol{q}^*$,所以四元數之逆可表示爲

$$\boldsymbol{q}^{-1} = \frac{\boldsymbol{q}^*}{\|\boldsymbol{q}\|} \tag{1.5.12}$$

當 $\|\boldsymbol{q}\| = 1$ 時

$$\boldsymbol{q}^{-1} = \boldsymbol{q}^* \tag{1.5.13}$$

6.四元數的除法

兩四元數 M 和 $\boldsymbol{p}$ 相除所得四元數 $\boldsymbol{q}$,不能簡單地表示爲 $\frac{\boldsymbol{M}}{\boldsymbol{p}}$,其含義不確切,要視情況而定。

① 若 $\boldsymbol{qp} = \boldsymbol{M}$,則有

$$\begin{aligned} \boldsymbol{qpp}^{-1} &= \boldsymbol{Mp}^{-1} \\ \boldsymbol{q} &= \boldsymbol{Mp}^{-1} \end{aligned} \tag{1.5.14}$$

② 若 $\boldsymbol{pq} = \boldsymbol{M}$,則有

$$\begin{aligned} \boldsymbol{p}^{-1}\boldsymbol{pq} &= \boldsymbol{p}^{-1}\boldsymbol{M} \\ \boldsymbol{q} &= \boldsymbol{p}^{-1}\boldsymbol{M} \end{aligned} \tag{1.5.15}$$

三、四元數表示轉動的公式

對于四元數 $\boldsymbol{q} = \lambda + p_1\mathrm{i} + p_2\mathrm{j} + p_3\mathrm{k}$,我們可以采用如下的表現形式

$$\boldsymbol{q} = \cos\frac{\theta}{2} + \sin\frac{\theta}{2}\cos\alpha\ \mathrm{i} + \sin\frac{\theta}{2}\cos\beta\ \mathrm{j} + \sin\frac{\theta}{2}\cos\gamma\ \mathrm{k} \tag{1.5.16}$$

兩式對照,有

$$\begin{aligned} \lambda &= \cos\frac{\theta}{2} \\ p_1 &= \sin\frac{\theta}{2}\cos\alpha \\ p_2 &= \sin\frac{\theta}{2}\cos\beta \\ p_3 &= \sin\frac{\theta}{2}\cos\gamma \end{aligned} \tag{1.5.17}$$

通常將式(1.5.16)的表現形式的四元數稱爲特征四元數,它的範數 $\|\boldsymbol{q}\| = 1$。在以后的導航應用中,所遇到的四元數均爲特征四元數,在相關的文獻中,統稱四元數,不再另加說明。

四元數可以描述一個坐標系或一個矢量相對某一坐標系的旋轉,四元數的標量部分

$\cos\frac{\theta}{2}$ 表示了轉角的一半余弦值,而其矢量部分則表示瞬時轉軸 $\boldsymbol{n}$ 的方向,在式(1.5.17)中,$\cos\alpha$、$\cos\beta$、$\cos\gamma$ 是瞬時轉動軸 $\boldsymbol{n}$ 與參考坐標系軸間的方向余弦值。因此,一個四元數既表示了轉軸的方向,又表示了轉角的大小,往往稱其爲轉動四元數。這種轉動關系是通過如下的運算來實現的,基本形式爲

$$\boldsymbol{R}' = \boldsymbol{q}\boldsymbol{R}\boldsymbol{q}^{-1} \tag{1.5.18}$$

式(1.5.18)表明矢量 $\boldsymbol{R}$ 相對參考坐標系被旋轉了一個 α 角,瞬時轉軸由四元數 $\boldsymbol{q}$ 的瞬時轉軸所決定,被轉動后的矢量爲 $\boldsymbol{R}'$。表達式爲四元數相乘,其中矢量 $\boldsymbol{R}$ 可寫成標量爲零的四元數。這就是相對參考坐標系的旋轉矢量表達式。

仍設參考坐標系爲 $OXYZ$,其單位矢量爲 $\boldsymbol{i}$、$\boldsymbol{j}$、$\boldsymbol{k}$,用 $\boldsymbol{e}$ 表示 3 個單位矢量。單位矢量 $\boldsymbol{e}$ 經過 $\boldsymbol{q}\boldsymbol{e}\boldsymbol{q}^{-1}$ 的旋轉變換之后,得到一組新的單位矢量 $\boldsymbol{i}'$、$\boldsymbol{j}'$、$\boldsymbol{k}'$,用 $\boldsymbol{e}'$ 表示 3 個新的單位矢量。經過上述轉換,也得到一組與 $\boldsymbol{e}'$ 對應的新的坐標系 $OX'Y'Z'$,對于這兩個坐標系,單位矢量之間存在如下關系

$$\boldsymbol{e}' = \boldsymbol{q}\boldsymbol{e}\boldsymbol{q}^{-1} \tag{1.5.19}$$

對于一個相對參考坐標系 $OXYZ$ 不發生旋轉變換的矢量 $\boldsymbol{R}$,$\boldsymbol{R} = x\boldsymbol{i} + y\boldsymbol{j} + z\boldsymbol{k}$,在其坐標系發生如式(1.5.19)所示的旋轉變換之后,得到一個新的坐標系 $OX'Y'Z'$,矢量 $\boldsymbol{R}$ 在新坐標系上的投影爲 $\boldsymbol{R}' = x'\boldsymbol{i}' + y'\boldsymbol{j}' + z'\boldsymbol{k}'$,則不變矢量在兩個坐標系上投影分量之間存在關系

$$\boldsymbol{R}' = \boldsymbol{q}^{-1}\boldsymbol{R}\boldsymbol{q} \tag{1.5.20}$$

式中

$$\begin{aligned} \boldsymbol{R} &= x\boldsymbol{i} + y\boldsymbol{j} + z\boldsymbol{k} \\ \boldsymbol{R}' &= x'\boldsymbol{i} + y'\boldsymbol{j} + z'\boldsymbol{k} \end{aligned} \tag{1.5.21}$$

式(1.5.21)的兩個等式分別稱爲矢量 $\boldsymbol{R}$ 在坐標系 $OXYZ$ 和 $OX'Y'Z'$ 上的超復數映象(簡稱映象)。第一個式子説明矢量 $\boldsymbol{R}$ 的分量表達式和其相對參考坐標系 $OXYZ$ 的映象表達式是一致的,而矢量 $\boldsymbol{R}'$ 的映象形式中,其單位矢量不是動坐標系的單位矢量 $\boldsymbol{i}'$、$\boldsymbol{j}'$、$\boldsymbol{k}'$,而是參考坐標系的單位矢量 $\boldsymbol{i}$、$\boldsymbol{j}$、$\boldsymbol{k}$,這種假設是爲了以后的運算,這一點特别應該注意。

利用式(1.5.20)可以推導出,以四元數的參數的形式來表示矢量 $\boldsymbol{R}$ 的分量在不同坐標系上分量之間關系。

將 $\boldsymbol{q}$ 和 $\boldsymbol{q}^{-1}$ 的表達式及式(1.5.21)代入式(1.5.20),有

$$\begin{aligned} x'\boldsymbol{i} + y'\boldsymbol{j} + z'\boldsymbol{k} = {} & (\lambda - p_1\boldsymbol{i} - p_2\boldsymbol{j} - p_3\boldsymbol{k})(x\boldsymbol{i} + y\boldsymbol{j} + z\boldsymbol{k})(\lambda + p_1\boldsymbol{i} + p_2\boldsymbol{j} + p_3\boldsymbol{k}) = \\ & [(\lambda^2 + p_1^2 - p_2^2 - p_3^2)x + 2(p_1p_2 + \lambda p_3)y + 2(p_1p_3 - \lambda p_2)z]\boldsymbol{i} + \\ & [2(p_1p_2 - \lambda p_3)x + (\lambda^2 + p_2^2 - p_1^2 - p_3^2)y + 2(p_2p_3 + \lambda p_1)z]\boldsymbol{j} + \\ & [2(p_1p_3 + \lambda p_2)x + 2(p_2p_3 - \lambda p_1)y + (\lambda^2 + p_3^2 - p_1^2 - p_2^2)z]\boldsymbol{k} \end{aligned} \tag{1.5.22}$$

用矩陣形式可表示爲

$$
\begin{bmatrix} x' \\ y' \\ z' \end{bmatrix} = \begin{bmatrix} (\lambda^2 + p_1^2 - p_2^2 - p_3^2) & 2(p_1p_2 + \lambda p_3) & 2(p_1p_3 - \lambda p_2) \\ 2(p_1p_2 - \lambda p_3) & (\lambda^2 + p_2^2 - p_1^2 - p_3^2) & 2(p_2p_3 + \lambda p_1) \\ 2(p_1p_3 + \lambda p_2) & 2(p_2p_3 - \lambda p_1) & (\lambda^2 + p_3^2 - p_1^2 - p_2^2) \end{bmatrix} \begin{bmatrix} x \\ y \\ z \end{bmatrix} \tag{1.5.23}
$$

以上爲坐標系被一次轉動之后,用四元數參數所表示的坐標變換公式,對于一次轉動只要將特征四元數相對應的值代入式(1.5.23),就可以得到用歐拉角形式表示的坐標系之間的方向余弦矩陣。

一個坐標系經過多次轉動之后,動坐標系和參考坐標系之間的關系將會等效于一個一次的轉動,描述這1次轉動的四元數稱爲合成轉動四元數。假定 $\boldsymbol{q}_1$、$\boldsymbol{q}_2$ 和 $\boldsymbol{q}$ 分別爲第1次、第2次轉動及合成轉動的四元數,有如下的等式成立

$$
\boldsymbol{q} = \boldsymbol{q}_1 \circ \boldsymbol{q}_2 \tag{1.5.24}
$$

式中 $\boldsymbol{q}_1$ 和 $\boldsymbol{q}_2$ 的轉軸方向必須以映象的形式給出。如果 $\boldsymbol{q}_1$ 和 $\boldsymbol{q}_2$ 的轉軸方向都以參考坐標系的分量表示的話,有如下關系成立

$$
\boldsymbol{q} = \boldsymbol{q}_2 \circ \boldsymbol{q}_1 \tag{1.5.25}
$$

下節用實例説明。

四、方向余弦表的建立

用四元數旋轉變換的方法求取兩個坐標系間的方向余弦表。圖1.16給出坐標系 $OX'Y'Z'$ 相對坐標系 $OXYZ$ 的3次旋轉變换,以歐拉角 ψ、θ、φ 的形式給出,首先研究第1次轉動和第2次轉動的合成轉動四元數。

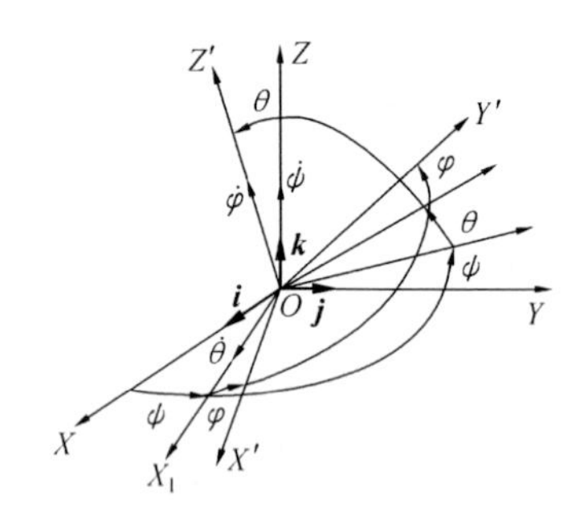

圖1.16　坐標系的轉動

從圖1.16可見,$OXYZ$ 爲參考坐標系,對于第一次轉動來説,其轉軸 $\boldsymbol{n}$ 的表現形式,可以用參考坐標系單位矢量表示,也可以用其映象的形式表示。所謂轉軸的映象,是指如果瞬時轉軸是由參考坐標系某個坐標軸轉換過來的,那么,這個坐標軸的單位矢量就是瞬時轉軸的映象。

當 $\boldsymbol{q}_1$ 和 $\boldsymbol{q}_2$ 的轉軸方向都以同一參考坐標系分量表示時,求合成轉動四元數 $\boldsymbol{q}$ 的表達式。

第1次轉動,繞 Z 軸轉 ψ 角,瞬時轉軸 $\boldsymbol{n}$ 和 Z 軸的單位矢量 $\boldsymbol{k}$ 重合,則轉動四元數爲

$$
\boldsymbol{q}_1 = \cos\frac{\psi}{2} + \sin\frac{\psi}{2}\boldsymbol{n} = \cos\frac{\psi}{2} + \sin\frac{\psi}{2}\boldsymbol{k} \tag{1.5.26}
$$

第2次轉動,繞 OX_1 軸轉動 θ 角,瞬時轉軸 $\boldsymbol{n}$ 的表示式爲($\cos\psi\boldsymbol{i} + \sin\psi\boldsymbol{j}$),則其轉動四元數爲

$$\boldsymbol{q}_2 = \cos\frac{\theta}{2} + \sin\frac{\theta}{2}\boldsymbol{n} = \cos\frac{\theta}{2} + \sin\frac{\theta}{2}(\cos\psi\boldsymbol{i} + \sin\psi\boldsymbol{j}) \tag{1.5.27}$$

由于 $\boldsymbol{q}_1$ 和 $\boldsymbol{q}_2$ 的瞬時轉軸方向均以參考坐標系的單位矢量給出,則合成轉動四元數 $\boldsymbol{q}$ 的計算采用式(1.5.25),即

$$\boldsymbol{q} = \boldsymbol{q}_2 \circ \boldsymbol{q}_1 = \left[\cos\frac{\theta}{2} + \sin\frac{\theta}{2}(\cos\psi\boldsymbol{i} + \sin\psi\boldsymbol{j})\right]\left[\cos\frac{\psi}{2} + \sin\frac{\psi}{2}\boldsymbol{k}\right] =$$

$$\cos\frac{\theta}{2}\cos\frac{\psi}{2} + \sin\frac{\theta}{2}\cos\frac{\psi}{2}\boldsymbol{i} + \sin\frac{\theta}{2}\sin\frac{\psi}{2}\boldsymbol{j} + \cos\frac{\theta}{2}\sin\frac{\psi}{2}\boldsymbol{k} \tag{1.5.28}$$

下面以瞬時轉軸映象形式給出轉動四元數的表達式并求出合成轉動四元數。

第 1 次轉動,瞬時轉軸的映象形式與式(1.5.26) 相同。

第 2 次轉動,繞 OX_1 軸轉動 θ 角,由于瞬時轉軸 $\boldsymbol{n}$ 是由 OX 軸經過第 1 次轉動轉換來的,OX 軸對應單位矢量 $\boldsymbol{i}$,所以 $\boldsymbol{n}$ 的映象爲 $\boldsymbol{i}$,則 $\boldsymbol{q}_2$ 的映象表示式爲

$$\boldsymbol{q}_2 = \cos\frac{\theta}{2} + \sin\frac{\theta}{2}\boldsymbol{i} \tag{1.5.29}$$

由于 $\boldsymbol{q}_1$ 和 $\boldsymbol{q}_2$ 均爲映象形式(注意,第 1 次轉動時,映象形式的 $\boldsymbol{q}_1$ 和非映象形式的 $\boldsymbol{q}_1$ 是一致的),合成轉動四元數 $\boldsymbol{q}$ 應以式(1.5.24) 計算,即

$$\boldsymbol{q} = \boldsymbol{q}_1 \circ \boldsymbol{q}_2 = \left(\cos\frac{\psi}{2} + \sin\frac{\psi}{2}\boldsymbol{k}\right)\left(\cos\frac{\theta}{2} + \sin\frac{\theta}{2}\boldsymbol{i}\right) =$$

$$\cos\frac{\theta}{2}\cos\frac{\psi}{2} + \sin\frac{\theta}{2}\cos\frac{\psi}{2}\boldsymbol{i} + \sin\frac{\theta}{2}\sin\frac{\psi}{2}\boldsymbol{j} + \cos\frac{\theta}{2}\sin\frac{\psi}{2}\boldsymbol{k} \tag{1.5.30}$$

顯然,式(1.5.28) 和式(1.5.30) 的結果是一致的。但采用式(1.5.30) 的計算方法很簡單,尤其是在多次轉動之后,這種計算上的簡便性就更爲明顯。

如果要求出兩個坐標系經過上述兩次旋轉之后的坐標系間的方向余弦矩陣,只要將式(1.5.30) 中 λ、p_1、p_2、p_3 對應的各個值代入式(1.5.23) 就可以了。

再對動坐標系進行第 3 次轉動,得新的坐標系 $OX'Y'Z'$,求動坐標系 $OX'Y'Z'$ 與參考坐標系 $OXYZ$ 之間的方向余弦表。

第 3 次轉動是假定繞 OZ' 軸轉動 φ(圖 1.16),其轉動四元數 $\boldsymbol{q}_3$ 的映象形式爲

$$\boldsymbol{q}_3 = \cos\frac{\varphi}{2} + \sin\frac{\varphi}{2}\boldsymbol{k} \tag{1.5.31}$$

3 次轉動的合成轉動四元數 $\boldsymbol{q}$ 爲

$$\boldsymbol{q} = \boldsymbol{q}_1 \circ \boldsymbol{q}_2 \circ \boldsymbol{q}_3 = \left(\cos\frac{\psi}{2} + \sin\frac{\psi}{2}\boldsymbol{k}\right)\left(\cos\frac{\theta}{2} + \sin\frac{\theta}{2}\boldsymbol{i}\right)\left(\cos\frac{\varphi}{2} + \sin\frac{\varphi}{2}\boldsymbol{k}\right) =$$

$$\cos\frac{\theta}{2}\cos\frac{\psi-\varphi}{2} + \sin\frac{\theta}{2}\cos\frac{\psi-\varphi}{2}\boldsymbol{i} + \sin\frac{\theta}{2}\sin\frac{\psi-\varphi}{2}\boldsymbol{j} + \cos\frac{\theta}{2}\sin\frac{\psi+\varphi}{2}\boldsymbol{k} \tag{1.5.32}$$

則對應的四元數參數爲

$$\begin{aligned}\lambda &= \cos\frac{\theta}{2}\cos\frac{\psi-\varphi}{2}\\ p_1 &= \sin\frac{\theta}{2}\cos\frac{\psi-\varphi}{2}\\ p_2 &= \sin\frac{\theta}{2}\cos\frac{\psi-\varphi}{2}\\ p_3 &= \cos\frac{\theta}{2}\sin\frac{\psi+\varphi}{2}\end{aligned} \tag{1.5.33}$$

將式(1.5.33)代入式(1.5.23),有

$$\begin{bmatrix}x'\\y'\\z'\end{bmatrix}=\begin{bmatrix}\cos\varphi\cos\psi-\sin\varphi\cos\theta\sin\psi & \cos\varphi\sin\psi+\sin\varphi\cos\theta\cos\psi & \sin\varphi\sin\theta\\ -\sin\varphi\cos\psi-\cos\varphi\cos\theta\sin\psi & -\sin\varphi\sin\psi+\cos\varphi\cos\theta\cos\psi & \cos\varphi\sin\theta\\ \sin\theta\sin\psi & -\sin\theta\cos\psi & \cos\theta\end{bmatrix}\begin{bmatrix}x\\y\\z\end{bmatrix} \tag{1.5.34}$$

從式(1.5.34)可以很容易地給出動坐標系 $OX'Y'Z'$ 相對參考坐標系 $OXYZ$ 3次順序旋轉之后所對應的方向余弦表。

五、四元數轉動公式的進一步說明

在這一節里介紹了四元數的概念,并且利用四元數的旋轉運算,給出了兩個坐標系相對旋轉之后坐標系之間的方向余弦表。

在一些資料中,四元數的轉動公式還經常用到式(1.5.18),即

$$\boldsymbol{R}' = \boldsymbol{q}\boldsymbol{R}\boldsymbol{q}^{-1}$$

這個公式的意義是說,在一個超復數空間,或在一個參考坐標系中,矢量 $\boldsymbol{R}$ 按着四元數 $\boldsymbol{q}$ 所表示的轉軸方向和大小被轉動了一個角度,得到一個新的矢量 $\boldsymbol{R}'$,轉動前后矢量 $\boldsymbol{R}$ 和 $\boldsymbol{R}'$ 在參考坐標系上的分量關系由上式給出。將 $\boldsymbol{q}$、$\boldsymbol{q}^{-1}$、$\boldsymbol{R}$ 的分量代入上式,也可以得到一個方向余弦陣。可以看出,這個矩陣將是式(1.5.34)的轉置。式(1.5.34)的結果是描述了一個矢量不相對參考坐標系發生轉動,而上式的運動形式恰恰相反。

四元數法能够得到迅速發展的原因,是由于飛行器控制系統的發展,數字計算機在運動控制中的應用,從而要求更合理地描述在各種控制問題中的剛體空間運動。采用方向余弦矩陣描述飛行器姿態運動時,需要積分姿態矩陣微分方程式

$$\dot{\boldsymbol{C}} = \boldsymbol{C}\boldsymbol{\Omega} \tag{1.5.35}$$

式中 $\boldsymbol{C}$—— 動坐標系相對參考坐標系的方向余弦陣;

$\boldsymbol{\Omega}$—— 動坐標系相對參考坐標系角速度 ω 的反對稱矩陣表示式。

$$\boldsymbol{\Omega} = \begin{bmatrix}0 & -\omega_Z & \omega_Y\\ \omega_Z & 0 & -\omega_X\\ -\omega_Y & \omega_X & 0\end{bmatrix} \tag{1.5.36}$$

方程式(1.5.35) 是由 9 個一階微分方程式組成的方程組,所以,計算量比較大。

在采用四元數法時,要求解四元數姿態微分方程式

$$\dot{\boldsymbol{q}} = \frac{1}{2}\boldsymbol{q}\boldsymbol{\omega} \tag{1.5.37}$$

上式是四元數相乘的表現形式,式中的 $\boldsymbol{q}$ 爲動坐標系的轉動四元數,$\boldsymbol{\omega}$ 爲動坐標系相對參考坐標系的旋轉角速度,應以四元數的表現形式給出,即 $\boldsymbol{\omega} = 0 + \omega_X \boldsymbol{i} + \omega_Y \boldsymbol{j} + \omega_Z \boldsymbol{k}$,按四元數乘積展開上式,得

$$\begin{aligned} 2\dot{\lambda} &= -p_1\omega_X - p_2\omega_Y - p_3\omega_Z \\ 2\dot{p}_1 &= \lambda\omega_X + p_2\omega_Z - p_3\omega_Y \\ 2\dot{p}_2 &= \lambda\omega_Y + p_3\omega_X - p_1\omega_Z \\ 2\dot{p}_3 &= \lambda\omega_Z + p_1\omega_Y - p_2\omega_X \end{aligned} \tag{1.5.38}$$

可以寫爲

$$\begin{bmatrix} \dot{\lambda} \\ \dot{p}_1 \\ \dot{p}_2 \\ \dot{p}_3 \end{bmatrix} = \begin{bmatrix} 0 & -\frac{\omega_X}{2} & -\frac{\omega_Y}{2} & -\frac{\omega_Z}{2} \\ \frac{\omega_X}{2} & 0 & \frac{\omega_Z}{2} & -\frac{\omega_Y}{2} \\ \frac{\omega_Y}{2} & -\frac{\omega_Z}{2} & 0 & \frac{\omega_X}{2} \\ \frac{\omega_Z}{2} & \frac{\omega_Y}{2} & -\frac{\omega_X}{2} & 0 \end{bmatrix} \begin{bmatrix} \lambda \\ p_1 \\ p_2 \\ p_3 \end{bmatrix} \tag{1.5.39}$$

或寫爲

$$\dot{\boldsymbol{q}} = \boldsymbol{\Omega}_b \boldsymbol{q} \tag{1.5.40}$$

式中

$$\boldsymbol{\Omega}_b = \begin{bmatrix} 0 & -\frac{\omega_X}{2} & -\frac{\omega_Y}{2} & -\frac{\omega_Z}{2} \\ \frac{\omega_X}{2} & 0 & \frac{\omega_Z}{2} & -\frac{\omega_Y}{2} \\ \frac{\omega_Y}{2} & -\frac{\omega_Z}{2} & 0 & \frac{\omega_X}{2} \\ \frac{\omega_Z}{2} & \frac{\omega_Y}{2} & -\frac{\omega_X}{2} & 0 \end{bmatrix} \tag{1.5.41}$$

式(1.5.40) 是四元數姿態微分方程的矩陣相乘的表現形式。

從式(1.5.38) 可見,四元數姿態矩陣微分方程式只要解 4 個一階微分方程式組就可以了,比方向余弦姿態矩陣微分方程式計算量有明顯的減少。

思　考　題

1. 說明慣性導航是自主式導航的理由。
2. 敘述地理坐標系的定義。
3. 如何用矩陣法建立方向余弦表？
4. 如何用四元數法建立方向余弦表？
5. 敘述剛體繞定點轉動的有限位移和無限位移的概念。

第二章　慣性導航的基本原理及分類

2.1　基本概念的描述

一、理想的地面慣性導航系統

爲了闡明慣性導航系統的基本組成及慣性導航的基本原理，需討論簡化的慣性導航問題。

假設載體在地球表面做等高度移動，分兩種情況進一步討論。首先，認爲載體在子午面内做等高度的移動，在此基礎上，再討論載體在地球表面做二維的移動，對其實際功能和誤差狀況進行説明，以便讀者對慣性導航原理、慣性導航系統的基本組成及其主要問題有一個初步的認識。

圖 2.1 是一個在地球表面運動的簡化慣性導航系統原理圖。在以后的討論中，如不經特殊説明，均假定地球是半徑爲 R 的圓球體。在陀螺穩定平臺上放置兩個加速度計 A_E 及 A_N。穩定

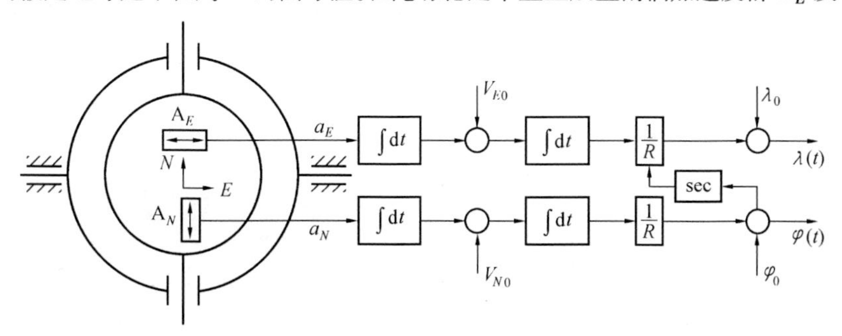

圖 2.1　簡化慣性導航系統

平臺的功能就是保證在整個導航的過程中，使加速度計 A_E 及 A_N 的敏感軸始終分别沿着東西和南北兩個連綫方向取向，且在當地水平面内。從而使加速度計 A_E 測量沿東西方向的加速度，加速度計 A_N 測量沿南北方向的加速度。加速度計輸出的信號分别爲 a_E 和 a_N，將測出的加速度信號進行一次積分后，可分别得出載體的速度分量爲

$$
\begin{aligned}
V_E &= V_{E0} + \int_0^t a_E \mathrm{d}t \\
V_N &= V_{N0} + \int_0^t a_N \mathrm{d}t
\end{aligned}
\tag{2.1.1}
$$

式中　V_{E0}、V_{N0}—— 載體的東向及北向初始速度。

載體的經緯度 λ 和 φ，可以從下式求得

$$
\begin{aligned}
\varphi(t) &= \varphi_0 + \frac{1}{R}\int_0^t V_N \mathrm{d}t \\
\lambda(t) &= \lambda_0 + \frac{1}{R}\int_0^t V_E \sec\varphi \mathrm{d}t
\end{aligned}
\tag{2.1.2}
$$

式中　λ_0、φ_0—— 載體的經度及緯度初始值。

從以上簡化原理可以看出，基本慣性導航系統主要包括以下幾個部分。

① 系統中必須有加速度計，用以測量載體的加速度。

② 系統中應該有一個模擬某一坐標系的平臺，加速度計放置在平臺上。在整個導航過程中，平臺始終能够保持加速度計的敏感軸在給定的方位上。圖 2.1 中的穩定平臺，在整個導航過程中，始終模擬地理坐標系，從而保證了加速度計能够測量載體的東西向及南北向的加速度。這類平臺一般由陀螺穩定的平臺來實現。

③ 系統中必須有積分器，將加速度分量 a_E 及 a_N 積分。在實際系統中，通常有專用的計算機完成有關的計算工作。

④ 必須有初始條件的調整，以便根據實際運動情況來改變初始條件。

考慮簡化的單軸導航情況，它含有一個加速度計和一個陀螺儀，并通過一個框架與載體的俯仰運動隔離。圖 2.2(a) 表示出這種情形下的符號規定。載體位于點 P，在子午面內做等高度移動。Y 軸沿當地水平方向，Z 軸沿當地鉛垂方向。Y_P 是加速度計敏感軸；垂直于圖示平面的 X_P 是陀螺儀的敏感軸和 Y_P、Z_P 構成右手坐標系，圖中没給出。平臺的旋轉角速度 ω_P 通過陀螺來控制。旋轉角速度 ω_P 的選擇應使平臺保持當地水平。

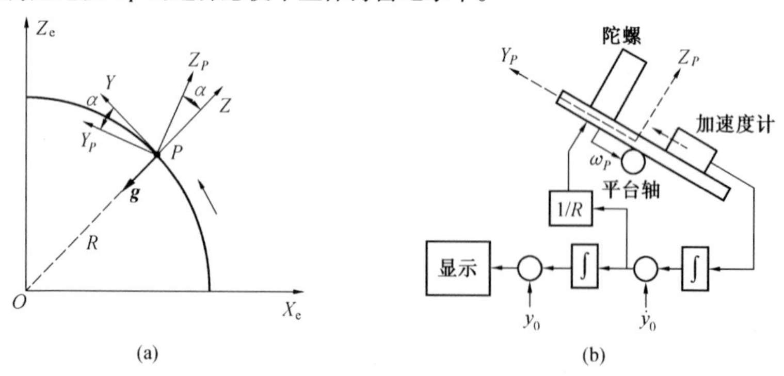

圖 2.2　簡化的單軸導航

這種選擇的優點是，由平臺提供姿態的物理參考，使陀螺和加速度計的敏感軸在整個導航時間內，與 g 的方向不變，從而使某些儀表誤差易于補償。

爲了使平臺保持水平,應該選擇如下的跟踪規律,即

$$\omega_P = \frac{V}{R} \tag{2.1.3}$$

式中　V—— 載體的速度。

在理想情況下,由于平臺保持水平,加速度計的輸出信號爲

$$a_N = \ddot{y} \tag{2.1.4}$$

當準確地知道初始值 y_0 和 V_0 值后,就可以提供準確的距離 y。如果必要的話,可换成等效的緯度 φ 值。

由于存在以下原因,理想的單軸導航是不可能實現的。

(1) 儀表誤差

當比力(單位質量受到的位移加速度和重力加速度代數和) 在加速度計敏感軸上的分量是 f_a 時,加速度計的輸出信號事實上是

$$a_N = (1 + K_a)f_a + \Delta A_N \tag{2.1.5}$$

式中　K_a—— 標度系數誤差;

ΔA_N—— 加速度計的零位誤差。

因爲比力

$$f_a = \ddot{y} + g \tag{2.1.6}$$

f 在加速度計敏感軸上的分量(g 等效于沿 Z 軸正向的運動加速度) 爲

$$f_a = \ddot{y}\cos\alpha - g\sin\alpha \approx \ddot{y} - g\alpha \tag{2.1.7}$$

當平臺的指令信號爲 ω_c 時,平臺的旋轉角速度則爲

$$\omega_P = (1 + K_g)\omega_c + \varepsilon \tag{2.1.8}$$

式中　K_g—— 陀螺力矩器標度系數誤差;

ε—— 陀螺儀的漂移角速度。

所以,平臺和當地水平面之間存在角 α。

(2) 初始誤差

在起始時刻,引入計算機的初值有誤差,如 Δy_0 和 $\Delta\dot{y}_0$,而 α_0 表示平臺偏離當地水平面一個初始角。

圖 2.3 給出簡化的單軸導航系統方框圖。

從圖 2.3 可以寫出系統方程爲

$$\ddot{y}_c = \Delta A_N + (1 + K_a)(\ddot{y} - g\alpha) \tag{2.1.9}$$

$$\alpha = \alpha_0 + \frac{1}{R}\int_{t_0}^{t}(1 + K_g)\dot{y}_c \mathrm{d}t + \int_{t_0}^{t}\varepsilon \mathrm{d}t - \frac{y - y_0}{R} \tag{2.1.10}$$

對式(2.1.10) 經過適當變换,有

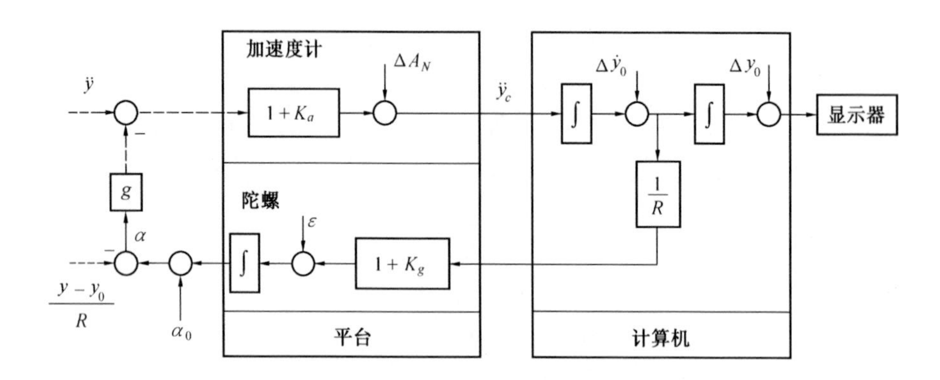

圖 2.3　簡化的單軸導航系統方框圖

-----运动学量；———模拟或数字信号

$$\alpha = \alpha_0 + \frac{y_c - y}{R} - \frac{y_{c_0} - y_0}{R} + \frac{1}{R}\int_{t_0}^{t} K_g \dot{y}_c \mathrm{d}t + \int_{t_0}^{t} \varepsilon \mathrm{d}t \tag{2.1.11}$$

令

$$\Delta y = y_c - y \tag{2.1.12}$$

將式(2.1.12) 代入式(2.1.9) 和式(2.1.11)，經過整理，得系統誤差方程式

$$\Delta\ddot{y} + \frac{(1+K_a)g}{R}\Delta y = \Delta A_N - (1+K_a)g(\alpha_0 - \frac{\Delta y_0}{R}) + K_a\ddot{y} - (1+K_a)\frac{g}{R}\int_{t_0}^{t} K_g \dot{y}_c \mathrm{d}t - (1+K_a)g\int_{t_0}^{t} \varepsilon \mathrm{d}t \tag{2.1.13}$$

展開上式并忽略二階小量，有誤差方程式

$$\Delta\ddot{y} + \omega_s^2 \Delta y = \Delta A_N - g\alpha_0 + \omega_s^2 \Delta y_0 + K_a\ddot{y} - \omega_s^2\int_{t_0}^{t} K_g \dot{y} \mathrm{d}t - g\int_{t_0}^{t} \varepsilon \mathrm{d}t \tag{2.1.14}$$

式中

$$\omega_s^2 = \frac{g}{R} \tag{2.1.15}$$

其周期

$$T_s = \frac{2\pi}{\omega_s} \approx 84.4 \text{ min}$$

稱爲舒拉周期。其重要性在于，當系統控制回路滿足式(2.1.15) 時，即使載體在加速度條件下運動，穩定平臺仍能跟踪當地水平面。這爲慣性導航系統能够長時間運行奠定了理論基礎，這個理論最早由舒拉提出。系統參數按着 $T_s = 84.4$ min 原則進行選擇，稱爲舒拉調整。

解誤差方程(2.1.14)。設 ΔA_N、α_0、Δy_0、$\Delta\dot{y}_0$、K_a、K_g、$\dot{y} = V$、ε 爲常值，設比 84.4 min 小得多又不爲零的時間間隔 T 中有常值加速度 γ 作用，可有

$$\Delta y(t) = \Delta y_0 + \Delta \dot{y}_0 \frac{\sin \omega_s t}{\omega_s} - \alpha_0 R(1 - \cos \omega_s t) + \frac{\Delta A_N}{\omega_s^2}(1 - \cos \omega_s t) + K_a \gamma T \frac{\sin \omega_s t}{\omega_s} - K_g V\left(t - \frac{\sin \omega_s t}{\omega_s}\right) - R\varepsilon\left(t - \frac{\sin \omega_s t}{\omega_s}\right) \tag{2.1.16}$$

從式(2.1.16)可以看出,慣性導航系統的誤差源可以分爲兩類。第一類隨時間保持有界的誤差,其誤差源包含有Δy_0、$\Delta \dot{y}_0$、α_0、ΔA_N和K_a。第二類是隨時間增大的誤差,其誤差源包含有ε和K_g。由此可見,對長時間運行的慣性導航系統,其性能的好壞,在很大程度上取決于系統所選用的陀螺儀品質。

下面給出有關誤差的數量級。

① 初始位置誤差$\Delta y_0 = 100$ m,有

$$\Delta y(t) = \Delta y_0 = 100 \text{ m}$$

② 初始速度誤差$\Delta \dot{y}_0 = 2$ km/h,有

$$\Delta y(t) = \Delta \dot{y}_0 \frac{\sin \omega_s t}{\omega_s}$$

最大誤差爲 $\Delta \dot{y}_0 / \omega_s \approx 0.45$ km

③ 初始對準誤差$\alpha_0 = 15''$,有

$$\Delta y(t) = -\alpha_0 R(1 - \cos \omega_s t)$$

最大誤差爲 $2\alpha_0 R \approx 0.91$ km

④ 加速度計的零位誤差$\Delta A_N = 1 \times 10^{-4}\, g$,有

$$\Delta y(t) = \frac{\Delta A_N}{\omega_s^2}(1 - \cos \omega_s t)$$

最大誤差爲 $2\Delta A_N / \omega_s^2 = 1.27$ km

⑤ 加速度計的標度系數誤差$K_a = 10^{-3}$,設$\gamma = 5 \text{ m/s}^2$,$T = 30$ s,有

$$\Delta y(t) = K_a \gamma T \frac{\sin \omega_s t}{\omega_s}$$

最大誤差爲120 m。

⑥ 陀螺儀漂移角速度$\varepsilon = 0.01°/\text{h}$,有

$$\Delta y(t) = R\varepsilon\left(t - \frac{\sin \omega_s t}{\omega_s}\right)$$

$$R\varepsilon = 1.1 \text{ km/h}$$

⑦ 陀螺儀標度系數誤差$K_g = 10^{-3}$,有

$$\Delta y(t) = K_g V\left(t - \frac{\sin \omega_s t}{\omega_s}\right) \approx K_g(y - y_0)$$

所以,航程爲1 000 km時,誤差爲1 km;航程爲3 000 km時,誤差爲3 km。

二、比力

在一個升降機中，用彈簧懸挂一個質量 m 于天花板上，我們可以通過彈簧的伸長或壓縮來判斷升降機是上升或下降，這個彈簧與其懸挂的質量 m 構成了加速度計的基本形式。在重力場中，重力的方向向下，彈簧因此在 mg 的作用下要延長。如果電梯以加速度 a 向上加速，則彈簧也會延伸，這是受力 ma 作用的結果。没有附加信息，觀察者不能説明彈簧變形是重力引起的，還是相反方向加速度引起的，或兩者聯合引起的。因此，使彈簧變形的力的確切量度爲上述兩個量的代數和，即

$$m\boldsymbol{a} + m\boldsymbol{g}$$

由于質量 m 已知，則代數和

$$\boldsymbol{f} = \boldsymbol{a} + \boldsymbol{g} \tag{2.1.17}$$

就可以測定。這個量稱做比力。它表示單位質量上受到外力作用的代數和，即使上述彈簧變形的力。顯然，任何運動點可以有一個與它相關聯的稱做比力的矢量，即該點單位質量的運動加速度與重力加速度的矢量和，如式(2.1.17) 所示。而前面提到的加速度計是一種儀表，如果它隨該點運動，則可測量沿加速度計敏感軸方向的比力分量。

附帶説明一下，在工程計算和設計中，許多人仍習慣加速度計是測量加速度的説法，在這種場合，只要認爲空間任何一點均受兩個加速度的作用，一個是該點運動加速度 $\boldsymbol{a}$，另一個則是重力場引起的重力加速度 $\boldsymbol{g}$，其方向總是背離地心向上就可以了。這樣計算的結論將和實際相符。

三、沿垂綫方向慣性測量的不穩定性

應用加速度計測量垂直方向的加速度，由于重力場的存在變得復雜和將産生很大的誤差。對于某些短時間的工作載體，必須預先補償掉基座静止時加速度計的一個 g 的輸出。其測量方案如圖 2.4 所示。顯然，這是一個開環系統，計算誤差和儀表誤差將是累積的。如加速度計的零位偏差 $\Delta A = 0.5 \times 10^{-4}\ g$，則引起的誤差爲 $\Delta h = \frac{1}{2}\Delta A t^2$，當 $t = 5$ min 時，$\Delta h = 44$ m；而當 $t = 10$ min 時，$\Delta h = 176$ m。

可見，這種開環的垂綫方向測高方案只能短時間應用。在前面介紹的水平回路中，加速度計的零位誤差值引起有界誤差。下面證明開環測量的不穩定性。對于加速度計，其測量到的比力爲

$$\boldsymbol{f}_z = \ddot{\boldsymbol{h}} + \boldsymbol{g} \tag{2.1.18}$$

式中　h—— 高度，指向垂直向上爲正方向。

地球表面重力加速度 $\boldsymbol{g}$ 由下式給出，即

$$\boldsymbol{g} = g_0 \frac{R^2}{(R + \boldsymbol{h})^2} \approx g_0\left(1 - 2\frac{\boldsymbol{h}}{R}\right) \tag{2.1.19}$$

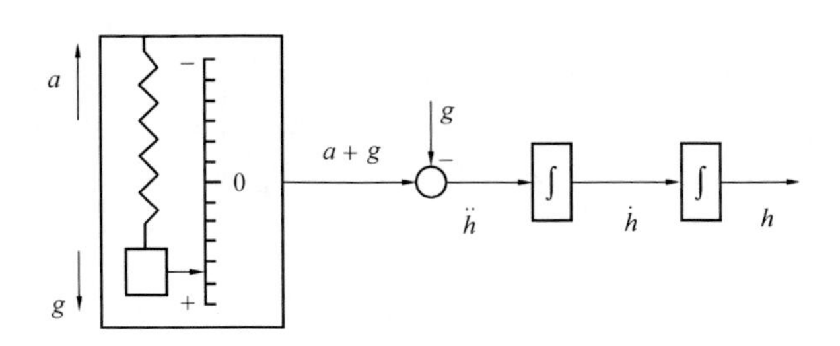

圖 2.4　垂綫方向開環測量

式中 $h \ll R$,所以高度 h 可通過積分下列標量方程計算,即

$$\ddot{h} - 2g_0 \frac{h}{R} = f_z - g_0 \tag{2.1.20}$$

這個方程有一個主要的缺點,即它是不穩定的,在它的解中有一項 $e^{+\sqrt{2g_0/R}t}$。因此,在垂直方向慣性測量不能長時間應用。一般是利用氣壓式高度表或無綫電高度表的信息來構成誤差的有界系統。

2.2　慣性導航系統中加速度計輸出信號公式推導

從上節的分析中,我們知道加速度計是慣性導航系統的核心部件之一,通過對它的輸出值的計算,才能確定導航參數。它按牛頓第二定律的原理,測量出載體相對慣性空間的加速度,稱其爲絶對加速度。不能直接測量相對非慣性坐標系的相對加速度。爲了確定載體相對選定的導航坐標系的運動加速度,或者説,爲了確定載體相對地球的運動加速度在選定坐標系上的分量,則必須從加速度計所感受的絶對加速度信號中,分離出所需要的相對加速度。對于平臺式慣性導航系統,當放置加速度計的平臺分别模擬慣性坐標系、地球坐標系以及地理坐標系時,加速度計的輸出信號表達式是不同的。

一、地理坐標系相對慣性空間的旋轉角速度

當載體 P 在地球表面運動時,以 P 爲原點的地理坐標系 $EN\zeta$ 由于地球的自轉角速度 ω_e 和載體的運動而相對于慣性空間轉動,如圖 2.5 所示,ω 代表地理坐標系相對于慣性空間的旋轉角速度,其分量表達式爲

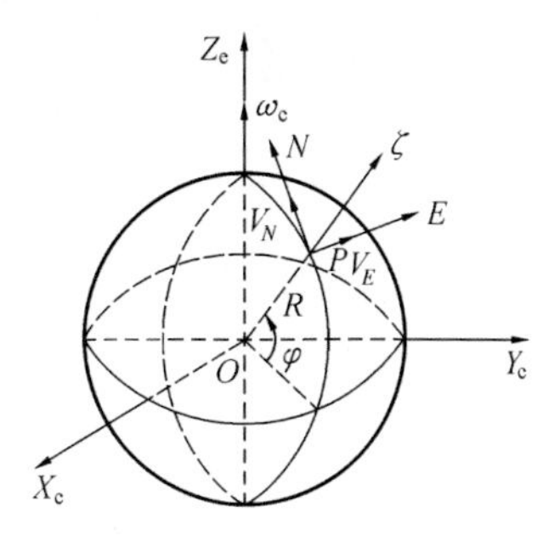

圖 2.5　地理坐標系的運動

$$\omega_E = -\frac{V_N}{R} = -\frac{V_{IN}}{R}$$

$$\omega_N = \frac{V_E}{R} + \omega_e\cos\varphi = \frac{V_{IE}}{R} \tag{2.2.1}$$

$$\omega_\zeta = \frac{V_E}{R}\tan\varphi + \omega_e\sin\varphi = \frac{V_{IE}}{R}\tan\varphi$$

式中　V_E、V_N—— 載體相對地球的運動速度(地速)在地理坐標系東向及北向的分量;

V_{IE}、V_{IN}—— 載體相對慣性空間(地心慣性坐標系)綫速度的東向及北向分量。

從式(2.2.1)可得

$$V_{IE} = V_E + R\omega_e\cos\varphi \tag{2.2.2}$$

$$V_{IN} = V_N$$

亦即地速的北向分量即爲相對慣性空間的北向綫速度,而地速東向分量 V_E 加上由于地球自轉角速度引起的東向速度分量 $R\omega_e\cos\varphi$ 后才等于相對慣性空間的綫速度。

二、絶對加速度的矢量表達式

人們習慣用所謂絶對加速度的術語來表示載體相對慣性坐標系的加速度,采用哥氏定律(Coriolis'Law)來推導,其公式爲

$$\left[\frac{\mathrm{d}\boldsymbol{B}}{\mathrm{d}t}\right]_I = \left[\frac{\mathrm{d}\boldsymbol{B}}{\mathrm{d}t}\right]_r + \boldsymbol{\Omega}\times\boldsymbol{B} \tag{2.2.3}$$

式中　$\boldsymbol{B}$—— 代表一個矢量;

$\left[\frac{\mathrm{d}\boldsymbol{B}}{\mathrm{d}t}\right]_I$—— 矢量 $\boldsymbol{B}$ 相對慣性坐標系的變化量;

$\left[\frac{\mathrm{d}\boldsymbol{B}}{\mathrm{d}t}\right]_r$—— 矢量 $\boldsymbol{B}$ 相對動坐標系的變化量;

$\boldsymbol{\Omega}$—— 動坐標系相對慣性坐標系的旋轉角速度。

首先,推導載體相對慣性空間的運動速度 V_I。以 $\boldsymbol{R}$(其值應爲地球半徑和飛行高度之和)來表示載體所處的位置,動坐標系取地球坐標系,慣性坐標系取地心慣性坐標系,則有

$$V_I = \left[\frac{\mathrm{d}\boldsymbol{R}}{\mathrm{d}t}\right]_I = \left[\frac{\mathrm{d}\boldsymbol{R}}{\mathrm{d}t}\right]_r + \boldsymbol{\omega}_e\times\boldsymbol{R} \tag{2.2.4}$$

對 $\boldsymbol{R}$ 的二次微分,將得到載體相對慣性空間的加速度,動參考系仍取地球坐標系時有

$$\left[\frac{\mathrm{d}^2\boldsymbol{R}}{\mathrm{d}t^2}\right]_I = \left[\frac{\mathrm{d}}{\mathrm{d}t}\left(\frac{\mathrm{d}\boldsymbol{R}}{\mathrm{d}t}\right)_r\right]_I + \boldsymbol{\omega}_e\times\left[\frac{\mathrm{d}\boldsymbol{R}}{\mathrm{d}t}\right]_I + \left[\frac{\mathrm{d}\boldsymbol{\omega}_e}{\mathrm{d}t}\right]_I\times\boldsymbol{R} \tag{2.2.5}$$

在地球參考系中,設

$$V_r = \left[\frac{\mathrm{d}\boldsymbol{R}}{\mathrm{d}t}\right]_r$$

據哥氏定律有

$$\left[\frac{\mathrm{d}\boldsymbol{V}_r}{\mathrm{d}t}\right]_I = \left[\frac{\mathrm{d}\boldsymbol{V}_r}{\mathrm{d}t}\right]_r + \boldsymbol{\omega}_e \times \boldsymbol{V}_r \tag{2.2.6}$$

$$\left[\frac{\mathrm{d}\boldsymbol{R}}{\mathrm{d}t}\right]_I = \boldsymbol{V}_r + \boldsymbol{\omega}_e \times \boldsymbol{R} \tag{2.2.7}$$

由于地球自轉角速度爲常值,所以

$$\left[\frac{\mathrm{d}\boldsymbol{\omega}_e}{\mathrm{d}t}\right]_I \times \boldsymbol{R} = 0 \tag{2.2.8}$$

將以上各式代入式(2.2.5),有

$$\left[\frac{\mathrm{d}^2\boldsymbol{R}}{\mathrm{d}t^2}\right]_I = \left[\frac{\mathrm{d}\boldsymbol{V}_r}{\mathrm{d}t}\right]_r + 2\boldsymbol{\omega}_e \times \boldsymbol{V}_r + \boldsymbol{\omega}_e \times (\boldsymbol{\omega}_e \times \boldsymbol{R}) \tag{2.2.9}$$

式中 $\left[\frac{\mathrm{d}^2\boldsymbol{R}}{\mathrm{d}t^2}\right]_I$——$P$ 點相對慣性空間的加速度,$\left[\frac{\mathrm{d}^2\boldsymbol{R}}{\mathrm{d}t^2}\right]_I = \boldsymbol{A}_{Ie}$;

$\left[\frac{\mathrm{d}\boldsymbol{V}_r}{\mathrm{d}t}\right]_r$——$P$ 點相對地球的加速度,$\left[\frac{\mathrm{d}\boldsymbol{V}_r}{\mathrm{d}t}\right]_r = \boldsymbol{A}_r$。

式(2.2.9) 可以改寫爲

$$\boldsymbol{A}_{Ie} = \boldsymbol{A}_r + 2\boldsymbol{\omega}_e \times \boldsymbol{V}_r + \boldsymbol{\omega}_e \times (\boldsymbol{\omega}_e \times \boldsymbol{R}) \tag{2.2.10}$$

在推導式(2.2.10) 過程中,根據上一章有關坐標系的定義,慣性坐標系和動坐標系 —— 地球坐標系的原點是一致的,相互之間没有位移。等式左邊 $\boldsymbol{A}_{Ie}$ 表示載體相對慣性空間的絶對加速度,等式右邊第1項代表載體相對地球的相對加速度,是導航中待求的量,第2項是由于牽連角速度 $\boldsymbol{\omega}_e$ 引起的哥氏加速度項,第 3 項則是向心加速度項。當在載體上的陀螺穩定平臺模擬地球坐標系的角運動時,平臺上的加速度計輸出信號中的絶對加速度的表達式將如上式。對于多數導航系統,動坐標系取地理坐標系,爲了使公式的物理意義明確并能采用推導上式的相似方法,我們假定地理坐標系的原點在載體的始發點且和地球固聯,即地理坐標系相對慣性坐標系没有平移運動,只有旋轉角運動 $\boldsymbol{\omega}$。這時,我們以地理坐標系爲動坐標系,可以求得載體相對慣性空間絶對加速度的表達式爲

$$\boldsymbol{A}_{IE} = \boldsymbol{A}_r + (\boldsymbol{\omega}_e + \boldsymbol{\omega}) \times \boldsymbol{V}_r + \boldsymbol{\omega}_e \times (\boldsymbol{\omega}_e \times \boldsymbol{R}) \tag{2.2.11}$$

因此,當載體上的陀螺穩定平臺模擬地理坐標系時,平臺上放置的加速度計,其輸出信號中的絶對加速度的表達式將如上式。

注意,如果動坐標系仍取地理坐標系,即假定地理坐標系的原點符合有關地理坐標系的規定而隨載體一起運動,即地理坐標系相對慣性坐標系有平移運動,則不能直接應用哥氏定律公式(2.2.3),必須考慮地理坐標系相對慣性坐標系的平移運動,兩種推導方式的最終表達式是一致的。

由于加速度計測量的是比力,其輸出公式應爲

$$\boldsymbol{f} = \frac{\mathrm{d}^2\boldsymbol{R}}{\mathrm{d}t^2} + \boldsymbol{g} \tag{2.2.12}$$

因此,在考慮了重力場對加速度計的作用,有如下方程式

$$\boldsymbol{A}_r = \boldsymbol{A}_{Ie} + \boldsymbol{g} - 2\boldsymbol{\omega}_e \times \boldsymbol{V}_r - \boldsymbol{\omega}_e \times (\boldsymbol{\omega}_e \times \boldsymbol{R}) \tag{2.2.13}$$

$$\boldsymbol{A}_r = \boldsymbol{A}_{IE} + \boldsymbol{g} - (\boldsymbol{\omega}_e + \boldsymbol{\omega}) \times \boldsymbol{V}_r - \boldsymbol{\omega}_e \times (\boldsymbol{\omega}_e \times \boldsymbol{R}) \tag{2.2.14}$$

由于重力加速度是由引力和離心力合成所致,在 $\boldsymbol{g}$ 中已考慮$\boldsymbol{\omega}_e \times (\boldsymbol{\omega}_e \times \boldsymbol{R})$ 項,所以上兩式簡化爲

$$\boldsymbol{A}_r = \boldsymbol{A}_{Ie} - 2\boldsymbol{\omega}_e \times \boldsymbol{V}_r + \boldsymbol{g} \tag{2.2.15}$$

$$\boldsymbol{A}_r = \boldsymbol{A}_{IE} - (\boldsymbol{\omega}_e + \boldsymbol{\omega}) \times \boldsymbol{V}_r + \boldsymbol{g} \tag{2.2.16}$$

式中 $\boldsymbol{A}_r$—— 載體相對地球的加速度;

$\boldsymbol{A}_{Ie}$、$\boldsymbol{A}_{IE}$—— 分別表示陀螺穩定平臺在模擬地球坐標系或地理坐標系時加速度計的輸出信號。

在一些飛行器制導系統中,陀螺穩定平臺往往模擬慣性坐標系。這時,動坐標系相對慣性空間没有旋轉角速度,所以

$$\boldsymbol{A}_r = \boldsymbol{A}_{II} + \boldsymbol{g} \tag{2.2.17}$$

式中 $\boldsymbol{A}_{II}$—— 陀螺穩定平臺在模擬慣性坐標系時加速度計的輸出信號。

式(2.2.15)、(2.2.16)、(2.2.17) 三式基本上概括了大多數慣性導航系統中加速度計輸出信號的矢量表達式,給出了載體相對地球的加速度 $\boldsymbol{A}_r$。對式中給出的其它加速度值,統稱有害加速度,是應該補償的量。注意,如式(2.2.16) 中的 $\boldsymbol{\omega}$ 等于$\boldsymbol{\omega}_e$,式(2.2.16) 就變成式(2.2.15);如果 $\boldsymbol{\omega}$ 等于零,式(2.2.16) 就簡化爲式(2.2.17)。

三、絶對加速度的標量表達式

僅討論式(2.2.16) 的情况。爲了以后方便,將其改寫爲

$$\boldsymbol{A}_r = \boldsymbol{A}_I - (\boldsymbol{\omega}_e + \boldsymbol{\omega}) \times \boldsymbol{V}_r + \boldsymbol{g} \tag{2.2.18}$$

將

$$\boldsymbol{A}_I = A_E\boldsymbol{i} + A_N\boldsymbol{j} + A_\zeta\boldsymbol{k}$$

$$\boldsymbol{\omega}_e = \omega_e\cos\varphi\boldsymbol{j} + \omega_e\sin\varphi\boldsymbol{k}$$

$$\boldsymbol{\omega} = \omega_E\boldsymbol{i} + \omega_N\boldsymbol{j} + \omega_\zeta\boldsymbol{k}$$

$$\boldsymbol{g} = g\boldsymbol{k}$$

各式代入式(2.2.18),并考慮式(2.2.1),有

$$\begin{aligned} A_E &= \dot{V}_E - \frac{V_E V_N}{R}\tan\varphi + \left(\frac{V_E}{R} + 2\omega_e\cos\varphi\right)V_\zeta - 2V_N\omega_e\sin\varphi \\ A_N &= \dot{V}_N + 2V_E\omega_e\sin\varphi + \frac{V_E^2}{R}\tan\varphi + \frac{V_N V_\zeta}{R} \\ A_\zeta &= \dot{V}_\zeta - 2V_E\omega_e\cos\varphi - \frac{V_E^2 + V_N^2}{R} + g \end{aligned} \tag{2.2.19}$$

設垂綫方向速度較小,對一些導航方程式可以忽略不計,則上式可進一步簡化爲

$$A_E = \dot{V}_E - 2V_N\omega_e\sin\varphi - \frac{V_E V_N}{R}\tan\varphi$$
$$A_N = \dot{V}_N + 2V_E\omega_e\sin\varphi + \frac{V_E^2}{R}\tan\varphi \qquad (2.2.20)$$
$$A_\zeta = \dot{V}_\zeta - 2V_E\omega_e\cos\varphi - \frac{V^2}{R} + g$$

式中

$$V^2 = V_E^2 + V_N^2 + V_\zeta^2 \approx V_E^2 + V_N^2$$

式(2.2.20)中,$\dot{V}_E$、$\dot{V}_N$、$\dot{V}_\zeta$稱爲位移加速度,分别代表載體相對地球的地速沿東向、北向及垂綫方向的位移加速度分量。$2V_N\omega_e\sin\varphi$、$2V_E\omega_e\sin\varphi$及$2V_E\omega_e\cos\varphi$稱爲哥氏加速度項。$\frac{V_E V_N}{R}\tan\varphi$、$\frac{V_E^2}{R}\tan\varphi$及$\frac{V^2}{R}$是由于載體運動引起的向心加速度項。式(2.2.20)又可以寫成爲

$$A_E = \dot{V}_E - A_{EB}$$
$$A_N = \dot{V}_N + A_{NB} \qquad (2.2.21)$$
$$A_\zeta = \dot{V} - A_{\zeta B} + g$$

式中

$$A_{EB} = 2V_N\omega_e\sin\varphi + \frac{V_E V_N}{R}\tan\varphi$$
$$A_{NB} = 2V_E\omega_e\sin\varphi + \frac{V_E^2}{R}\tan\varphi \qquad (2.2.22)$$
$$A_{\zeta B} = 2V_E\omega_e\cos\varphi + \frac{V^2}{R}$$

注意式(2.2.21)中重力加速度 $\boldsymbol{g}$ 的方向在ζ軸的正向,這是考慮到加速度計是一個測力裝置,重力加速度計的作用結果和與其反向的加速度的作用結果是一致的。因此,在慣性導航的計算中,都把重力加速度 $\boldsymbol{g}$ 的方向定爲ζ軸正向。式中的A_E、A_N、A_ζ爲加速度計的輸出信號,$\dot{V}_E$、$\dot{V}_N$、$\dot{V}_\zeta$爲導航系統所需要的地速分量,A_{EB}、A_{NB}、$A_{\zeta B}$、g都被稱爲有害加速度分量,要在加速度計的輸出信號中將其删除。

四、有害加速度計的典型數值

設如下一組數據,$V_E = V_N = 1\,200$ km/h = 333.4 m/s,$\varphi = 45°$,$R = 6\,367.65$ km,$\omega_e =$ 15°/h = 7.29×10^{-5} rad/s。將以上數值代入式(2.2.22),得

$$A_{EB} = 5.28 \times 10^{-3}\, g$$
$$A_{NB} = 5.28 \times 10^{-3}\, g$$

從上面計算的例子可看出,由于哥氏加速度及向心加速度所産生的誤差值比起陀螺穩定

平臺傾斜1′所產生的誤差($2.91\times10^{-4}\ g$)要大一個數量級。因此,對加速度計的輸出信號必須加以補償才能達到比較精確的導航與定位。

2.3　半解析式慣性導航系統

一、半解析式慣性導航系統的基本類型

從總體設計來説,各類慣性導航系統都必須解决兩個問題,一是利用陀螺穩定平臺建立一個三維空間坐標系,解决輸入信號的測量基準;二是通過不同坐標系之間的變换,利用加速度計輸出信息的積分得到載體的速度和位置等導航信息。所以,不同坐標系的選取以及它們在載體内部的實現方法(通過平臺實現)就構成了慣性導航系統的不同方案。半解析式慣性導航系統是其中最有代表性的一類導航系統。該系統采用的陀螺穩定平臺(有時稱慣性平臺或簡稱平臺)始終跟踪當地水平面,使平臺上放置的兩個敏感軸相互垂直的加速度計不敏感重力加速度 $\boldsymbol{g}$,這是半解析式慣性導航系統的主要特征。圖2.6給出穩定平臺和地球表面間相對位置示意圖。當載體從地面點 A 移到點 B 時,穩定平臺始終跟踪當地水平面。依據平臺相對地面的方位不同,半解析式慣性導航系統又可分爲兩種類型。

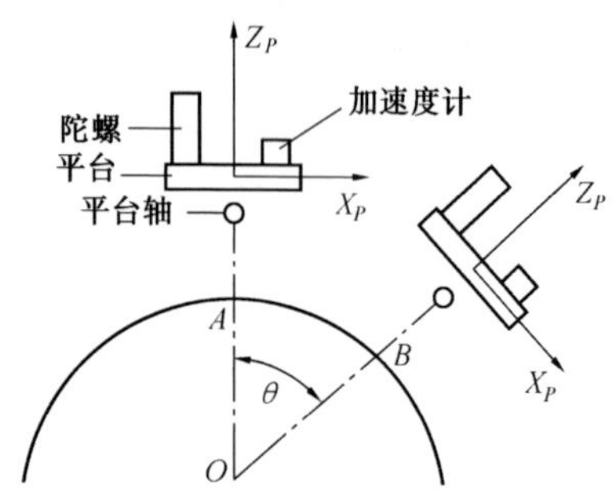

圖2.6　半解析式慣導系統平臺

一類是平臺相對地面的方位是固定的,通常是使平臺上的一個敏感軸固定指向地球的北方向,稱其爲固定方位半解析式慣性導航系統。以后如不經特殊指出,所説的半解析式慣性導航系統就是指固定方位半解析式慣性導航系統。這種系統的平臺坐標系將模擬地理坐標系,因此在高緯度區實現這種系統有一定的困難性。

在高緯度區,單位經度角對應地球表面的弧度長度變短,所以,平臺爲了模擬地理坐標系,要求平臺在方位上有較快的變化率,爲此要求方位陀螺儀的力矩器接受很大的控制電流,又要求平臺以較高的速率繞方位軸轉動,這爲陀螺和平臺回路在工程上的實現帶來很大的困難。另一個困難是因爲當緯度接近90°時,計算機在計算 $\tan\varphi$ 的程序中會出現發散現象。因此,固定方位半解析式慣性導航系統不適合于全球導航應用。

另一類是平臺相對地球的方位是不固定的,自由方位半解析式慣導系統就是其中的一種,這種系統除了平臺由兩個水平回路保持在當地水平面之外,其平臺的方位和真北方向的夾角是不加控制的。平臺坐標系的方位軸 Z_P 和當地垂綫重合,而平臺的水平軸 X_P 和 Y_P 則分别與東方向、北方向相差 γ 角,如圖2.7所示。平臺相對于北方向的方位角 γ 作爲一個計算量存儲于計算機中,因平臺繞垂綫是自由的,故 γ 角的變化爲

$$\dot{\gamma} = (\dot{\lambda} + \omega_e)\sin\varphi \tag{2.3.1}$$

因此，只要知道平臺軸 Y_P 的初始對準角，γ 角的大小就可以實時計算出來。這種系統的優點是在高緯度處和在初始對準時，不像固定方位半解析式慣導系統那樣使方位陀螺需要施加很大的力矩。而在計算機中存儲變化的 γ 角是易于實現的。故自由方位半解析式慣導系統常用做通過極地的導航系統。

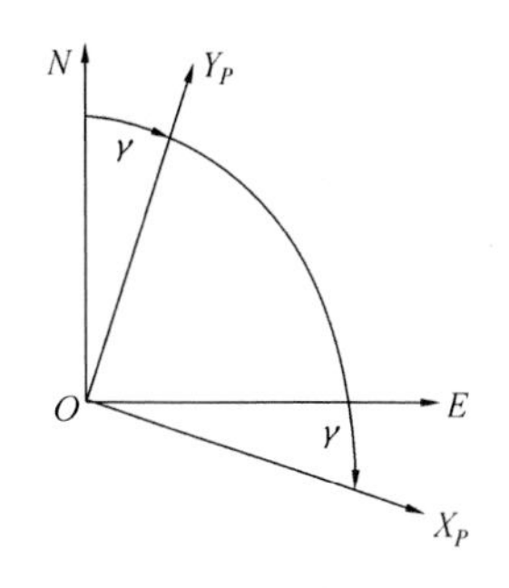

圖 2.7　自由方位平臺系統方位角

屬于自由方位半解析式慣導系統的方案，還有一種稱爲游動自由方位半解析式慣導系統。它的特點是在方位陀螺上施加一定的控制力矩，使其完成相對慣性空間的旋轉，大小爲 $\omega_e\sin\varphi$，所以，方位角 γ 的變化爲

$$\dot{\gamma} = \dot{\lambda}\sin\varphi \tag{2.3.2}$$

這種系統有和自由方位半解析式慣導系統同樣可以通過極區的優點。通過分析，發現它在導航參數的計算上有一定的優越性，因此，更具有實用意義。

二、固定方位半解析式慣導系統

圖 2.8 給出的指北固定方位半解析式慣導系統原理圖，采用了三個單自由度浮子積分陀螺儀作爲敏感元件來穩定平臺。通過 3 個穩定回路使平臺相對慣性空間穩定，在此基礎上，再通過 3 個修正回路使平臺坐標系 $OX_PY_PZ_P$ 始終跟踪地理坐標系 $OEN\zeta$。所以，平臺保持了水平和固定的北向方位。

首先討論這種系統的定位過程。

正如第一章所述，我們假定在初始時刻平臺是水平的，且平臺的 Y_P 坐標軸總是保持指北方位。在平臺上安裝的兩個加速度計 A_X 及 A_Y 的敏感軸分别沿着東西和南北兩個方位放置，分别測出載體的東向及北向加速度分量。根據上節的式(2.2.9) 可知，加速度計的輸出信號中，除了有載體相對地球的運動加速度以外，還含有哥氏加速度及向心加速度項，后者被稱爲有害加速度項。由于我們假定平臺在運動時始終與重力加速度 $\boldsymbol{g}$ 的方向垂直，所以加速度計應該不感受重力加速度的分量。在加速度計輸出信號進入導航計算機之前，必須補償有害加速度 A_{EB} 及 A_{NB}，見圖 2.8，經過一次積分則可得出速度分量，即

$$\begin{aligned} V_E(t) &= V_{E0} + \int_0^t (A_E + A_{EB})\mathrm{d}t \\ V_N(t) &= V_{N0} + \int_0^t (A_N - A_{NB})\mathrm{d}t \end{aligned} \tag{2.3.3}$$

從圖 2.8 可以看出，再經過一次積分及運算之后，即可得到載體相對地球的經度和緯度的

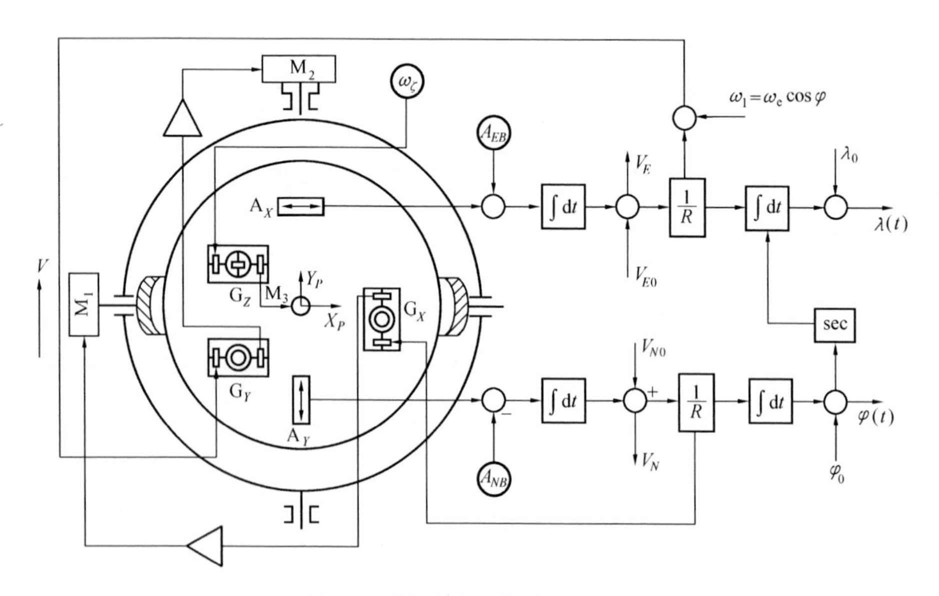

圖 2.8　半解析式慣導系統原理圖

M$_1$—横轴力矩电机；M$_2$—纵轴力矩电机；M$_3$—平台轴力矩电机；

—角动量H垂直平台面；—角动量H平行平台面；—加速度计敏感轴方向

變化量 $\Delta\lambda$ 及 $\Delta\varphi$。如果輸入起始點的經度及緯度分别是 λ_0 和 φ_0,即可實時計算得到載體的經度 $\lambda(t)$ 及緯度 $\varphi(t)$ 爲

$$\begin{aligned}\lambda(t) &= \lambda_0 + \frac{1}{R}\int_0^t V_E(t)\sec\varphi\,\mathrm{d}t \\ \varphi(t) &= \varphi_0 + \frac{1}{R}\int_0^t V_N(t)\,\mathrm{d}t\end{aligned} \tag{2.3.4}$$

下面叙述慣導平臺是如何實現對慣性空間穩定和跟踪當地水平面的。

如圖 2.9 所示,平臺有三個自由度,這是由平臺軸、内平衡環和外平衡環在結構上保證的。在平臺上放置三個單自由度浮子式積分陀螺儀,它們的輸入軸是互相垂直的,陀螺 G$_Y$ 的輸入軸平行于平臺的 OY_P 軸,將敏感沿南北方向的角速度輸入。陀螺 G$_X$ 的輸入軸平行于平臺的 OX_P 軸,將敏感沿東西方向的角速度輸入。陀螺 G$_Z$ 的輸入軸平行于平臺的 OZ_P 軸(即方位軸),陀螺 G$_Z$ 將敏感沿垂綫方向的角速度輸入。當平臺的外環軸沿載體的縱軸方向安放時,陀螺 G$_Y$ 將敏感平臺繞外環軸的旋轉角速度。因此,當平臺受到干擾以某一角速度繞外環軸旋轉時,陀螺 G$_Y$ 將感受到這個旋轉角速度,并繞陀螺的輸出軸進動,同時輸出一個角度的信號,此信號經放大后送縱軸力矩電機,此力矩電機産生的力矩使平臺繞外環軸以相反的角速度旋轉,直到平

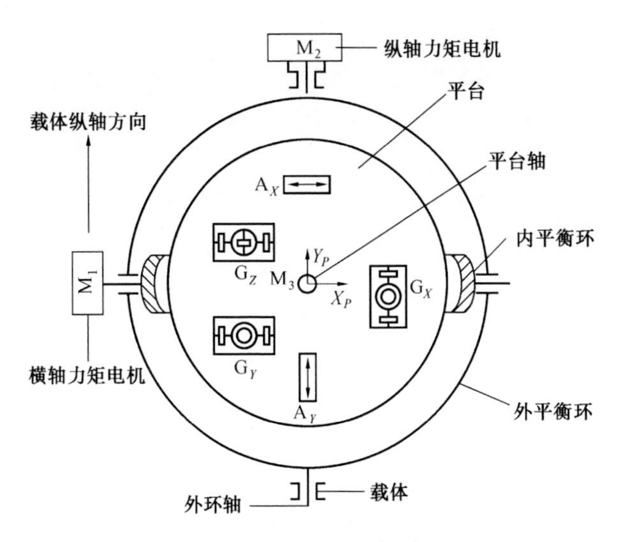

圖 2.9　平臺在載體上的安放

臺恢復到原來的水平位置。由于系統參數的適當選擇,這一歷程將在瞬間完成。實現了陀螺 G_Y 穩定平臺的一個水平軸,使其不受外界干擾的影響。同理,陀螺 G_X 和 G_Z 分別穩定平臺的另一個水平軸和垂直軸(方位軸)。這樣就構成了一個三軸穩定平臺,如果在陀螺上不再加控制信號,平臺將相對慣性空間穩定。使平臺相對慣性空間穩定的 3 條控制回路被稱爲平臺的穩定回路。在上邊討論的回路中,單自由度浮子式積分陀螺是穩定回路的敏感元件,是穩定回路中的一個環節,因此,陀螺的動態特性也將直接影響到穩定回路的性能。

上面介紹的是載體的縱軸和穩定平臺的外環軸均沿南北方向設置的情況,這時若有干擾力矩沿外環軸方向作用在平臺上,陀螺 G_Y 將輸出一信號,經放大后輸入至縱軸力矩電機使平臺繞外環軸以相反的運動方向轉動,或者説,縱軸力矩電機産生一個力矩與干擾力矩平衡,因而使平臺相對慣性空間繞 Y 軸方向穩定。如果載體的航向發生 90° 的變化,此時平臺的外環軸將隨載體轉動到東西方向,而陀螺 G_Y 的敏感軸仍將穩定在原來的方向,因此,陀螺 G_Y 的敏感軸仍將指向南北方向,而平臺的內環軸被載體帶到南北方向。所以,此時陀螺 G_Y 只能敏感平臺受干擾后沿內環軸方向的旋轉角速度或干擾力矩,如果陀螺 G_Y 的輸出信號經放大后,仍然輸入到縱軸力矩,控制平臺轉動,這不但不能平衡沿內環軸的干擾力矩,而且還增加了新的沿外環軸方向的干擾力矩,進一步破壞了平臺的穩定工作。在此情況下,陀螺 G_Y 的輸出信號只能輸入到平臺的內環軸的力矩電機,才能達到穩定平臺的作用。同理,陀螺 G_X 的輸出信號必須轉接給縱軸力矩電機才能使平臺穩定。可見,陀螺 G_X 和 G_Y 的輸出信號,須經坐標變換器按航向做適當的分配后,才能分別輸入到縱軸(外環軸) 及横軸(内環軸) 力矩電機以控制平臺,使其穩定。

下面敘述平臺如何保持當地水平面。如果陀螺不加力矩控制信號,此平臺將相對慣性空間穩定,但是由于地球自轉以及載體做相對地球的運動,按着地理坐標系的定義,可以發現地理坐標系將在慣性空間以角速度 ω_E、ω_N、ω_ζ 而轉動,即當地水平面和方位相對慣性空間是在不斷地變化。因此,我們如果要使平臺始終保持水平和固定指北方向,也就是要使平臺跟踪地理坐標系,這就必須使平臺以地理坐標系相對慣性空間的角速度 ω_E、ω_N、ω_ζ 相對慣性空間轉動。因此,我們必須加控制電流給陀螺力矩器,使陀螺 G_X、G_Y、G_Z 產生如下的進動角速度

$$\begin{aligned}\omega_X &= -\frac{V_N}{R}\\ \omega_Y &= \frac{V_E}{R}+\omega_e\cos\varphi\\ \omega_Z &= \frac{V_E}{R}\tan\varphi+\omega_e\sin\varphi\end{aligned}\tag{2.3.5}$$

當陀螺以上述角速度進動時,陀螺輸出信號給穩定回路,通過穩定回路使平臺也以上述角速度相對慣性空間轉動。因此,使平臺跟踪地理坐標系,將始終保持水平和保持固定的指北方向。這些控制陀螺使平臺跟踪地理坐標系的回路,稱爲修正回路。整個系統有北向水平、東向水平和方位 3 條修正回路。根據上邊的講述,從圖 2.8 中可以看出,修正回路指從加速度計的輸出,消除有害加速度環節到一次積分反饋給陀螺力矩器的回路,包括了穩定回路。

修正回路工作之前,必須注意初始條件的調整,即平臺在初始時刻必須要調整在當地水平面及固定指北方向。

下面介紹坐標變換器的工作原理。坐標變換器相當于一個正余弦旋轉變換器,繞組排列如圖 2.10 所示。E_1 和 E_2 爲定子繞組,分别接在陀螺 G_X 和 G_Y 信號傳感器上,定子繞組本體和平臺軸相固聯,E_{01} 和 E_{02} 爲轉子繞組,分别接到横軸和縱軸力矩電機控制繞組的相應通道上,轉子繞組本體則和内環相固聯,所以定子繞組和轉子繞組相對轉角爲航向角 ψ,轉子繞組輸出有下列等式成立

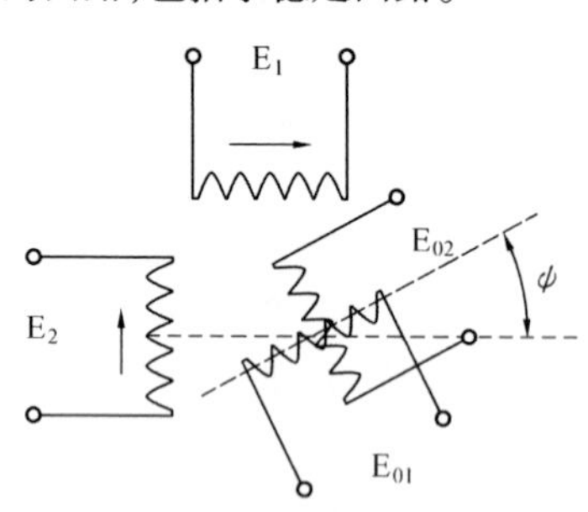

圖 2.10　坐標變換器電氣原理圖

$$\begin{aligned}E_{01} &= KE_1\cos\psi+KE_2\sin\psi\\ E_{02} &= KE_2\cos\psi-KE_1\sin\psi\end{aligned}\tag{2.3.6}$$

K 爲繞組的轉換系數并假定對所有的繞組是一致的,或寫成矩陣的形式

$$\begin{bmatrix}E_{01}\\E_{02}\end{bmatrix}=K\begin{bmatrix}\cos\psi & \sin\psi\\ -\sin\psi & \cos\psi\end{bmatrix}\begin{bmatrix}E_1\\E_2\end{bmatrix}\tag{2.3.7}$$

從式(2.3.7) 可見,當航向角 $\psi=0$ 時,$E_{01}=KE_1$,$E_{02}=KE_2$,分别由陀螺 G_X 和 G_Y 單獨控制

平臺的內環軸和外環軸力矩電機,如圖 2.8 所示。而當 $\psi = 90°$ 時,$E_{01} = KE_2$,$E_{02} = KE_1$,則分別由陀螺 G_X 和 G_Y 單獨控制平臺的外環軸和內環軸力矩電機,完成了航向信號的轉換任務。

2.4 解析式慣性導航系統

解析式慣導系統的陀螺穩定平臺組成形式和半解析式慣導系統的陀螺穩定平臺相同,只是在工作時,它是相對慣性空間穩定的。因此,穩定平臺只需要 3 個穩定回路就可以了,當然,從原理上講,航向角的坐標變換器還是需要的。在載體運動時,平臺相對地球的相對位置如圖 2.11 所示。平臺上安裝 3 個加速度計,它們的敏感軸組成三維正交坐標系。平臺相對慣性空間沒有旋轉角速度,加速度計的輸出信號中不含有哥氏加速度項和向心加速度項,見式(2.2.17),計算公式簡單。但是,經過制導計算機給出的速度和位置均是相對地心慣性坐標系的。如果要求給出載體相對地球的速度和地理坐標系的位置,則必須進行適當的坐標變換。由于平臺是相對慣性空間穩定的,當載體運動后,平臺坐標系相對重力加速度 $\boldsymbol{g}$ 的方向是在不斷變化的,因此出現在 3 個加速度計輸出信號中的 $\boldsymbol{g}$ 分量值是在不斷變化的,必須通過計算機對 $\boldsymbol{g}$ 分量值的計算,從信號中消除相應的 $\boldsymbol{g}$ 分量,然后進行積分才能得到相對慣性坐標系的速度和位置分量。圖 2.12 示出了相對慣性空間穩定的一個平臺上重力加速度 $\boldsymbol{g}$ 隨位移(x、y、z)變化的情況。

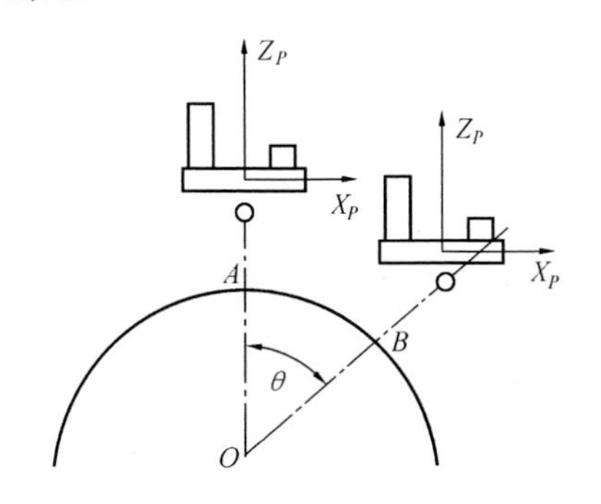

圖 2.11 解析式慣導平臺

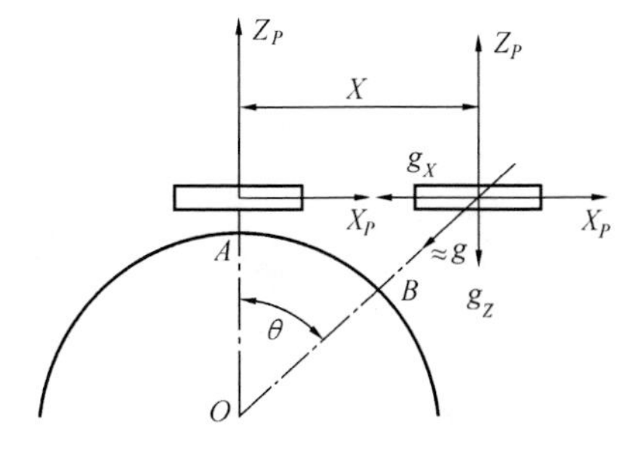

圖 2.12 慣導平臺上重力加速度的變化

下面推導載體相對空間的位置表達式及給出解析式慣導系統方塊圖。解析式慣導平臺多用于武器發射的主動段或戰術武器,因此連續工作時間比較短,設計系統時將忽略地球自轉角速度對系統的影響。設平臺在起始點 A 時,重力加速度 $\boldsymbol{g}$ 正好與平臺垂直,因此平臺上水平安置的加速度計將不感受重力加速度 $\boldsymbol{g}$ 的分量。平臺坐標系 $OX_PY_PZ_P$ 模擬地心慣性坐標系,當載體在慣性空間從點 A 移動到點 B 時,加速度計除了敏感位移加速度外,還將敏感重力加速度分量 g_X、g_Y、g_Z,從圖 2.12 可見

$$g_X = -g\sin\theta = -g\frac{x}{R+h} \tag{2.4.1}$$

類似地可得

$$g_Y = -g\frac{y}{R+h} \tag{2.4.2}$$

及

$$g_Z = -g\cos\theta = -g\frac{R}{R+h} \tag{2.4.3}$$

式中　R—— 地球半徑;

　　　h—— 載體飛行高度。

當 $h \ll R$ 時,將 $g = g_0\frac{R^2}{(R+h)^2}$ 代入式(2.4.1) 和式(2.4.2),得

$$\begin{aligned} g_X &\approx -g_0\frac{x}{R} \\ g_Y &\approx -g_0\frac{y}{R} \end{aligned} \tag{2.4.4}$$

又有

$$g_Z \approx -g = -g_0\frac{R^2}{(R+h)^2} \approx -g_0\frac{R^2}{(R+z)^2} \approx -g_0\left(1-\frac{2z}{R}\right) = -g_0 + \frac{2z}{R}g_0 \tag{2.4.5}$$

從式(2.4.4) 和式(2.4.5) 可見,g_X、g_Y、g_Z 分別爲載體坐標(x、y、z) 的函數。

對于加速度計來説,儀表所感受的重力加速度 **g** 的方向應該和重力的方向相反,所以,加速度計輸出信號爲

$$\begin{aligned} a_X(t) &= \ddot{x} + g_0\frac{x}{R} \\ a_Y(t) &= \ddot{y} + g_0\frac{y}{R} \\ a_Z(t) &= \ddot{z} + g_0 - \frac{2z}{R}g_0 \end{aligned} \tag{2.4.6}$$

載體位移加速度等式爲

$$\begin{aligned} \ddot{x} &= a_X(t) - g_0\frac{x}{R} \\ \ddot{y} &= a_Y(t) - g_0\frac{y}{R} \\ \ddot{z} &= a_Z(t) - g_0 + \frac{2z}{R}g_0 \end{aligned} \tag{2.4.7}$$

載體相對地心慣性坐標系的速度分量爲

$$V_X(t) = V_{X0} + \int_0^t \ddot{x}\,\mathrm{d}t$$

$$V_Y(t) = V_{Y0} + \int_0^t \ddot{y}\,\mathrm{d}t \tag{2.4.8}$$

$$V_Z(t) = V_{Z0} + \int_0^t \ddot{z}\,\mathrm{d}t$$

載體相對地心慣性坐標系的坐標值爲

$$x(t) = x_0 + \int_0^t V_X(t)\mathrm{d}t$$

$$y(t) = y_0 + \int_0^t V_Y(t)\mathrm{d}t \tag{2.4.9}$$

$$z(t) = z_0 + \int_0^t V_Z(t)\mathrm{d}t$$

式中　x_0、y_0、z_0—— 載體初始位置坐標值。

根據以上公式,畫出解析式慣導系統方塊圖,如圖 2.13 所示。由圖可見,解析式慣導系統没有半解析式慣導系統的修正回路,而是增加了消除重力加速度 $\boldsymbol{g}$ 分量的回路,并且給出了相對慣性坐標系的速度和位移。

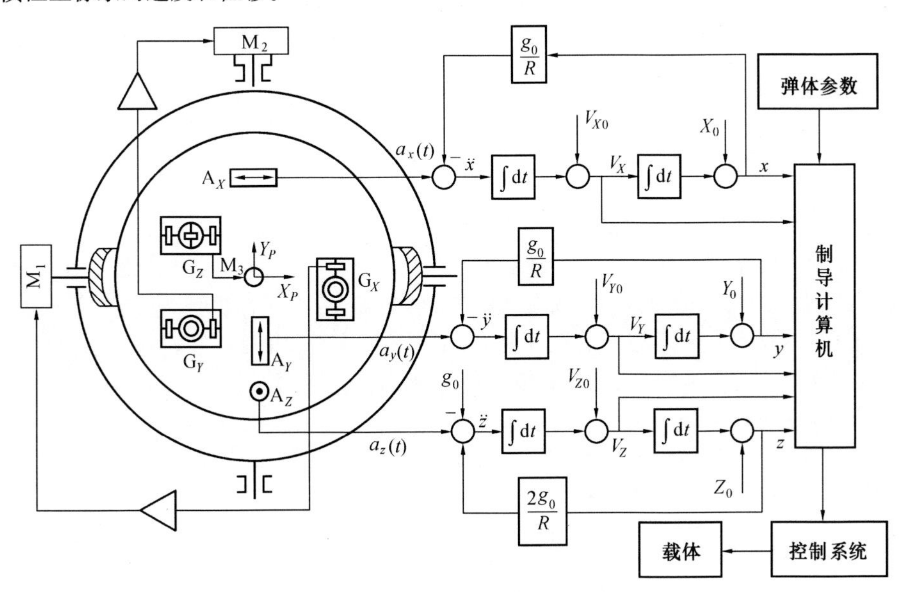

圖 2.13　解析式慣導系統原理圖

將以上數據輸入到制導計算機中,與程序中的預定數據比較后,差值信號輸入到控制火箭或飛行器的控制系統,使其按預定飛行軌迹選擇發動機的最佳關車點。

如果需要計算載體相對地球的位置坐標,首先要確定載體所在位置的垂綫方向,用相對慣

性坐標系的方向余弦值來表示,其值爲

$$\begin{aligned}\cos\alpha &= \frac{x}{R+h} = \frac{x}{\sqrt{x^2+y^2+z^2}}\\ \cos\beta &= \frac{y}{R+h} = \frac{y}{\sqrt{x^2+y^2+z^2}}\\ \cos\gamma &= \frac{z}{R+h} = \frac{z}{\sqrt{x^2+y^2+z^2}}\end{aligned} \tag{2.4.10}$$

按照方向余弦值及初始經緯度便可實時計算經緯度值 λ 及 φ。

載體在地面上的飛行高度可表達爲

$$h = \sqrt{x^2+y^2+z^2} - h_0 \tag{2.4.11}$$

通過上述分析可見,由于在推導公式中不考慮地球自轉等因素,該系統使用範圍受到嚴格的限制。

2.5 捷聯式慣性導航系統

一、捷聯式慣性導航系統工作原理

捷聯式慣性導航系統在結構安排上最大的特點是沒有機械式的陀螺穩定平臺,陀螺儀和加速度計等敏感元件則直接固定在載體上,兩類敏感元件的輸入軸均按飛行器的橫滾軸、俯仰軸和偏航軸三維方向配置,形成慣性組合的三維坐標系。爲了工程上易于實現,將陀螺儀和加速度計等敏感元件機械地組合在一起,稱其爲慣性組合,慣性元件的各輸入軸相互垂直,構成慣性組合的三維坐標系。而慣性組合則直接固定在飛行器上,并且使慣性組合的三維坐標系和飛行器的三維坐標系平行。慣性組合至少由3個單自由度陀螺和3個加速度計組成,因此,陀螺和加速度計輸出的信息就是飛行器相對慣性空間的角速度和綫加速度,可以說在飛行器坐標系上獲得了飛行器的有關運動信息。

圖2.14爲捷聯式慣導系統原理示意圖。由圖可見,加速度計 A_X、A_Y、A_Z 和陀螺 G_X、G_Y、G_Z 分別向慣導計算機提供飛行器沿橫滾、俯仰和偏航所具有的加速度 $\boldsymbol{A}$ 和轉動的角速度信息 $\boldsymbol{\Omega}$,計算機依據方向余弦矩陣微分方程式 $\dot{\boldsymbol{C}} = \boldsymbol{C\Omega}$ 便可以實時計算出飛行器坐標系和慣性坐標系之間的方向余弦矩陣,參考飛行器在起飛前初始對準的結果或在空中由其它信號源提供的初始條件,可以得到地理坐標系相對慣性坐標系的旋轉角速度,考慮陀螺儀的角速度輸出,可以計算出飛行器坐標系相對地理坐標系的旋轉角速度 $\boldsymbol{\Omega}_{Eb}$,因此,也就可以實時地計算出飛行器坐標系和地理坐標系之間的方向余弦矩陣。加速度計的輸出信號通過這個方向余弦矩陣的分解,便可以將加速度計的輸出變換爲飛行器沿地理坐標系的加速度分量。然后,利用加速度計輸出信號的一般表達式,對有害加速度進行補償,就得到飛行器沿地面運動的加速度,將其積

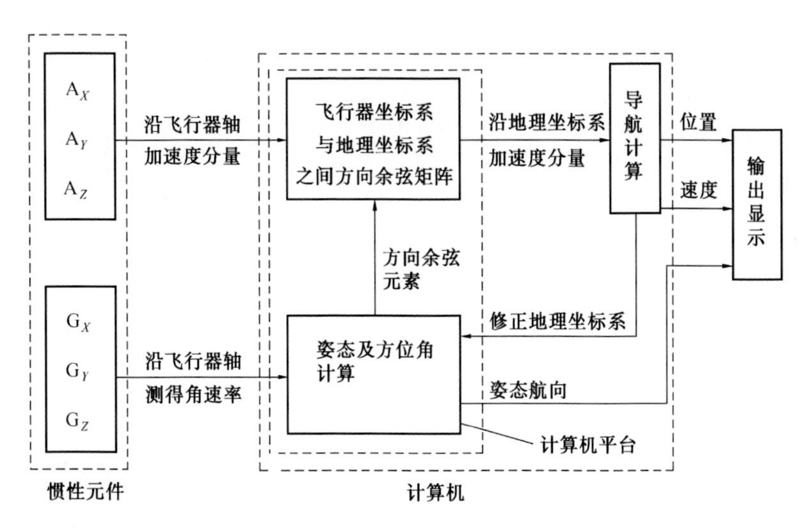

圖 2.14　捷聯式慣導系統原理示意圖

分，可以得到南北方向和東西方向地速分量 V_N 和 V_E。有了地速分量，進行相應的運算或轉換，得到經緯度的變化率，再對其進行積分，最終得到飛行器瞬時位置的經度 λ 和緯度 φ。上邊簡述的這種捷聯慣導系統的功用類似于半解析式的慣導系統。人們常常把系統中完成平臺作用的計算機部分稱做計算機平臺或數學平臺。

二、方向余弦矩陣微分方程式

飛行器的姿態矩陣是一個方向余弦矩陣，用飛行器坐標系和地理坐標系之間的方向余弦矩陣來描述，因此如何求取這個方向余弦矩陣便是捷聯慣導系統構成的關鍵之一。有幾種不同的姿態變換運算法可以采用，其中方向余弦算法最爲常用。對于捷聯式慣導系統來説，人們更樂于采用四元數算法。本小節給出方向余弦矩陣微分方程式的解，四元數法、旋轉矢量法等將在第七章講述。

設 S_1 是參考坐標系，單位矢量爲 $\boldsymbol{i}$、$\boldsymbol{j}$、$\boldsymbol{k}$，S_2 代表動坐標系（比如和飛行器固聯），單位矢量爲 $\boldsymbol{i}'$、$\boldsymbol{j}'$、$\boldsymbol{k}'$。

設 $\omega = [\omega_X \quad \omega_Y \quad \omega_Z]^{\mathrm{T}}$ 是沿着 S_2 坐標系表示的 S_2 相對 S_1 的角速度，$\boldsymbol{C}$ 是將 S_2 坐標轉換到 S_1 坐標系的方向余弦陣，即

$$\boldsymbol{V}_{S_1} = \boldsymbol{C}\boldsymbol{V}_{S_2} \tag{2.5.1}$$

式中

$$C = \begin{bmatrix} C_{11} & C_{12} & C_{13} \\ C_{21} & C_{22} & C_{23} \\ C_{31} & C_{32} & C_{33} \end{bmatrix} = \begin{bmatrix} \boldsymbol{i}\cdot\boldsymbol{i}' & \boldsymbol{i}\cdot\boldsymbol{j}' & \boldsymbol{i}\cdot\boldsymbol{k}' \\ \boldsymbol{j}\cdot\boldsymbol{i}' & \boldsymbol{j}\cdot\boldsymbol{j}' & \boldsymbol{j}\cdot\boldsymbol{k}' \\ \boldsymbol{k}\cdot\boldsymbol{i}' & \boldsymbol{k}\cdot\boldsymbol{j}' & \boldsymbol{k}\cdot\boldsymbol{k}' \end{bmatrix} \tag{2.5.2}$$

對式(2.5.2)求導,有

$$\dot{\boldsymbol{C}} = \begin{bmatrix} \begin{aligned} \dot{C}_{11} &= \boldsymbol{i} \cdot \frac{\mathrm{d}\boldsymbol{i}'}{\mathrm{d}t} = \\ &\boldsymbol{i}(\boldsymbol{j}'\omega_Z - \boldsymbol{k}'\omega_Y) = \\ &C_{12}\omega_Z - C_{13}\omega_Y \end{aligned} & \begin{aligned} \dot{C}_{12} &= \boldsymbol{i} \cdot \frac{\mathrm{d}\boldsymbol{j}'}{\mathrm{d}t} = \\ &\boldsymbol{i}(\boldsymbol{k}'\omega_X - \boldsymbol{i}'\omega_Z) = \\ &C_{13}\omega_X - C_{11}\omega_Z \end{aligned} & \begin{aligned} \dot{C}_{13} &= \boldsymbol{i} \cdot \frac{\mathrm{d}\boldsymbol{k}'}{\mathrm{d}t} = \\ &\boldsymbol{i}(\boldsymbol{i}'\omega_Y - \boldsymbol{j}'\omega_X) = \\ &C_{11}\omega_Y - C_{12}\omega_X \end{aligned} \\ \begin{aligned} \dot{C}_{21} &= \boldsymbol{j} \cdot \frac{\mathrm{d}\boldsymbol{i}'}{\mathrm{d}t} = \\ &\boldsymbol{j}(\boldsymbol{j}'\omega_Z - \boldsymbol{k}'\omega_Y) = \\ &C_{22}\omega_Z - C_{23}\omega_Y \end{aligned} & \begin{aligned} \dot{C}_{22} &= \boldsymbol{j} \cdot \frac{\mathrm{d}\boldsymbol{j}'}{\mathrm{d}t} = \\ &\boldsymbol{j}(\boldsymbol{k}'\omega_X - \boldsymbol{i}'\omega_Z) = \\ &C_{23}\omega_X - C_{21}\omega_Z \end{aligned} & \begin{aligned} \dot{C}_{23} &= \boldsymbol{j} \cdot \frac{\mathrm{d}\boldsymbol{k}'}{\mathrm{d}t} = \\ &\boldsymbol{j}(\boldsymbol{i}'\omega_Y - \boldsymbol{j}'\omega_X) = \\ &C_{21}\omega_Y - C_{22}\omega_X \end{aligned} \\ \begin{aligned} \dot{C}_{31} &= \boldsymbol{k} \cdot \frac{\mathrm{d}\boldsymbol{i}'}{\mathrm{d}t} = \\ &\boldsymbol{k}(\boldsymbol{j}'\omega_Z - \boldsymbol{k}'\omega_Y) = \\ &C_{32}\omega_Z - C_{33}\omega_Y \end{aligned} & \begin{aligned} \dot{C}_{32} &= \boldsymbol{k} \cdot \frac{\mathrm{d}\boldsymbol{j}'}{\mathrm{d}t} = \\ &\boldsymbol{k}(\boldsymbol{k}'\omega_X - \boldsymbol{i}'\omega_Z) = \\ &C_{33}\omega_X - C_{31}\omega_Z \end{aligned} & \begin{aligned} \dot{C}_{33} &= \boldsymbol{k} \cdot \frac{\mathrm{d}\boldsymbol{k}'}{\mathrm{d}t} = \\ &\boldsymbol{k}(\boldsymbol{i}'\omega_Y - \boldsymbol{j}'\omega_X) = \\ &C_{31}\omega_Y - C_{32}\omega_X \end{aligned} \end{bmatrix} =$$

$$\begin{bmatrix} C_{11} & C_{12} & C_{13} \\ C_{21} & C_{22} & C_{23} \\ C_{31} & C_{32} & C_{33} \end{bmatrix} \begin{bmatrix} 0 & -\omega_Z & \omega_Y \\ \omega_Z & 0 & -\omega_X \\ -\omega_Y & \omega_X & 0 \end{bmatrix} \tag{2.5.3}$$

令

$$\boldsymbol{\Omega} = \begin{bmatrix} 0 & -\omega_Z & \omega_Y \\ \omega_Z & 0 & -\omega_X \\ -\omega_Y & \omega_X & 0 \end{bmatrix} \tag{2.5.4}$$

則有

$$\dot{\boldsymbol{C}} = \boldsymbol{C\Omega} \tag{2.5.5}$$

這就是方向余弦矩陣微分方程式,式中 $\boldsymbol{\Omega}$ 的表達式(2.5.4)稱爲角速度矢量 $\omega = [\omega_X \quad \omega_Y \quad \omega_Z]^{\mathrm{T}}$ 的斜對稱矩陣表達式。應注意,角速度分量是相對運動角速度在動坐標系上的投影。將式(2.5.5)展開,有

$$\begin{aligned} \dot{C}_{11} &= C_{12}\omega_Z - C_{13}\omega_Y \\ \dot{C}_{12} &= C_{13}\omega_X - C_{11}\omega_Z \\ \dot{C}_{13} &= C_{11}\omega_Y - C_{12}\omega_X \\ \dot{C}_{21} &= C_{22}\omega_Z - C_{23}\omega_Y \\ \dot{C}_{22} &= C_{23}\omega_X - C_{21}\omega_Z \\ \dot{C}_{23} &= C_{21}\omega_Y - C_{22}\omega_X \\ \dot{C}_{31} &= C_{32}\omega_Z - C_{33}\omega_Y \\ \dot{C}_{32} &= C_{33}\omega_X - C_{31}\omega_Z \end{aligned} \tag{2.5.6}$$

$$\dot{C}_{33} = C_{31}\omega_Y - C_{32}\omega_X$$

對于上述一階微分方程組,只要知道角速度 $\boldsymbol{\omega}$ 的3個分量,則通過計算機可以實時地計算出方向余弦矩陣的9個元素,也就是可以確定動坐標系相對參考坐標系的方向余弦矩陣。

在捷聯式慣導系統中,ω_X、ω_Y、ω_Z 是由一組捷聯速率陀螺提供的,給出飛行器坐標系相對慣性坐標系的旋轉角速度,因爲在導航計算機中,實時存有地理坐標系相對慣性坐標系的旋轉角速度的計算值 ω_{EC}、ω_{NC}、$\omega_{\zeta C}$,對以上兩個角速度進行矢量運算,可以得到飛行器坐標系相對地理坐標系的角速度,利用公式(2.5.6)可以實時計算出飛行器坐標系和地理坐標系之間的方向余弦矩陣,等效于有了一個跟踪地理坐標系的穩定平臺。這樣,可以按照半解析式慣導系統的計算方法來處理加速度計的輸出信號,完成導航參數的計算。用類似的方法,也可以完成飛行器坐標系和其它坐標系之間的换算關系和完成相關的導航計算。

三、采用重復的二自由度陀螺的捷聯平臺

在捷聯式慣性導航系統中,没有機械式的陀螺穩定平臺,而是計算機平臺,即儲存在計算機中的方向余弦陣。爲了進行方向余弦的實時計算,計算機的輸入信息是沿飛行器三個坐標軸的角速度,采用三個速率陀螺給出角速度信號,用于解矩陣微分方程式。

采用二自由度陀螺的輸出信號也是可以構成捷聯式平臺的。二自由度陀螺輸出的是和轉角成比例的信息,如果轉角的大小和構成轉角所需時間是已知的,可認爲陀螺給出角度增量信息,就相當于知道了 $\boldsymbol{\Omega}$,因此,同樣可以用于去解方向余弦矩陣微分方程式。這就是説,采用二自由度陀螺的輸出和計算機的計算也可以構成捷聯式平臺。爲了講述的方便,我們認爲二自由度陀螺的角度輸出相當于角速度的輸出。

對捷聯式平臺來講,采用兩個二自由度陀螺就可以了,兩個陀螺有4個敏感軸,如圖2.15所示,A 陀螺敏感角速度 ω_X、ω_Y,用圖中的 A_1、A_2 表示。B 陀螺敏感角速度 ω_Y、ω_Z,用圖中的 B_1、B_2 表示。在 Y 軸方向有兩個信息 A_2、B_1 可以利用,這是二自由度陀螺在捷聯式平臺中的編排方式之一。在實際方案選擇時,爲了增加系統的可靠性,可以選擇多于兩個二自由度陀螺的方案。

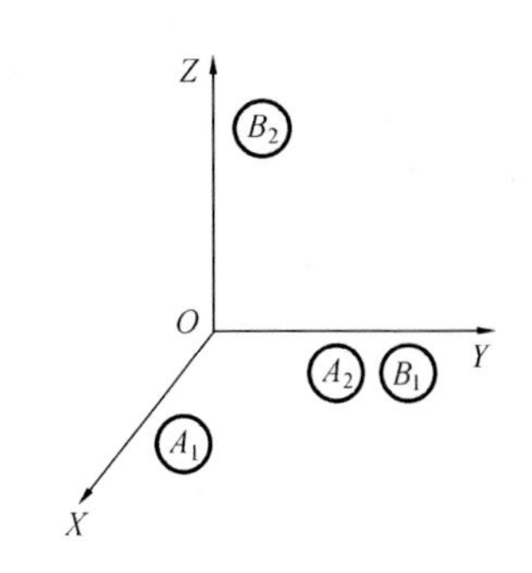

圖2.15 陀螺安排方式

1.四陀螺最優的系統編排

爲了得到系統的最佳編排,在排列陀螺時有三個需要考慮的問題。

1) 最大的系統的可靠性。4個陀螺 A、B、C、D 可以依其敏感軸方向列出表2.1,如圖2.16所示。

表 2.1　陀螺敏感軸的取向

陀　螺	敏感軸方向
A	X 和 Y
B	Y 和 Z
C	Z 和 X
D	Y 和 Z

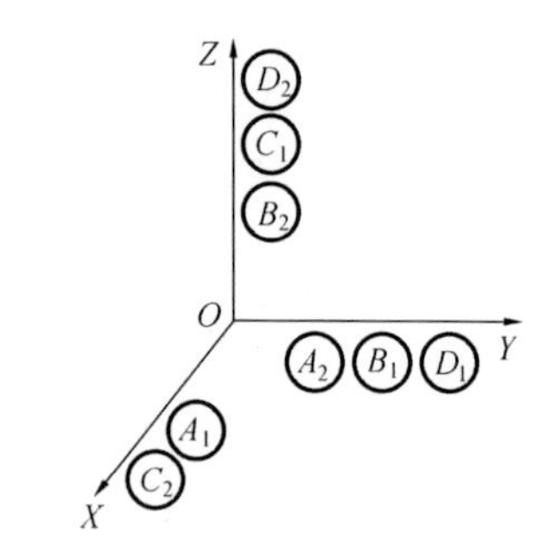

圖 2.16　一種非最優的系統編排

這種排列不是最優的,因爲,如果陀螺 A 和 C 同時失效,剩下的正常工作的陀螺雖然有 4 個敏感軸,由于編排不好,也不能提供完整的姿態敏感。

2) 陀螺敏感軸的取向所引起的測量誤差要小。主要是指由于敏感元件不精確所致,如圖 2.17 所示。令 $\boldsymbol{\omega}$ 爲被測的矢量,$\boldsymbol{S}$ 爲與 $\boldsymbol{\omega}$ 矢量構成角度 α 的敏感軸方向。所測得的陀螺輸出信號爲

$$m = \omega\cos\alpha + e \tag{2.5.7}$$

式中　e—— 測量誤差。

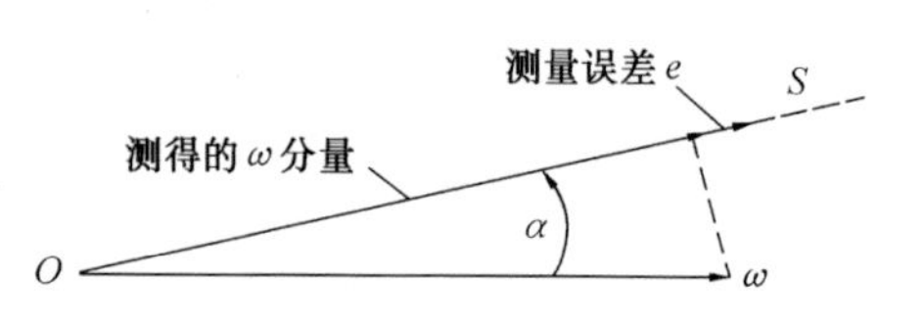

圖 2.17　測量誤差示意圖

歸一化測量誤差由下式給出

$$e_N = \frac{e}{\omega\cos\alpha} \tag{2.5.8}$$

方程(2.5.8) 表明,當 $\alpha = 0$ 時,此歸一化誤差最小。換言之,如果要測量飛行器沿着三個坐標軸的旋轉運動,只有當陀螺所有的敏感軸方向與飛行器坐標軸方向重合時,其測量誤差最小。

3) 減少計算誤差和時間。爲討論方便,做如下假定:如果一個陀螺的任何一個或兩個輸出信號失效,就認定整個陀螺是失效的。

根據所考慮的3個問題和上述假定,用4個二自由度陀螺的高可靠性捷聯式慣性組合的最佳系統編排,如圖 2.18 所示。陀螺敏感軸的取向和測量結果見表 2.2。

按表 2.2 可得測量方程

$$\boldsymbol{m}(4) = \boldsymbol{R}(4)\boldsymbol{\omega} \tag{2.5.9}$$

式中

$$\boldsymbol{m}(4) = [\,m_1\ m_2\ m_3\ m_4\ m_5\ m_6\ m_7\ m_8\,]^{\mathrm{T}} \tag{2.5.10}$$

$$\boldsymbol{R}(4) = \begin{bmatrix} 1 & 0 & 0 & 0 & 0 & 1 & 1 & 0 \\ 0 & 1 & 1 & 0 & 0 & 0 & 0 & C \\ 0 & 0 & 0 & 1 & 1 & 0 & 0 & C \end{bmatrix}^{\mathrm{T}} \tag{2.5.11}$$

$$C = \cos 45° = 0.707$$

當然,3 個、5 個或 6 個二自由度陀螺都可以編排出各自最優的編排方式。

表 2.2　陀螺敏感軸的取向和測量結果

陀螺		敏感軸的方向	測量結果
A	A_1	X 方向	$m_1 = \omega_X$
	A_2	Y 方向	$m_2 = \omega_Y$
B	B_1	Y 方向	$m_3 = \omega_Y$
	B_2	Z 方向	$m_4 = \omega_Z$
C	C_1	Z 方向	$m_5 = \omega_Z$
	C_2	X 方向	$m_6 = \omega_X$
D	D_1	X 方向	$m_7 = \omega_X$
	D_2	$Y = Z$ 方向	$m_8 = 0.707\omega_Y + 0.707\omega_Z$

2.數據處理 —— 角速度 ω 的獲得

采用陀螺敏感軸的重復安排,除了可提高系統的可靠性外,還能提供重復的測量。借助于數據處理技術,可用這種重復測量的數據來減少與各單個陀螺相關的誤差影響。如最小二乘法數據處理方法。

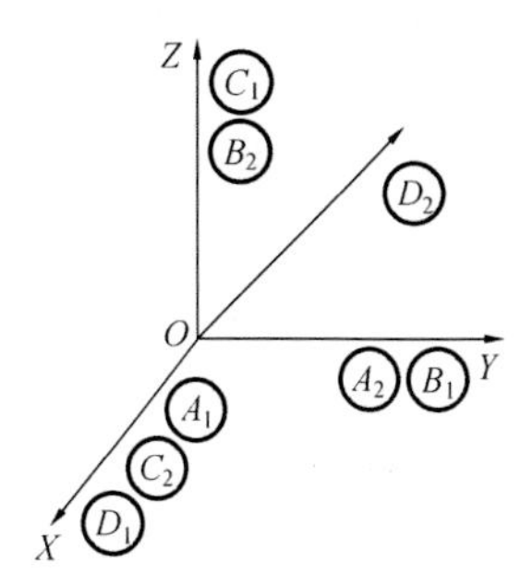

圖 2.18　四陀螺最佳的系統安排

四陀螺最佳的系統編排測量方程展開式爲

$$\begin{bmatrix} m_1 \\ m_2 \\ m_3 \\ m_4 \\ m_5 \\ m_6 \\ m_7 \\ m_8 \end{bmatrix} = \begin{bmatrix} 1 & 0 & 0 \\ 0 & 1 & 0 \\ 0 & 1 & 0 \\ 0 & 0 & 1 \\ 0 & 0 & 1 \\ 1 & 0 & 0 \\ 1 & 0 & 0 \\ 0 & C & C \end{bmatrix} \begin{bmatrix} \omega_X \\ \omega_Y \\ \omega_Z \end{bmatrix} \qquad (2.5.12)$$

簡寫爲

$$\boldsymbol{m} = \boldsymbol{R\omega} \qquad (2.5.13)$$

上式中,$\boldsymbol{m}$ 是由敏感元件的輸出端得到的測量結果,而姿態速率 $\boldsymbol{\omega}$ 則是待求的數值,$\boldsymbol{R}$ 矩陣是已知的,因爲 $\boldsymbol{R}$ 矩陣的行比列多,采用最小二乘法求解 $\boldsymbol{\omega}$,可有

$$\boldsymbol{\omega} = (\boldsymbol{R}^{\mathrm{T}}\boldsymbol{R})^{-1}\boldsymbol{R}^{\mathrm{T}}\boldsymbol{m} \qquad (2.5.14)$$

將式(2.5.11) 代入式(2.5.14),有

$$\begin{bmatrix} \omega_X \\ \omega_Y \\ \omega_Z \end{bmatrix} = \begin{bmatrix} \frac{1}{3} & 0 & 0 & 0 & 0 & \frac{1}{3} & \frac{1}{3} & 0 \\ 0 & \frac{5}{12} & \frac{5}{12} & \frac{-1}{12} & \frac{-1}{12} & 0 & 0 & \frac{C}{3} \\ 0 & \frac{-1}{12} & \frac{-1}{12} & \frac{5}{12} & \frac{5}{12} & 0 & 0 & \frac{C}{3} \end{bmatrix} \boldsymbol{m} \qquad (2.5.15)$$

這就是待求的編入計算機程序的數據處理方程。用 P_0 表示這個方程及其相應的程序。此式説明,當有 8 個測量值時,可按最小二乘法的原理,求得最優的 3 個角速度分量估計值。

3. 陀螺故障檢測、鑒别和系統的重新編排

故障檢測的作用就在于發現系統慣性元件是否發生故障,而鑒别的作用就在于找出失效的慣性元件。當慣性組合是由 4 個陀螺組成時,正常工作的陀螺和失效的陀螺的排列狀態共有 16 種,如全部陀螺都是正常的狀態,或有一個陀螺失效了的狀態,或有 2 個陀螺失效了的狀態等等。下面將證明,雖然在所有狀態下都能進行故障檢測,但不是在所有狀態下都能進行失效陀螺的鑒别。

當 4 個二自由度陀螺工作都正常時,從測量方程(2.5.12) 可以發現下列 6 個條件成立。

$$\begin{aligned} m_6 - m_7 &\approx 0 \\ m_8 - Cm_3 - Cm_4 &\approx 0 \\ m_4 - m_5 &\approx 0 \\ m_7 - m_1 &\approx 0 \\ m_6 - m_1 &\approx 0 \\ m_2 - m_3 &\approx 0 \end{aligned} \qquad (2.5.16)$$

近似相等符號"$\approx$"是由于正常的測量誤差引起的,假定兩個失效陀螺不發生相同的故障,或者,即使是相同故障,但不在同一時間内發生故障。因此,如果任一陀螺發生了故障,式(2.5.16) 中將有一個或幾個方程式不能成立。這 6 個方程式被稱爲奇偶檢驗方程。

配給上述方程(2.5.16) 一個量值 k_i,當方程式成立時,$k_i = 0$,方程式不成立時,$k_i = 1$,這樣,在一次測量后,經過比較可得 k_1 至 k_6 6 個真值,把可能出現的真值狀態進行排列,構成一個失效陀螺鑒别用的真值表(表 2.3)。

從表 2.3 可看出 12 種可辨别的系統狀態,其中有 11 種失效陀螺個數是不超過 2 個的情況,余下的一類狀態包括 5 種情況,發生故障的陀螺都在 2 個以上,只能檢測出故障,而不能鑒别失效陀螺,計算機平臺已無法正常工作。

當系統中的 1 個或 2 個陀螺發生故障時,前述的系統方程(2.5.15) 和計算程序 P_0 已不適用,應根據發生故障陀螺的情況,尋求新的系統方程和對應的計算程序 P_i。系統的重新編排并不需要改變系統的硬件,利用計算機通過改變軟件程序就可以既方便又迅速地實現。如陀螺 A 發生了故障,則測量值 m_1 和 m_2 不能用于數據處理,從方程(2.5.12) 中消去 m_1 和 m_2 的行,就

表 2.3　失效陀螺鑒別用的真值表

失效陀螺	奇偶檢驗值						再編排的解算程序	敏感元件性能管理的條件
	k_1	k_2	k_3	k_4	k_5	k_6		
没有	0	0	0	0	0	0	P_0	可以進行故障檢測和失效陀螺鑒別
A	0	0	0	1	1	1	P_1	
B	0	1	1	0	0	1	P_2	
C	1	0	1	0	1	0	P_3	
D	1	1	0	1	0	0	P_4	
A、B	0	1	1	1	1	1	P_5	
A、C	1	0	1	1	1	1	P_6	
A、D	1	1	0	1	1	1	P_7	
B、C	1	1	1	0	1	1	P_8	
B、D	1	1	1	1	0	1	P_9	
C、D	1	1	1	1	1	0	P_{10}	
A、B、C	1	1	1	1	1	1	P_{11} 報告全部出故障	僅能檢測故障
A、B、D	1	1	1	1	1	1		
A、C、D	1	1	1	1	1	1		
B、C、D	1	1	1	1	1	1		
A、B、C、D	1	1	1	1	1	1		

可以得到方程式

$$\begin{bmatrix} m_3 \\ m_4 \\ m_5 \\ m_6 \\ m_7 \\ m_8 \end{bmatrix} = \begin{bmatrix} 0 & 1 & 0 \\ 0 & 0 & 1 \\ 0 & 0 & 1 \\ 1 & 0 & 0 \\ 1 & 0 & 0 \\ 0 & C & C \end{bmatrix} \begin{bmatrix} \omega_X \\ \omega_Y \\ \omega_Z \end{bmatrix} \tag{2.5.17}$$

或表示爲

$$\boldsymbol{m}_1 = \boldsymbol{R}_1 \boldsymbol{\omega} \tag{2.5.18}$$

則新的最小二乘法數據處理方程應爲

$$\boldsymbol{\omega} = (\boldsymbol{R}_1^{\mathrm{T}} \boldsymbol{R}_1)^{-1} \boldsymbol{R}_1^{\mathrm{T}} \boldsymbol{m}_1 \tag{2.5.19}$$

用 P_1 表示與上式對應的程序。一般來説，在前 10 種故障條件下，系統的重新編排，可以在數據處理方程中依據失效陀螺的編號順序，選取相應的測量矢量 $\boldsymbol{m}_i$ 和測量矩陣 $\boldsymbol{R}_i$ 來完成，用表達式

$$\boldsymbol{\omega} = (\boldsymbol{R}_i^{\mathrm{T}} \boldsymbol{R}_i)^{-1} \boldsymbol{R}_i^{\mathrm{T}} \boldsymbol{m}_i \tag{2.5.20}$$

表示，其對應程序用 $\boldsymbol{P}_i$ 表示，符號中 $i = 1,2,\cdots,10$。對于后 5 種情況，由于失效陀螺個數多于

2 個,而正常工作的陀螺只有 1 個,計算機平臺已不能工作,所以系統重新編排既是不可能的,也没有意義。

四、冗余技術在捷聯慣性組合中應用的進一步討論

隨着對慣性導航技術要求的越來越高,慣性導航系統的可靠性的研究工作也更加受到重視。對于平臺式慣導系統,爲了提高系統的可靠性,至少采用兩套系統,一套系統正常工作,另一套則做備用,組成備用系統。備用系統處于隨時都能投入使用的狀態,以此提高系統的可靠性。如要自動檢測故障,則必須有外部參考信息。采用三套完全相同的平臺式慣導系統同時工作,是更爲完善的辦法,稱其爲并聯系統。對于并聯系統,當它的某一個子系統發生故障時,運用簡單的表決技術,就可以自動判斷故障的産生和其位置。可明顯地看出,并聯系統或備用系統,其可靠性的獲得,都是通過産品在成本上的兩倍或三倍的提高來獲得的。

由于捷聯慣導系統在結構上的特殊性,人們發現僅僅采用有多個慣性元件組成的冗余慣性組合,可以提高慣導系統的可靠性。文獻記載中的各種元件故障率數據,一般是指在地面固定良好的條件下使用的數據。如要在惡劣的條件下使用,還要乘以苛刻系數 K。對不同的元件,系數 K 是不同的。如對電阻、半導體器件等,無論在飛機上或導彈上都規定爲 2 ~ 10,而對于電位器、變壓器、開關等,在飛機上定爲 20,在導彈上定爲 25 ~ 70。對于繼電器、電機等,在飛機上定爲 20,在導彈上定爲 1 000。一般來説,慣性元件本身的可靠性,遠小于電子器件,再加上懸殊比值的苛刻系數,慣性元件本身就成爲提高捷聯慣導系統可靠性的薄弱環節。努力提高慣性元件本身以及整個慣性組合部分的可靠性,是提高慣導系統可靠性的關鍵。這就是較多的在慣性元件級上探討捷聯慣導系統冗余技術的主要原因。

慣性元件測量軸(敏感軸、輸入軸) 相對飛行器坐標系定位的總體安排稱爲配置,在上節我們用 $\boldsymbol{R}(4)$ 陣來表示,并以 4 個二自由度陀螺爲例進行了討論,本節將以單自由度陀螺爲例進一步討論。

1. 最佳配置與可靠度

爲討論方便,設每個慣性元件的可靠性是一致的,捷聯慣性組合的可靠度 Q(設僅依賴于單自由度陀螺) 可達到

$$Q = C_n^n \gamma^n + C_n^{n-1} \gamma^{n-1}(1-\gamma) + \cdots + C_n^3 \gamma^3 (1-\gamma)^{n-3} \tag{2.5.21}$$

式中　γ—— 單個元件的可靠度,或表示爲 $R_1, R_1 = \mathrm{e}^{-\lambda t}$ 爲失效率;

t—— 時間;

n—— 慣性元件的個數。

在慣性組合中,陀螺的安裝方位可用一配置矩陣 $\boldsymbol{R}$ 來表示,即

$$\boldsymbol{R}^{\mathrm{T}} = \begin{bmatrix} a_1 & a_2 & \cdots & a_n \\ b_1 & b_2 & \cdots & b_n \\ c_1 & c_2 & \cdots & c_n \end{bmatrix} \tag{2.5.22}$$

式中　a_i、b_i、c_i($i = 1,2,\cdots,n$)——第 i 個陀螺輸入軸指向在飛行器坐標系中的方向余弦值。

式(2.5.21) 表示 n 個陀螺配置后所能達到的最大可靠度 Q,條件是所配置的陀螺輸入軸,其任意兩個不得共綫和其任意 3 個的組合不得共面。對配置矩陣 $\boldsymbol{R}$ 來說,$\boldsymbol{R}$ 中任意 3 行所組成的矩陣,其秩均應爲 3,否則,式(2.5.21) 應改寫爲

$$Q' = C_n^n\gamma^n + C_n^{n-1}\gamma^{n-1}(1-\gamma) + \cdots + (C_n^4 - L_4)\gamma^4(1-\gamma)^{n-4} + (C_n^3 - L_3)\gamma^3(1-\gamma)^{n-3} \quad (2.5.23)$$

式中　L_4、L_3—— 任意 4 個元件輸入軸、3 個元件輸入軸共面的次數。

多于 4 個元件輸入軸共面的次數如果存在,也應類似考慮。將上式 $L_i = 0$ 時的配置矩陣 $\boldsymbol{R}$ 稱爲可靠性最好的 n 個元件的最佳配置。從配置矩陣 $\boldsymbol{R}$ 可見,當陀螺輸入軸相對飛行器坐標系主軸斜置時(即 a_i、b_i、c_i 均不等于零),出現共面的可能性小。當輸入軸沿坐標系主軸方向配置時(即 a_i、b_i、c_i 任一值不爲零,其它值爲零),出現共面的可能性最大。對于單自由度陀螺的幾種主要配置形式列寫如下。

采用 4 個單自由度陀螺時,有兩種非正交配置,其配置矩陣分别爲

$$\boldsymbol{R}_4' = \begin{bmatrix} 1 & 0 & 0 \\ 0 & 1 & 0 \\ 0 & 0 & 1 \\ \frac{\sqrt{2}}{2}\sin\alpha & \frac{\sqrt{2}}{2}\sin\alpha & \cos\alpha \end{bmatrix} \quad (2.5.24)$$

$$\boldsymbol{R}_4'' = \begin{bmatrix} \frac{\sqrt{2}}{2}\sin\alpha & \frac{\sqrt{2}}{2}\sin\alpha & \cos\alpha \\ -\frac{\sqrt{2}}{2}\sin\alpha & \frac{\sqrt{2}}{2}\sin\alpha & \cos\alpha \\ -\frac{\sqrt{2}}{2}\sin\alpha & -\frac{\sqrt{2}}{2}\sin\alpha & \cos\alpha \\ \frac{\sqrt{2}}{2}\sin\alpha & -\frac{\sqrt{2}}{2}\sin\alpha & \cos\alpha \end{bmatrix} \quad (2.5.25)$$

其配置如圖 2.19 和圖 2.20 所示。

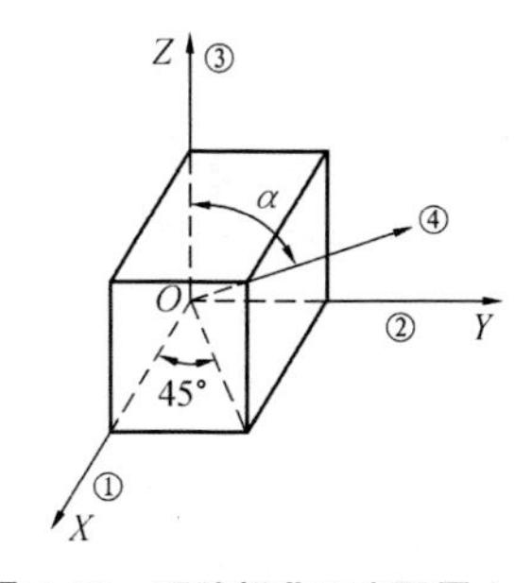

圖 2.19　四陀螺非正交配置之一

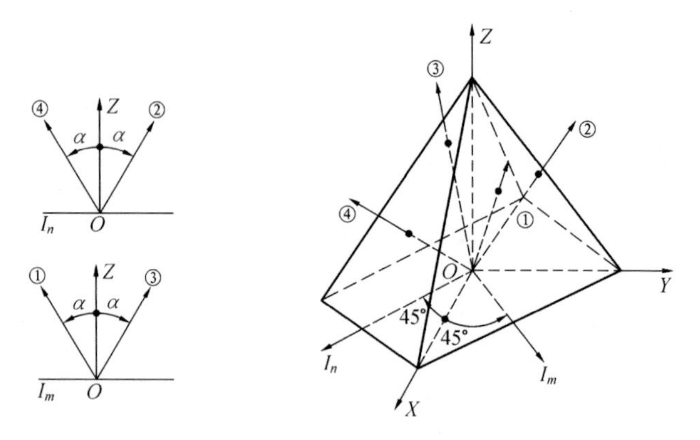

圖 2.20　四陀螺非正交配置之二

采用 5 個陀螺時,其配置矩陣爲

$$R_5=\begin{bmatrix}\sin\alpha & 0 & \cos\alpha\\ \sin\alpha\cos\beta & \sin\alpha\sin\beta & \cos\alpha\\ -\sin\alpha\cos\dfrac{\beta}{2} & \sin\alpha\sin\dfrac{\beta}{2} & \cos\alpha\\ -\sin\alpha\cos\dfrac{\beta}{2} & -\sin\alpha\sin\dfrac{\beta}{2} & \cos\alpha\\ \sin\alpha\cos\beta & -\sin\alpha\sin\beta & \cos\alpha\end{bmatrix}\tag{2.5.26}$$

其配置圖形如圖 2.21 所示。

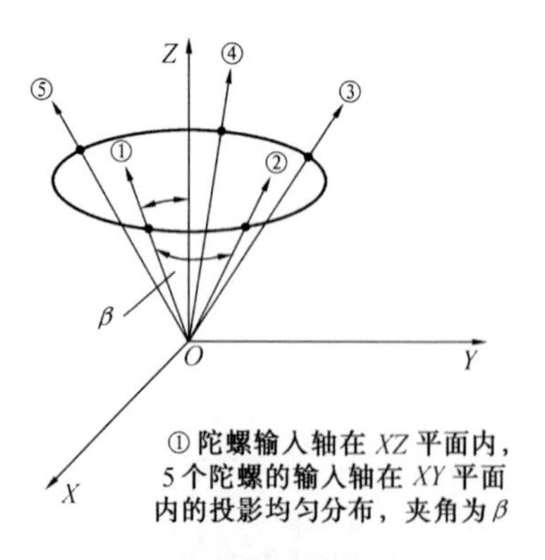

圖 2.21　五陀螺非正交配置

采用 6 個陀螺時,其配置矩陣和配置圖形有兩種形式,最佳的爲正十二面體配置,其配置矩陣爲

$$
\boldsymbol{R}_6{}' = \begin{bmatrix} \sin\alpha & 0 & \cos\alpha \\ -\sin\alpha & 0 & \cos\alpha \\ \cos\alpha & \sin\alpha & 0 \\ \cos\alpha & -\sin\alpha & 0 \\ 0 & \cos\alpha & \sin\alpha \\ 0 & \cos\alpha & -\sin\alpha \end{bmatrix} \tag{2.5.27}
$$

其配置圖形如圖 2.22 所示。

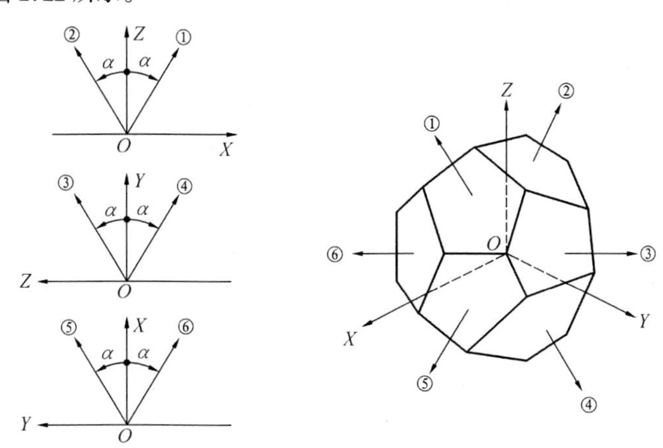

圖 2.22　正十二面體配置

另一種形式爲正八面體配置,其配置矩陣爲

$$
\boldsymbol{R}_6{}'' = \begin{bmatrix} \cos 45^\circ & 0 & \cos 45^\circ \\ -\cos 45^\circ & 0 & \cos 45^\circ \\ \cos 45^\circ & \cos 45^\circ & 0 \\ \cos 45^\circ & -\cos 45^\circ & 0 \\ 0 & \cos 45^\circ & \cos 45^\circ \\ 0 & \cos 45^\circ & -\cos 45^\circ \end{bmatrix} \tag{2.5.28}
$$

其配置圖形如圖 2.23 所示。

上述配置中,α 和 β 值的確定是依據使導航性能最佳的原則而導出的,分別爲

$\boldsymbol{R}_4{}'$ 中　　$\alpha = \arcsin\sqrt{\frac{2}{3}}$

$\boldsymbol{R}_5$ 中　　$\alpha = \arcsin\sqrt{\frac{2}{3}} \quad \beta = 72^\circ$

$\boldsymbol{R}_6$ 中　　$\alpha = \arcsin\sqrt{\frac{5-\sqrt{5}}{10}}$

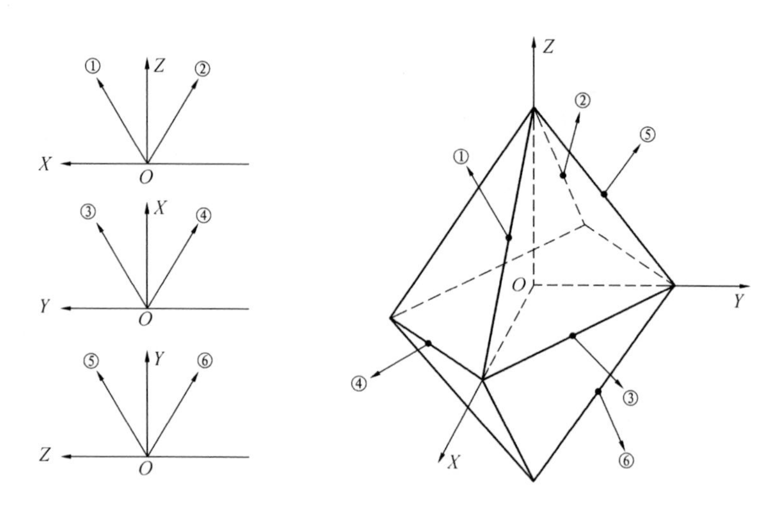

圖 2.23　正八面體配置

2.最佳配置與導航性能

用導航參數估計誤差的大小來表征導航性能。系統的測量方程爲

$$\boldsymbol{M} = \boldsymbol{R}\boldsymbol{\omega} + \boldsymbol{\varepsilon} \tag{2.5.29}$$

式中　$\boldsymbol{\varepsilon}$—— 隨機測量噪聲,$n \times 1$ 列矢量。

爲討論方便,設 $E(\boldsymbol{\varepsilon}) = 0$、$E(\boldsymbol{\varepsilon}\boldsymbol{\varepsilon}^{\mathrm{T}}) = \sigma^2 \boldsymbol{I}_n$,$E(\cdot)$ 爲均值符號,$\boldsymbol{I}_n$ 爲 $n \times n$ 單位矩陣。

采用最小二乘法求解角速度的估值,有

$$\hat{\boldsymbol{\omega}} = (\boldsymbol{R}^{\mathrm{T}}\boldsymbol{R})^{-1}\boldsymbol{R}^{\mathrm{T}}\boldsymbol{M} \tag{2.5.30}$$

而估值誤差的協方差陣爲

$$\hat{\boldsymbol{\sigma}}^2 = E[(\boldsymbol{\omega} - \hat{\boldsymbol{\omega}})(\boldsymbol{\omega} - \hat{\boldsymbol{\omega}})^{\mathrm{T}}] = (\boldsymbol{R}^{\mathrm{T}}\boldsymbol{R})^{-1}\boldsymbol{\sigma}^2 \tag{2.5.31}$$

因爲式中的 $\boldsymbol{R}$ 陣的排列對應于不同的配置,稱式(2.5.31)爲導航參數估值誤差的表達式。爲使估值誤差的協方差 $\hat{\boldsymbol{\sigma}}^2$ 最小,$\boldsymbol{R}^{\mathrm{T}}\boldsymbol{R}$ 應爲最大值,其值爲

$$\boldsymbol{R}^{\mathrm{T}}\boldsymbol{R} = \begin{bmatrix} \sum a_i^2 & \sum a_i b_i & \sum a_i c_i \\ \sum a_i b_i & \sum b_i^2 & \sum b_i c_i \\ \sum a_i c_i & \sum b_i c_i & \sum c_i^2 \end{bmatrix} \tag{2.5.32}$$

式中　$\sum$——i 從 1 至 n 的代數和,以下也類同。

當 $\boldsymbol{R}$ 矩陣是含有正交列矢量 $n \times 3$ 的矩陣時,上式可表示爲

$$\boldsymbol{R}^{\mathrm{T}}\boldsymbol{R} = \begin{bmatrix} \sum a_i^2 & 0 & 0 \\ 0 & \sum b_i^2 & 0 \\ 0 & 0 & \sum c_i^2 \end{bmatrix} \tag{2.5.33}$$

稱爲對角陣。設 $\boldsymbol{R}^{\mathrm{T}}\boldsymbol{R}$ 矩陣的特征值爲 λ_1、λ_2、λ_3，則有

$$T_r(\boldsymbol{R}^{\mathrm{T}}\boldsymbol{R}) = \lambda_1 + \lambda_2 + \lambda_3 = \sum a_i^2 + \sum b_i^2 + \sum c_i^2 = n \qquad (2.5.34)$$

當 $\lambda_1 = \lambda_2 = \lambda_3$ 時，$\boldsymbol{R}^{\mathrm{T}}\boldsymbol{R}$ 值最大，導航誤差最小。可以看出，系統估值誤差的方差與慣性元件的數量 n 有關，其值隨着 n 的增加而減小，n 個慣性元件所能達到的最好導航性能，其表達式爲

$$\hat{\boldsymbol{\sigma}}^2 = \frac{3}{n}\boldsymbol{I}_3\sigma^2 \qquad (2.5.35)$$

式中 $\boldsymbol{I}_3$ 爲 3×3 單位陣。對于滿足上述條件的配置矩陣 $\boldsymbol{R}$，在 X、Y、Z 三個方向上的估值誤差的方差是一致的，稱其爲等方向具有最小誤差傳播特性的最佳配置，其導航性能最佳。

3.故障檢測和故障元件的隔離

故障檢測和故障元件的隔離是捷聯慣導冗余技術研究中的另一個重要內容，只有實現了這一條件，按式(2.5.21)計算的可靠性 Q 值才能成立。能够檢測出故障就必須在有噪聲的信息中檢測出所需要的信息，并判斷出故障儀表所在。

設 n 個慣性儀表的測量方程仍取爲

$$\boldsymbol{M} = \boldsymbol{R\omega} + \boldsymbol{\varepsilon} \qquad (2.5.36)$$

選擇矩陣 $\boldsymbol{C}$，$3\times n$ 維，且使

$$\boldsymbol{CR} = \boldsymbol{0} \qquad (2.5.37)$$

如設 $\boldsymbol{V} = \boldsymbol{CM}$，則有

$$\boldsymbol{V} = \boldsymbol{C\varepsilon} \qquad (2.5.38)$$

説明矢量 $\boldsymbol{V}$ 應和慣性組合的輸入量無關，而僅僅依賴于儀表的輸出誤差(包括失效儀表的不正常的輸出)，對此信息的處理可以得到故障信息和故障的位置。前面講過的奇偶方程和真值表方法，是這種方法的體現。

一些故障檢測算法源于下列兩式

$$\hat{\boldsymbol{\omega}} = (\boldsymbol{R}^{\mathrm{T}}\boldsymbol{R})^{-1}\boldsymbol{R}^{\mathrm{T}}\boldsymbol{M} \qquad (2.5.39)$$

$$\boldsymbol{\varepsilon} = [\boldsymbol{I} - \boldsymbol{R}(\boldsymbol{R}^{\mathrm{T}}\boldsymbol{R})^{-1}\boldsymbol{R}^{\mathrm{T}}]\boldsymbol{M} \qquad (2.5.40)$$

對以上兩式直接估算可以發現系統是否有故障，而由儀表本身的測量值和由其它儀表所做的估值進行比較，就可判斷故障所在。一些統計誤差的判斷法，就是這個思想的引申。

2.6 各類系統的特點及適用範圍

本章主要講述以轉子陀螺爲背景的各類慣導系統的基本工作原理。

在半解析式慣導系統中，采用了跟踪當地水平面的慣導平臺。在一般使用情况下，載體的加速度方向與平臺定向之間的相對位置，在導航系統使用過程中變化較小，因此，陀螺的漂移也比較穩定，并可事先估計或經實驗測定而加以補償。此外，這種系統還具有下列優點，由于慣導平臺指示真垂綫方向，除了對導航系統有用之外，還可提供給其它武器裝備做水平基準之

用。系統無需對重力加速度進行補償,因而對計算機的要求簡單些,但這種系統也有下列缺點,對于陀螺儀中的力矩器及平臺閉環系統中各元部件的綫性度提出了較高的要求。這種系統可用于艦船、飛機及飛航式導彈上。

在解析式慣導系統中,慣導平臺的定位相對慣性空間穩定,加速度計將測量載體相對慣性空間的加速度,在加速度計的輸出信號中不含有哥氏加速度成分。由于系統結構上没有修正回路,所以,平臺上陀螺的力矩器中也没有相應的修正電流。因而減少了一個可以産生干擾信號的來源,對力矩器的綫性度要求可以適當放寬。但是爲了對重力加速度進行修正,以及進行坐標變換,需要較多的計算工作。這種系統,適宜在使用時間比較短的導航中應用,如用在彈道式導彈上。

捷聯式慣導系統由于省去了穩定平臺,儲存在計算機中的方向余弦矩陣代替了平臺的作用,因此,尺寸和質量大爲減少。特别是,該系統還易于在元件級上采用冗余技術來提高系統的可靠性。因此,隨着計算技術的發展和捷聯式系統用陀螺(激光陀螺和光纖陀螺)的性價比的提高,這種系統是有很大發展的。

捷聯式慣導系統遇到的困難是載體把自身的振動環境直接傳遞給陀螺和加速度計,從而使他們的工作條件變得苛刻;要求陀螺儀能在大輸入範圍工作且要保持良好的綫性度。該系統還要求計算機有大的容量和快速性。

這種系統多用于導彈中,飛機用捷聯式慣導系統已商品化。

思　考　題

1. 畫圖説明半解析式慣性導航系統基本的工作原理。
2. 説明半解析式慣性導航系統平臺的構成和工作原理。
3. 推導半解析式慣性導航系統加速度計輸出信號公式。
4. 簡述解析式慣性導航系統工作原理。
5. 説明捷聯式慣性導航系統的工作原理。
6. 如何建立方向余弦矩陣微分方程式?
7. 捷聯式慣性導航系統慣性元件組合的冗余概念。

第三章　慣性系統的主要敏感元件

陀螺儀有很廣泛的應用,使用目的有兩個,一個是使用陀螺儀來建立一個參考坐標系,另一個目的是用它來測量運動物體的角速度。與此對應,在慣性導航系統的應用中,陀螺儀分別被用做平臺式慣導系統和捷聯式慣導系統的敏感元件。在平臺式慣導系統中,用陀螺構成穩定回路來穩定裝有加速度計的平臺,而産生平臺漂移的主要因素是陀螺的漂移。因此,在使用中對陀螺儀的漂移值的大小提出一定的限制。對于捷聯式慣性導航系統,除上述要求外,還必須對陀螺儀提出速率範圍,標度因數的精度,帶寬等特殊要求。由于陀螺儀是應用于各種不同場合,因此對其漂移速度的要求也不盡相同。這與應用的情況,系統對精度的要求,使用時間的長短等因素有關。在同一個系統的應用中,采取了不同的總體設計方案時,也會對陀螺儀的精度提出不同的要求。一般説來,慣性導航系統所用陀螺的漂移速度都小于 0.1°/h。就使用對象來劃分,戰術導彈和火力控制用陀螺儀,漂移速度大于 0.1°/h;巡航導彈用陀螺儀,漂移速度約在 0.01°/h 至 0.001°/h;彈道導彈用陀螺儀,約在 0.001°/h 左右;潜艇慣導系統用陀螺儀應在 0.001°/h。此外,對用于半解析式慣導系統中的陀螺儀,由于需要對陀螺儀進行精確控制,因此,對陀螺儀力矩發生器的綫性度提出了嚴格的要求。

當前,在慣性導航系統中應用的陀螺儀,機械式的陀螺儀仍有很大的市場,尤其是撓性陀螺儀的應用最爲廣泛。激光陀螺儀的技術已經成熟,業經市場考驗多年,有很强的競争力。因此,隨着科學技術的發展,要注意慣性導航系統中陀螺儀的選型工作,捷聯式慣導系統用陀螺儀會有更大的選擇余地。

3.1　陀螺儀的力學基礎

一、定點轉動剛體的動量矩

從動力學的理論可知,剛體繞定點轉動時,對固定點的剛體動量矩爲

$$\boldsymbol{H} = \int_M \boldsymbol{r} \times (\mathrm{d}m\boldsymbol{v}) = \int_M \boldsymbol{r} \times (\omega \times \boldsymbol{r})\mathrm{d}m = \int_M [(\boldsymbol{r} \cdot \boldsymbol{r})\boldsymbol{\omega} - (\boldsymbol{\omega} \cdot \boldsymbol{r})\boldsymbol{r}]\mathrm{d}m \quad (3.1.1)$$

式中　$\boldsymbol{r}$、$\boldsymbol{v}$—— 剛體質量 $\mathrm{d}m$ 相對定點的矢徑和速度;

$\boldsymbol{\omega}$—— 剛體的角速度。

以剛體坐標系 $OXYZ$ 的分量表示 $\boldsymbol{r}$ 和 $\boldsymbol{\omega}$,即

$$\begin{aligned} \boldsymbol{r} &= x\boldsymbol{i} + y\boldsymbol{j} + z\boldsymbol{k} \\ \boldsymbol{\omega} &= \omega_X\boldsymbol{i} + \omega_Y\boldsymbol{j} + \omega_Z\boldsymbol{k} \end{aligned} \quad (3.1.2)$$

將式(3.1.2)代入式(3.1.1),用 J_X, J_Y, J_Z 分別表示剛體相對 OX, OY, OZ 3個坐標軸的轉動慣量,用 J_{XY}, J_{YZ}, J_{ZX} 分別表示剛體的 3 個慣性積,則有

$$\boldsymbol{H} = (J_X\omega_X - J_{XY}\omega_Y - J_{XZ}\omega_Z)\boldsymbol{i} + (J_Y\omega_Y - J_{YZ}\omega_Z - J_{YX}\omega_X)\boldsymbol{j} + (J_Z\omega_Z - J_{ZX}\omega_X - J_{ZY}\omega_Y)\boldsymbol{k} \tag{3.1.3}$$

當 OX, OY, OZ 是 3 個慣量主軸時,上式可簡化爲

$$\boldsymbol{H} = J_X\omega_X\boldsymbol{i} + J_Y\omega_Y\boldsymbol{j} + J_Z\omega_Z\boldsymbol{k} \tag{3.1.4}$$

式(3.1.4)就是對固定點的剛體動量矩的表達式,因爲轉動慣量的3個分量常常是不相等的,只有剛體繞慣量主軸旋轉時,慣性矩和旋轉角速度才共綫。

二、定點轉動剛體的動量矩定理

式(3.1.1)兩側對時間 t 進行微分,有

$$\begin{aligned}\frac{\mathrm{d}\boldsymbol{H}}{\mathrm{d}t} &= \int_M \frac{\mathrm{d}}{\mathrm{d}t}(\boldsymbol{r} \times (\mathrm{d}m\boldsymbol{v})) = \int_M \left[\frac{\mathrm{d}\boldsymbol{r}}{\mathrm{d}t} \times (\mathrm{d}m\boldsymbol{v}) + \boldsymbol{r} \times \mathrm{d}m\frac{\mathrm{d}\boldsymbol{v}}{\mathrm{d}t}\right] = \\ &\int_M [\boldsymbol{v} \times (\mathrm{d}m\boldsymbol{v}) + \boldsymbol{r} \times \mathrm{d}m\boldsymbol{a}] = \\ &\int_M \boldsymbol{r} \times \mathrm{d}m\boldsymbol{a} = \int_M \boldsymbol{r} \times \mathrm{d}\boldsymbol{F} = \boldsymbol{M}\end{aligned} \tag{3.1.5}$$

在上式的推導中,利用了等式 $\boldsymbol{v} \times \boldsymbol{v} = \boldsymbol{0}$ 和 $\mathrm{d}m\boldsymbol{a} = \mathrm{d}\boldsymbol{F}$, $\mathrm{d}\boldsymbol{F}$ 是作用在 $\mathrm{d}m$ 上的外力。將等式

$$\frac{\mathrm{d}\boldsymbol{H}}{\mathrm{d}t} = \boldsymbol{M} \tag{3.1.6}$$

稱爲定點轉動剛體的動量矩定理。表明剛體對任一固定點的動量矩對時間的微分等于作用在剛體上相對同一點的外力矩。圖 3.1 給出了動量矩定理的另一種表示式,$OXYZ$ 是固定坐標系,剛體的動量矩 H 等效于一個矢量 $\boldsymbol{OA}$,其一個端點是定點 O,而導數 $\frac{\mathrm{d}\boldsymbol{H}}{\mathrm{d}t}$ 也就表示另一個矢量端點 A 的速度,即

$$\frac{\mathrm{d}\boldsymbol{H}}{\mathrm{d}t} = \boldsymbol{v}_A$$

或有

$$\boldsymbol{v}_A = \boldsymbol{M} \tag{3.1.7}$$

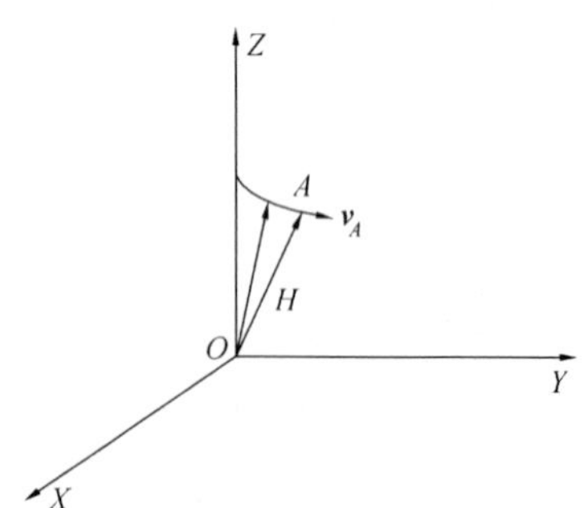

圖 3.1　動量矩定理的一種表示

上述定理也可做如下叙述:

剛體對于固定點 O 的動量矩矢量末端的速度,等于外力對固定點的總矩,稱爲萊查定理。

三、剛體定點轉動的歐拉動力學方程式

將式(3.1.4) 代入式(3.1.6),可得

$$
\begin{aligned}
J_X \frac{\mathrm{d}\omega_X}{\mathrm{d}t} + (J_Z - J_Y)\omega_Y\omega_Z &= M_X \\
J_Y \frac{\mathrm{d}\omega_Y}{\mathrm{d}t} + (J_X - J_Z)\omega_Z\omega_X &= M_Y \\
J_Z \frac{\mathrm{d}\omega_Z}{\mathrm{d}t} + (J_Y - J_X)\omega_X\omega_Y &= M_Z
\end{aligned}
\tag{3.1.8}
$$

上式被稱爲剛體繞定點轉動的歐拉動力學方程式。這是一組非綫性常微分方程組,只有在特殊的條件下才存在解析解。

式(3.1.8) 所用的坐標系 $OXYZ$ 是和剛體固聯的坐標系,有關轉動慣量及其分量是一個常值,而剛體相對慣性空間的旋轉角速度和外力矩都是以這個坐標系計算的。在工程應用中,動量矩 $\boldsymbol{H}$ 也稱爲角動量 $\boldsymbol{H}$,式(3.1.4) 可寫爲

$$\boldsymbol{H} = H_X\boldsymbol{i} + H_Y\boldsymbol{j} + H_Z\boldsymbol{k} \tag{3.1.9}$$

式(3.1.8) 也可寫爲

$$\frac{\mathrm{d}H_X}{\mathrm{d}t} + \omega_Y H_Z - \omega_Z H_Y = M_X \tag{3.1.10a}$$

$$\frac{\mathrm{d}H_Y}{\mathrm{d}t} + \omega_Z H_X - \omega_X H_Z = M_Y \tag{3.1.10b}$$

$$\frac{\mathrm{d}H_Z}{\mathrm{d}t} + \omega_X H_Y - \omega_Y H_X = M_Z \tag{3.1.10c}$$

可以看出動量矩 $\boldsymbol{H}$ 相對慣性空間的變化率的表達式爲

$$\left.\frac{\mathrm{d}\boldsymbol{H}}{\mathrm{d}t}\right|_I = \left.\frac{\mathrm{d}\boldsymbol{H}}{\mathrm{d}t}\right|_r + \boldsymbol{\omega} \times \boldsymbol{H} = \boldsymbol{M} \tag{3.1.11}$$

四、陀螺儀近似理論

爲了滿足工程需要,對歐拉動力學方程式做進一步的簡化。

首先,通過工程的方法使動量矩 $\boldsymbol{H}$ 爲常值,其導數(相對變化率) 爲零,則式(3.1.11) 成爲

$$\boldsymbol{\omega} \times \boldsymbol{H} = \boldsymbol{M} \tag{3.1.12}$$

動量矩 $\boldsymbol{H}$ 在外力矩的作用下,相對慣性空間做角速度 $\boldsymbol{\omega}$ 運動,外力矩 $\boldsymbol{M}$、動量矩 $\boldsymbol{H}$ 和角速度 $\boldsymbol{\omega}$ 三者的關系如式(3.1.12) 所示,成爲陀螺儀的進動方程式,角速度 $\boldsymbol{\omega}$ 稱爲陀螺進動角速度。陀螺在進動的同時也會産生反作用力矩 $\boldsymbol{M}_G$ 與外力矩相平衡,即只要動量矩 $\boldsymbol{H}$ 在慣性空間被改變方向,就會産生陀螺效應。反作用力矩 $\boldsymbol{M}_G$ 被稱爲陀螺力矩,其表達式爲

$$\boldsymbol{H} \times \boldsymbol{\omega} = \boldsymbol{M}_G \tag{3.1.13}$$

當陀螺所受的外力矩 $\boldsymbol{M}$ 爲零時,角速度 $\boldsymbol{\omega}$ 也爲零,動量矩 $\boldsymbol{H}$ 相對慣性空間不動,這種現象稱爲陀螺儀的定軸性。

當陀螺所受的外力矩 $\boldsymbol{M}$ 爲冲擊力矩時,動量矩 $\boldsymbol{H}$ 將相對慣性空間做微幅高頻振蕩,稱爲陀螺儀的章動性,在空氣阻尼和軸承摩擦的作用下,振蕩會很快消失,動量矩 $\boldsymbol{H}$ 相對慣性空間的方位基本不受影響,顯示出 $\boldsymbol{H}$ 定軸性。一般情况下,不討論章動性對陀螺使用精度的影響。

圖 3.2 給出了一個高速轉動的自由轉子陀螺的示意圖,由于轉子的對稱結構,對 3 個慣性主軸存在轉動慣量,而其慣性積等于零,動量矩 $\boldsymbol{H}$ 相對慣性空間的運動,滿足于剛體繞定點轉動的歐拉動力學方程式(3.1.8) 和陀螺儀近似理論的進動方程式(3.1.12)。

圖 3.3 給出一個框架結構的陀螺儀示意圖。由高速旋轉的轉子、内環和外環框架以及對應的内環軸和外環軸組成,轉子質量相對慣性空間有三個自由度,但動量矩 $\boldsymbol{H}$ 相對慣性空間有兩個自由度,常稱其爲二自由度陀螺(也有資料稱其爲三自由度陀螺)。轉子的赤道轉動慣量 J_X 和 J_Y 相等,一般是極軸轉動慣量的 0.5 ~ 0.6 倍,轉子的轉速一般在每分鐘爲 18 000 ~ 24 000 轉之間,而轉子繞 OX 軸和 OY 軸的進動角速度不超過每分鐘幾度,因此,可以忽略 H_X 和 H_Y 項,從方程(3.1.10a) 和方程(3.1.10b) 可得

$$\omega_Y H_Z = M_X$$
$$-\omega_X H_Z = M_Y$$

或寫成

$$\omega_Y H = M_X$$
$$-\omega_X H = M_Y \tag{3.1.14}$$

這是陀螺進動方程式(3.1.13) 的分量表達式。即在陀螺的 X 軸作用外力矩,陀螺將在 Y 軸産生進動角速度;在 Y 軸作用外力矩,陀螺將在 X 軸的負方向産生進動角速度。

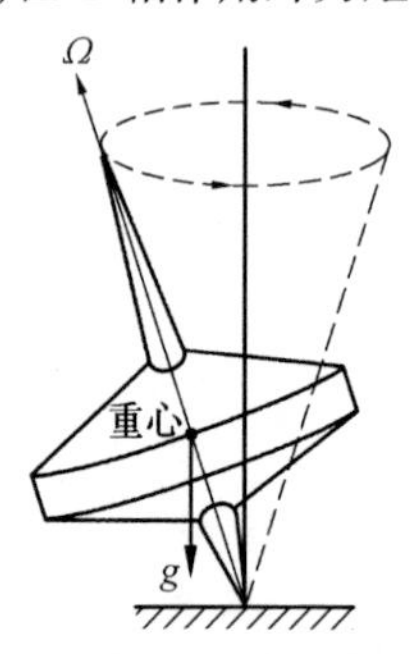

圖 3.2　自由轉子陀螺

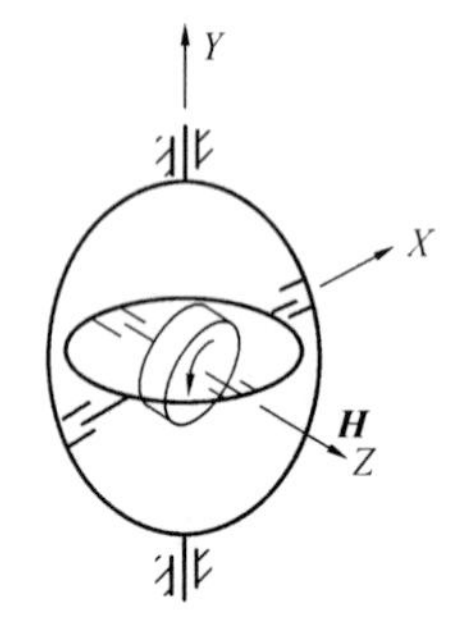

圖 3.3　框架陀螺儀

在工程上要保證使 $\boldsymbol{H}$ 爲常值,使式(3.1.13) 的第 3 個分量表達式滿足下式

$$\frac{\mathrm{d}\boldsymbol{H}}{\mathrm{d}t} = 0$$

就必須使 Z 軸電機力矩克服介質阻尼力矩和摩擦力矩等,使合力矩 $M_Z = 0$ 的條件得到滿足。

3.2　單自由度陀螺儀

一、基本結構

對于一個機械式陀螺儀，除了沿轉子軸方向外，陀螺轉子相對儀表殼體還有一個自由度的陀螺儀稱爲單自由度陀螺，圖 3.4 給出了結構示意圖。在慣性導航系統中選用的是浮子式單自由度(或雙自由度)陀螺儀。

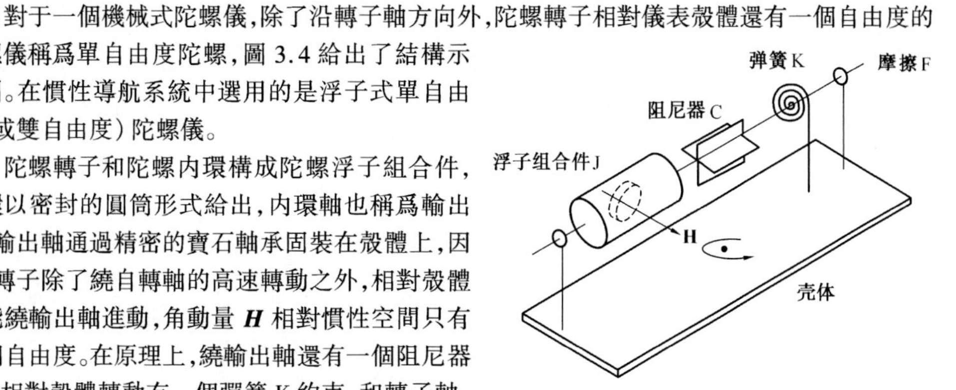

圖 3.4　單自由度陀螺儀原理結構圖

陀螺轉子和陀螺内環構成陀螺浮子組合件，内環以密封的圓筒形式給出，内環軸也稱爲輸出軸，輸出軸通過精密的寶石軸承固裝在殼體上，因而，轉子除了繞自轉軸的高速轉動之外，相對殼體只能繞輸出軸進動，角動量 $\boldsymbol{H}$ 相對慣性空間只有一個自由度。在原理上，繞輸出軸還有一個阻尼器 C 和相對殼體轉動有一個彈簧 K 約束。和轉子軸、輸出軸正交的軸稱做輸入軸，也稱爲敏感軸。在用單自由度陀螺組成平臺時，單自由度陀螺輸入軸方向，就是平臺穩定軸方向。單自由度陀螺儀的精度取决于繞輸出軸的干擾力矩的大小，爲了減小繞輸出軸的摩擦力矩，采用懸浮技術，即把做成封閉式圓筒的内環放在高密度的浮液中，整個浮子的重量由浮液來承受。這樣，寶石軸承只起定位的作用了。而且，人們往往利用浮液對浮筒所產生的阻尼作用代替圖 3.4 上的阻尼器 C。從工作原理看，具有圖 3.4 那種結構的陀螺，在没有彈簧時，稱爲積分陀螺。而當阻尼作用可以忽略，在輸出軸只存在彈性約束，就叫做速率陀螺儀。單自由度陀螺儀比起二自由度陀螺儀在制造工藝上有些實際的優點，即只限于在一根軸上(輸出軸)需要做得使干擾力矩很小。盡管單自由度陀螺儀有這種優點，但在使用上却比二自由度陀螺復雜一些。由單自由度陀螺構成的伺服系統不是一個簡單的位置隨動系統，速度積分陀螺是伺服系統中的積分環節，它的動態特性對伺服系統的性能有很大的影響。

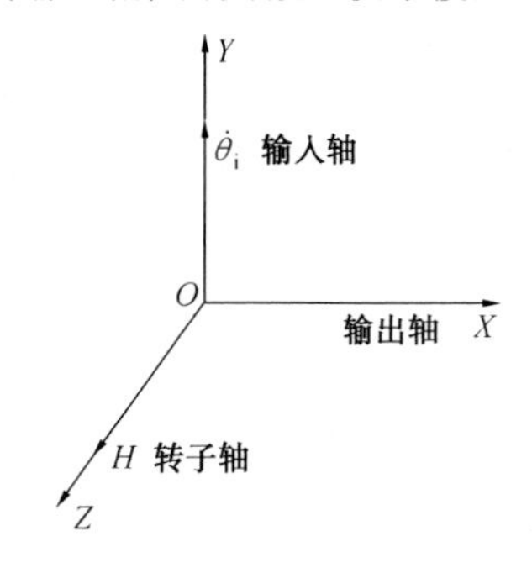

圖 3.5　陀螺坐標系

二、工作原理和傳遞函數

選定陀螺坐標系 $OXYZ$ 和陀螺轉子相固聯，但不參與轉子的自轉，如圖 3.5 所示，坐標軸 OZ 沿角動量 H 方向，OX 沿輸出軸方向，OY 則定義爲陀螺的輸入軸方向。當飛行器沿陀螺輸入軸方向有角速度 $\dot{\theta}_i$ 轉動時,角動量 $\boldsymbol{H}$ 在輸入軸方向没有轉動的自由度,飛行器將强迫角動量 $\boldsymbol{H}$ 相對慣性空間以 $\dot{\theta}_i$ 轉動。因此,陀螺要在輸出軸方向産生陀螺力矩,在陀螺力矩的作用下,陀螺浮子組合件繞輸出軸進動,進動的角度是陀螺輸入角速度的積分,完成了敏感角速度的功能。

圖 3.6 給出了實際使用的單自由度浮子式積分陀螺儀工作性能方塊圖。圖中,在輸出軸上增加了一個信號傳感器 SG 和一個力矩器 TG,力矩器 TG 在控制電流 I_{tg} 的作用下,産生控制力矩作用在浮子組合件上,浮子組合件繞輸出軸的轉角(信號器 SG 輸出的信號) 將和控制電流 I_{tg} 成比例。可見控制電流 I_{tg} 的作用,等同于輸入角速度 $\dot{\theta}_i$。

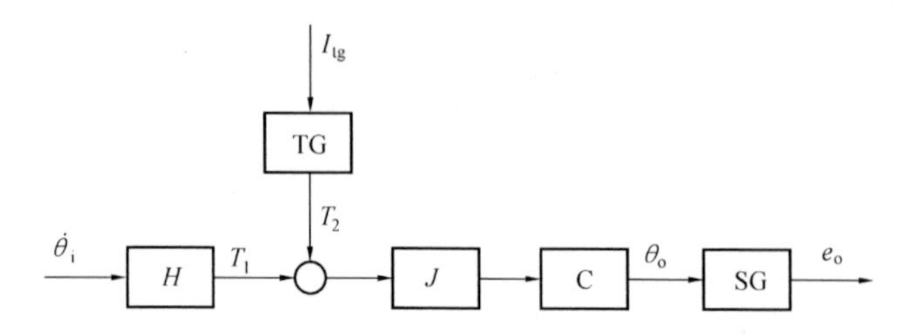

圖 3.6　浮子積分陀螺儀工作性能方塊圖

H— 陀螺儀角動量;J— 浮子組合件繞輸出軸的轉動慣量;C— 阻尼器;TG— 力矩器;SG— 信號傳感器;I_{tg}— 控制或補償電流;$\dot{\theta}_i$— 輸入角速度;θ_o— 浮子繞輸出軸的轉角;e_o— 信號器的輸出電壓;T_1— 陀螺力矩;T_2— 力矩器産生的力矩

按陀螺的工作原理,在不考慮 I_{tg} 和忽略繞輸出軸的摩擦力矩情況下,沿輸出軸列寫微分方程式

$$H\dot{\theta}_i = J\ddot{\theta}_o + C\dot{\theta}_o \tag{3.2.1}$$

假定初始條件爲零,進行拉氏變換,可得系統的傳遞函數爲

$$\frac{\theta_o}{\theta_i} = \frac{H}{Js + C}$$

$$\frac{\theta_o}{\theta_i} = \frac{H/C}{\frac{J}{C}s + 1} \tag{3.2.2}$$

或寫爲

$$\frac{\theta_o}{\dot{\theta}_i} = \frac{H/C}{s(\frac{J}{C}s + 1)} \tag{3.2.3}$$

式(3.2.2)、(3.2.3) 均可視爲浮子式積分陀螺傳遞函數。H/C 爲静態放大系數,單位爲弧度,數量級在1左右。J/C 爲時間常數,單位爲秒,其值在毫秒級。在穩態情況下,式(3.2.3) 可用一積分環節代替,即繞輸出軸的轉角 θ_o 是輸入角速度的積分。下面舉出一個早期的浮子陀螺的

參數,用來説明這種陀螺的性能。18IRIG Mod B 型陀螺用于“阿波羅”飛船捷聯式慣性裝置中,在 1968 年 8 月投入使用。

尺寸	$\phi 4.6 \times 9.8$ cm
重量	522 gf
轉速	24 000 r/min
角動量 H	1.51×10^5 g · cm²/s
阻尼系數 C	502 gf · cm · s
繞輸出軸慣量 J	225 g · cm²
時間常數 $\tau = \frac{J}{C}$	450 μs
静態放大系數 H/C	0.3

據浮子陀螺工作原理和功能方塊圖,可做方塊圖 3.7,也可簡化成圖 3.8 的形式。

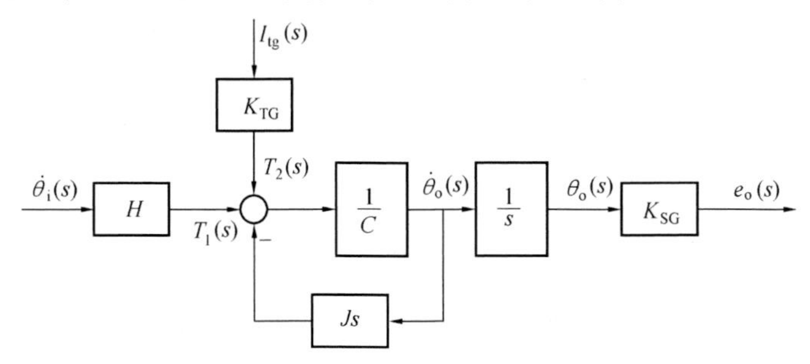

圖 3.7　浮子積分陀螺儀方塊圖

下面根據式(3.2.2) 分别給出浮子積分陀螺的静態誤差、過渡過程和頻率特性。

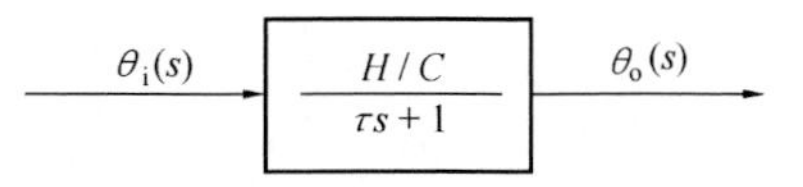

圖 3.8　浮子積分陀螺儀簡化方塊圖

静態誤差:

對于單位階躍輸入 $\theta_i(s) = 1/s$,$\theta_o(s)$ 爲

$$\theta_o(s) = \frac{H/C}{s(1 + \frac{J}{C}s)} \tag{3.2.4}$$

應用終值定理,有

$$\theta_o(t)_{t \to \infty} = H/C \tag{3.2.5}$$

對于一個常值 A 角的輸入,則有

$$\theta_o = AH/C \tag{3.2.6}$$

對于單位階躍輸入后,陀螺的過渡過程,可從式(3.2.2) 的反變換求得,即

$$\theta_o(t) = \frac{H}{C}[1 - e^{-(C/J)t}] \tag{3.2.7}$$

特性如圖 3.9 所示。

用 $j\omega$ 代入式(3.2.2),可以得到浮子陀螺儀的頻率特性爲

$$\frac{\theta_o(j\omega)}{\theta_i(j\omega)} = \frac{H/C}{1 + \frac{J}{C}(j\omega)} \tag{3.2.8}$$

可見上式是一個非周期環節。可畫出對數頻率特性如圖 3.10 所示。

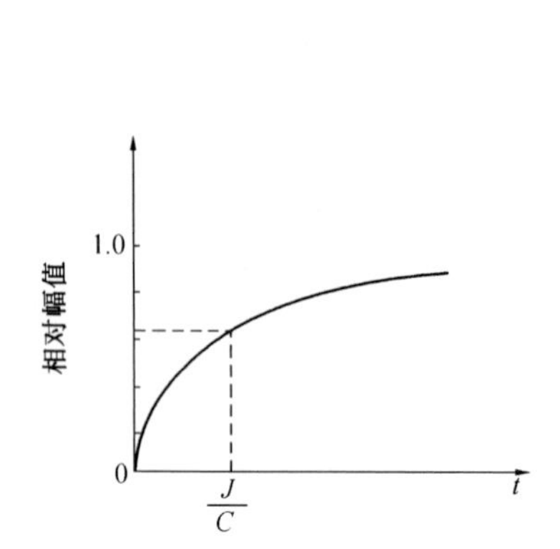

圖 3.9　浮子積分陀螺儀對角度階躍輸入的響應

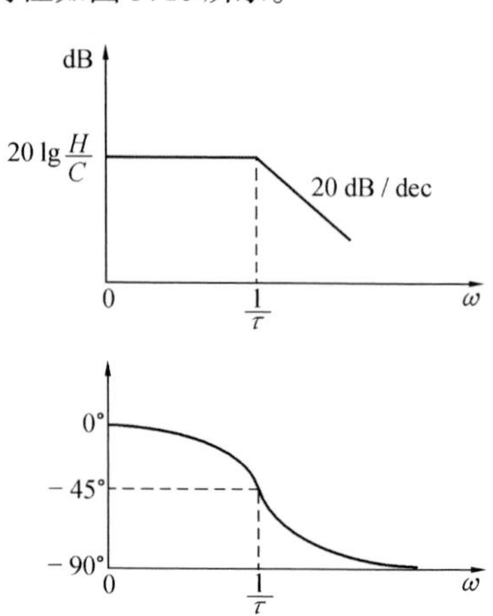

圖 3.10　浮子積分陀螺儀對數頻率特性

三、單自由度陀螺儀傳遞函數的一般討論

單自由度陀螺儀傳遞函數一般的表達形式爲

$$\frac{\theta_o(s)}{\theta_i(s)} = \frac{Hs}{Js^2 + Ds + K} \tag{3.2.9}$$

式中的分子部分 Hs,$\theta_i(s)$ 爲繞輸入軸角速度産生的陀螺力矩項,等效于繞輸出軸作用的控制力矩 M_C 或干擾力矩 M_e 項,也等效于飛行器(陀螺殼體)繞輸出軸角運動産生的 $J\ddot{\theta}_{oX}$ 力矩項。可用方塊圖 3.11 表示。

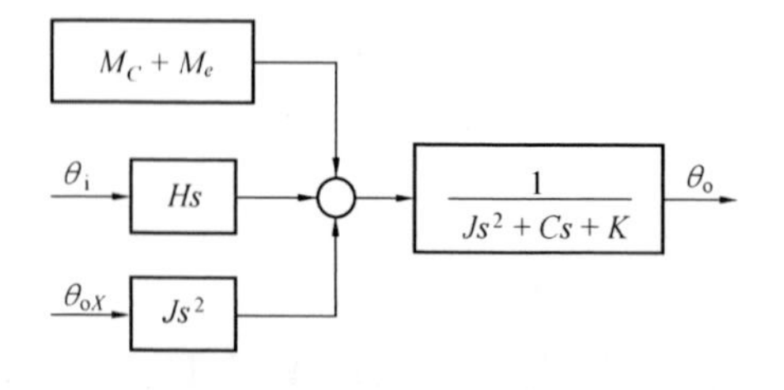

圖 3.11　單自由度陀螺儀傳遞函數一般的表達式

對于式(3.2.9),當陀螺的阻尼系數大,而彈性力矩系數可忽略,穩態時,浮子組合件的輸出轉角和輸入角速度的積分成比例,這是上邊講過的單自由度浮子式積分陀螺儀。

對于式(3.2.9),當陀螺的彈性力矩系數大,而阻尼系數可忽略時,穩態時的浮子組合件輸

出轉角和輸入角速度成比例，這種陀螺稱爲單自由度浮子式微分陀螺儀。在工程中，可通過將單自由度浮子式積分陀螺儀加一力反饋回路，實現微分陀螺儀的功能，即回路輸出的轉角和輸入角速度成比例，如圖 3.12 所示。

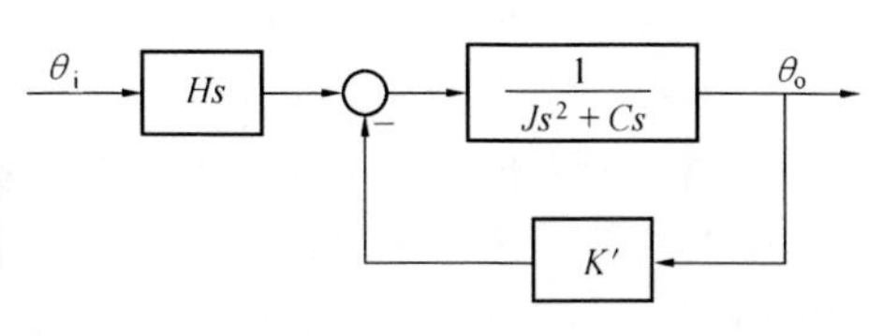

圖 3.12　單自由度浮子積分陀螺儀的力反饋回路

對于式(3.2.9)，當陀螺的阻尼系數和彈性力矩系數都可忽略時，浮子組合件的轉角與輸入角速度的兩次積分成正比，稱爲二次積分陀螺儀，在工程上無實用價值。

四、陀螺漂移誤差模型和主要特征參數

單自由度浮子式積分陀螺儀作爲元件被系統選用時，除通常要考慮的體積、質量和耗能等常規的技術指標外，有以下參數給定，可供系統設計時選用。其中，最主要的參數是陀螺漂移。

當陀螺的輸入角速度爲零時，陀螺仍有不等于零的某一數值輸出，這個數值等效于有一個輸入角速度的作用，這個角速度稱之爲陀螺漂移。按陀螺進動方程式(3.1.2)，單自由度浮子式積分陀螺儀的漂移大小主要取决于繞輸出軸的干擾力矩。其通用的數學模型表達式爲

$$\omega_d = D_f + D_i(SF)_i + D_s(SF)_s + D_o(SF)_o + D_{II}(SF)_i^2 + D_{ss}(SF)_s^2 + D_{oo}(SF)_o^2 + D_{is}(SF)_i(SF)_s + D_{os}(SF)_o(SF)_s + D_{io}(SF)_i(SF)_o \quad (3.2.10)$$

式中　ω_d—— 陀螺的總漂移值，(°)/h；

D_f—— 與比力無關的陀螺漂移，(°)/h；

D_i, D_s, D_o—— 分別爲正比于沿輸入、自轉和輸出各軸的比力的漂移系數，(°)/(h · g)；

$D_{II}, D_{ss}, D_{oo}, D_{is}, D_{os}, D_{io}$—— 分別正比于各軸的比力的乘積的漂移系數，脚標 II 表示沿輸入軸比力的平方，脚標 is 表示沿輸入軸和自轉軸比力等，(°)/(h · g²)；

$(SF)_i$、$(SF)_s$、$(SF)_o$—— 分別爲沿輸入軸、轉子軸和輸出軸的比力分量。

上述與比力無關的漂移，主要是由于彈性力矩、傳感器的反作用力矩等引起，其計量單位還可用 MERU(地球自轉角速度的千分之一)表示。與比力一次方有關的漂移，主要是由浮子的質量不平衡，或温度變化引起浮心和質心的變化。與比力乘積有關的漂移，主要是浮子組件結構剛度的非等彈性的設計，存在與比力乘積有關的漂移。在工程使用上，根據系統的不同要求，僅僅選用其中部分項對陀螺漂移誤差建模。

一般，對陀螺漂移還要進一步分爲常值漂移與隨機漂移。一個陀螺在一次起動后有一個常值漂移值，不同次的起動，各次的常值漂移是不等的，其均值可補償掉，標準差定義爲逐次(日)漂移，這個量是陀螺精度的主要標志。隨機漂移主要是由白色噪聲和有色噪聲組成，在高精度陀螺的應用中，也是一個重要的技術要求。

此外尚有一些參數對説明陀螺的特性也很重要。

1) 標度因數。它是陀螺(或元件) 的輸入和輸出之間的比例系數,對于在速率狀態下工作的陀螺,輸入爲角速度,而輸出爲電流,因此標度因數的計量單位爲 mA/[(°) · h^{-1}]。

2) 角動量。陀螺的角動量是指繞轉子自轉軸的轉動慣量與轉子轉速的乘積,其計量單位爲 g · cm^2/s。

3) 阻尼系數。它是單位角速度所引起的浮子阻尼力矩,其計量單位爲 dyn · cm · s。

4) 彈性約束系數。它是繞輸出軸的浮子約束力矩與輸出角的比值,其計量單位爲 dyn · cm · rad。

5) 時間常數。對于單自由度浮子積分陀螺來説,時間常數在數值上等于繞輸出軸浮子的轉動慣量與繞輸出軸的阻尼系數的比值$\frac{J}{C}$,其計量單位爲 s。

3.3　二自由度陀螺儀

理論上的二自由度陀螺,是陀螺轉子相對陀螺殼體有兩個自由度,而兩個支撐點的摩擦力矩趨于零,按陀螺進動理論,在無外干擾力矩的狀態下,角動量 ***H*** 相對慣性空間的定軸性使其成爲運動體的參照系,運動體繞陀螺内、外環軸的轉角,就是飛行器的姿態角。

二自由度陀螺儀的陀螺轉子可以相對殼體繞兩個軸進動。因此,相當于有兩個輸入軸和兩個輸出軸,即用一個陀螺轉子可以敏感兩個軸的角運動。應該注意的是,它的每一個軸,既是輸入軸又是輸出軸,如圖 3.13 所示。

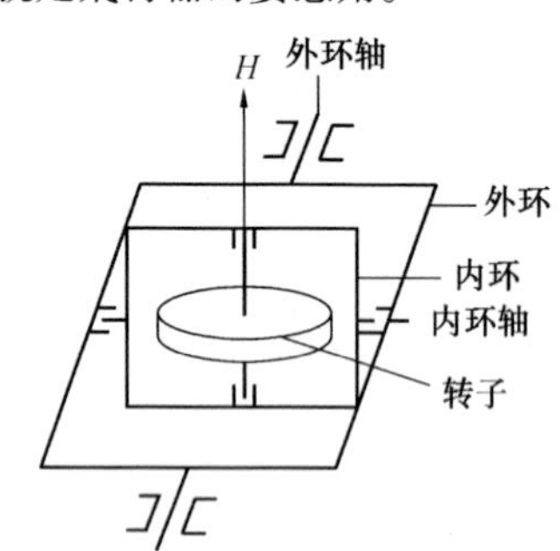

圖 3.13　二自由度陀螺儀結構示意圖

爲了提高二自由度陀螺儀的定向精度,就必須同時降低繞内、外環軸上的干擾力矩的數值,才能提高二自由度陀螺儀的性能。爲了降低干擾力矩,通常采用懸浮技術。利用框架支承的二自由度陀螺儀有多種形式,在慣性導航中常用的有二自由度液浮陀螺儀和二自由度氣浮陀螺儀。

二自由度的液浮陀螺儀和單自由度的浮子積分陀螺儀在動態特性上的主要差别是他們對輸入的反應不同。正像在前邊討論的那樣,對于一個單自由度浮子式積分陀螺儀,沿輸入軸有角速度輸入時,角動量 *H* 將進動,繞輸出軸有一轉角,通過信號傳感器給出與轉角大小成比例的電信號, 信號的大小不僅取决于輸入角速度,而且,還受浮子組合件的轉動慣量 *J*、角動量 *H* 和阻尼系數 *C* 的影響。

對于二自由度陀螺儀,角動量 *H* 相對慣性空間穩定,當沿輸入軸方向有角運動時,由于陀螺轉子繞輸入軸方向相對殼體有自由度存在,所以角動量 H 没有進動過程,它的角動量 H 或轉動慣量 J 對輸出信號没有影響。二自由度陀螺儀在敏感角位移 θ 之后,給出電信號

$$u = K\theta \tag{3.3.1}$$

式中　K—— 信號傳感器的比例系數。

在實際應用中,陀螺儀的殼體將和平臺固聯,角動量 H 將相對慣性空間穩定,在列寫繞輸入軸的微分方程式時,將和單自由度陀螺的情况不同,沿輸入軸的運動方程式可以寫爲

$$T = J_p \frac{\mathrm{d}^2\theta}{\mathrm{d}t^2} \tag{3.3.2}$$

式中　T—— 干擾力矩;

J_p—— 陀螺平衡環、殼體和平臺相對輸入軸的轉動慣量;

θ—— 干擾角輸入或輸出轉角,兩者相等。

在應用二自由度陀螺儀構成平臺時,上式得到了應用。

二自由度陀螺儀的漂移誤差模型有兩個,它們分别對應陀螺儀的内環軸和外環軸,每一個模型和單自由度陀螺的漂移誤差模型都是相同的。

3.4　撓性陀螺儀

一、動力調諧陀螺儀的基本結構和方程式

撓性陀螺儀是一種采用撓性支承的自由轉子陀螺儀,撓性支承是一種没有摩擦的高彈性系數的撓性接頭,同時又具有一定的强度,以承受冲擊和撓動所産生的應力。

撓性支承陀螺儀的類型比較多,在工程上使用比較多的是一種單平衡環撓性轉子動力調諧陀螺儀。其撓性接頭配置結構原理如圖 3.14 所示。陀螺轉子和驅動軸間是通過撓性接頭連接起來的,撓性接頭是由相互垂直的内外撓性軸和一個平衡環組成的。内撓性軸由一對内扭杆組成,外撓性軸由一對外扭杆組成,内撓性軸將驅動軸與平衡環相連接,外撓性軸將平衡環與轉子相連。内撓性軸綫應垂直于驅動軸綫,而外撓性軸綫和内撓性軸綫應相互垂直,并與驅動軸綫交于一點。正常工作時,驅動電機高速旋轉,通過内撓性軸帶動平衡環旋轉,平衡環再通過外撓性軸帶動陀螺轉子旋轉。在無干擾的條件下,陀螺儀的自轉軸和驅動軸是在一條軸綫上,在轉子受到干擾力矩或

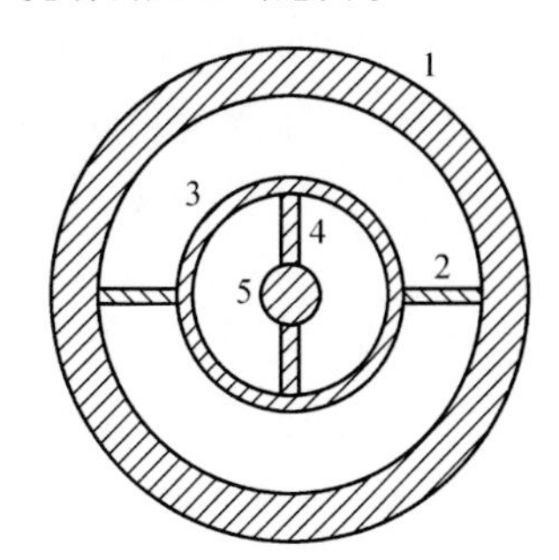

圖 3.14　撓性接頭配置結構原理圖

1— 轉子;2— 外撓性軸;3— 平衡環;4— 内撓性軸;5— 驅動軸

殼體運動時,自轉軸和驅動軸不在一條軸綫上,在小角度範圍內,可認爲撓性陀螺轉子具有自由陀螺轉子的特性。陀螺轉子的自轉軸、平衡環、撓性軸和驅動軸的運動學關系如圖 3.15 所示。XYZ 是和殼體固聯的坐標系,Z 是驅動軸方向。$x_0y_0z_0$ 是和轉子固聯的坐標系,z_0 是自轉軸方向。圖 3.15(a) 爲初始位置,圖 3.15(b) 爲驅動軸轉動 90° 的狀況,圖 3.15(c) 爲驅動軸轉動 180° 的狀況,圖 3.15(d) 爲驅動軸轉動 270° 的狀況。

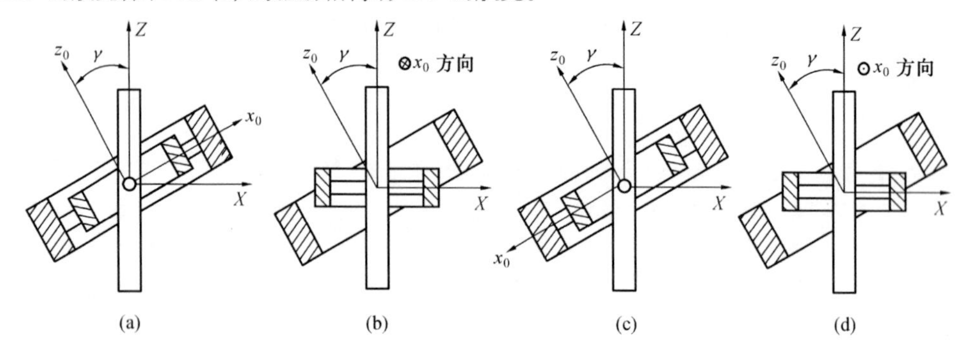

圖 3.15　驅動軸和自轉軸(平衡環)間運動學關系

動力調諧陀螺儀較爲完整的運動方程式爲

$$\begin{aligned} I\ddot{\theta}_x + f\dot{\theta}_x + k_D\theta_x + J\Omega\dot{\theta}_y + k_Q\theta_y &= M_x \\ I\ddot{\theta}_y + f\dot{\theta}_y + k_D\theta_y - J\Omega\dot{\theta}_x - k_Q\theta_x &= M_y \end{aligned} \tag{3.4.1}$$

式中　θ_x—— 轉子相對 x 軸轉角;

θ_y—— 轉子相對 y 軸轉角;

I—— 有效的轉子徑向轉動慣量,$I = A + \frac{a}{2}$;

A—— 轉子徑向轉動慣量;

a—— 平衡環徑向轉動慣量;

f—— 阻尼系數;

k_D—— 撓性支承彈性系數,$k_D = k - (a - \frac{C}{2})\Omega^2$;

k—— 扭轉彈性系數;

C—— 轉子軸向轉動慣量;

Ω—— 轉子相對旋轉軸角速度;

k_Ω—— 支承正交彈性系數;

J—— 有效的轉子軸向轉動慣量,$J = C + a$;

M_x—— 相對 x 軸作用在轉子上的力矩;

M_y—— 相對 y 軸作用在轉子上的力矩。

$OXYZ$ 成右手坐標系,同轉子固連但不參與旋轉,對方程式(3.4.1)簡化,當對陀螺實現調諧,有 $k_D \approx 0$,而此時的剩余正交彈性系數項影響很小可忽略,f 項也因值很小可忽略,這時方程式(3.4.1)式就轉化爲大家熟悉的自由轉子陀螺儀方程式,即

$$
\begin{aligned}
I\ddot{\theta}_x + H\dot{\theta}_y &= M_x \\
I\ddot{\theta}_y - H\dot{\theta}_x &= M_y
\end{aligned}
\tag{3.4.2}
$$

進一步簡化爲進動方程式

$$
\begin{aligned}
H\dot{\theta}_y &= M_x \\
-H\dot{\theta}_x &= M_y
\end{aligned}
\tag{3.4.3}
$$

二、動力調諧陀螺儀的力反饋工作方式

撓性陀螺由于彈性支承的限制,使其工作的允許角度很小,因此不能開環工作,必須工作在閉環狀態,如圖 3.16 所示。圖中或后文,用大寫 X、Y 表示信號器測量殼體相對轉子 x、y 軸的角偏差或和殼體有關的變量。X、Y 力矩器相對 x、y 軸給轉子施加力矩。殼體相對 x 軸的運動,由 X 信號器給出信號,經力反饋回路中伺服放大器 G_X 送給 Y 力矩器給轉子施矩,陀螺轉子進動,使 X 信號器輸出爲零。殼體繞 y 軸的轉動,通過 Y 信號器和伺服放大器 G_Y 也引起 X 力矩器給轉子施矩,使 Y 信號器輸出爲零。相對 x、y 軸的力矩可以進一步寫爲

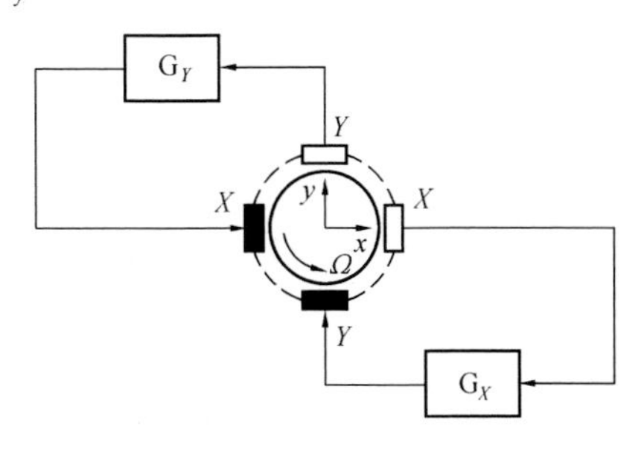

圖 3.16　簡化力反饋示意圖

----- 壳体线；　—— — 转子线；
■ — 力矩器；　□ — 信号器

$$
\begin{aligned}
M_x &= M_x^c + M_x^e \\
M_y &= M_y^c + M_y^e
\end{aligned}
\tag{3.4.4}
$$

式中　$M_{x、y}^c$—— 相對 x、y 軸的指令力矩;

　　　$M_{x、y}^e$—— 相對 x、y 軸的誤差(干擾)力矩。

對控制力矩可以寫爲

$$
\begin{aligned}
M_x^c &= k_{TX} i_x \\
M_y^c &= k_{TY} i_y
\end{aligned}
\tag{3.4.5}
$$

式中　$k_{TX、Y}$——x、y 軸力矩器標度因數;

　　　$i_{x、y}$——x、y 軸力矩器控制電流。

對于撓性陀螺儀的力反饋工作狀態,見圖 3.17,對于交叉項耦合的處理,可加補償或忽略該環節等解耦處理方法。

在力反饋狀態,殼體相對轉子的轉動或殼體的運動均會引起轉子跟踪殼體運動,其推導如下。

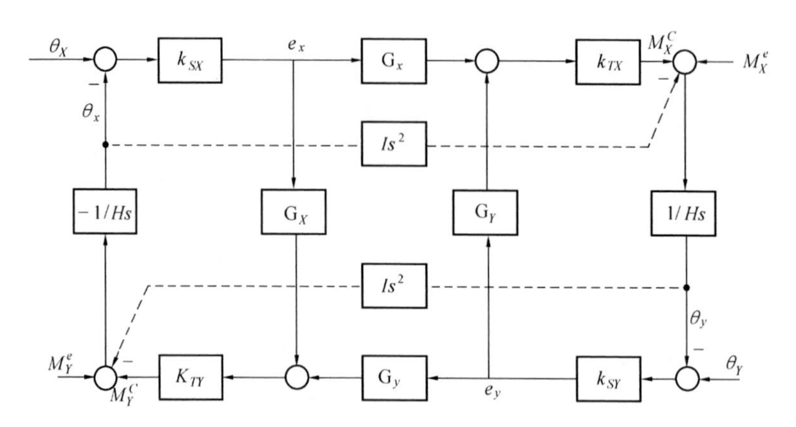

圖 3.17　力反饋狀態方塊圖

信號器輸出信號

$$
\begin{aligned}
e_x &= k_{SX}(\theta_X - \theta_x) \\
e_y &= k_{SY}(\theta_Y - \theta_y)
\end{aligned}
\tag{3.4.6}
$$

式中　$k_{SX、Y}$—— 信號器標度因數。

在無干擾力矩的條件下,有

$$M_x = M_x^c = k_{TX}i_x = k_{TX}G_Ye_y = k_{TX}G_Yk_{SY}(\theta_Y - \theta_y) \tag{3.4.7}$$

又因爲

$$\theta_y = \frac{1}{Hs}M_x$$

所以有

$$
\begin{aligned}
M_x &= k_{TX}G_Yk_{SY}(\theta_Y - \frac{1}{Hs}M_x) \\
M_x &= \left[\frac{k_{TX}G_Yk_{SY}}{Hs + k_{TX}G_Yk_{SY}}\right]H\dot{\theta}_Y
\end{aligned}
\tag{3.4.8}
$$

對于低頻,可認爲上式方括弧中的值近似等于 1,有等式

$$M_x = H\dot{\theta}_Y \tag{3.4.9}$$

同理可得

$$M_y = -H\dot{\theta}_X \tag{3.4.10}$$

式(3.4.9) 和式(3.4.10) 在形式上類似于式(3.4.3),但式(3.4.9) 和式(3.4.10) 成立的前提條件是陀螺儀工作在力反饋狀態。即在力反饋工作狀態時,殼體的運動,能够在轉子上引起作用力矩,使轉子跟踪殼體的運動。這是式(3.4.9) 和式(3.4.10) 的物理意義所在。

三、動力調諧陀螺儀的平臺工作方式

動力調諧陀螺儀工作在平臺工作狀態時,其方塊圖如圖 3.18 所示。最顯著的特點是,當殼

體運動時,將産生 θ_X 或 θ_Y 誤差信號,通過伺服放大器 G_X 或 G_Y 被送到相應的慣導平臺的控制電機上,使慣導平臺(和殼體一起)轉動消除殼體相對轉子的運動初始誤差角,在這個過程,在轉子上不作用力矩。這是和力反饋狀態的基本區别。從上邊討論可以看出,只有控制力矩 M^c 或干擾力矩 M^e 才能引起轉子的進動,從而導致誤差信號的出現,通過平臺的穩定回路使平臺轉動,使殼體跟踪轉子。所以,當控制力矩 M^c 等于零時,該平臺相對慣性空間穩定,在控制力矩 M^c 不等于零時,則實現平臺的跟踪狀態。一些資料指出,在這種工作狀態,特别要注意撓性接頭的彈性系數、阻尼、慣量反作用、等效的平衡環角動量等對系統特性的影響。

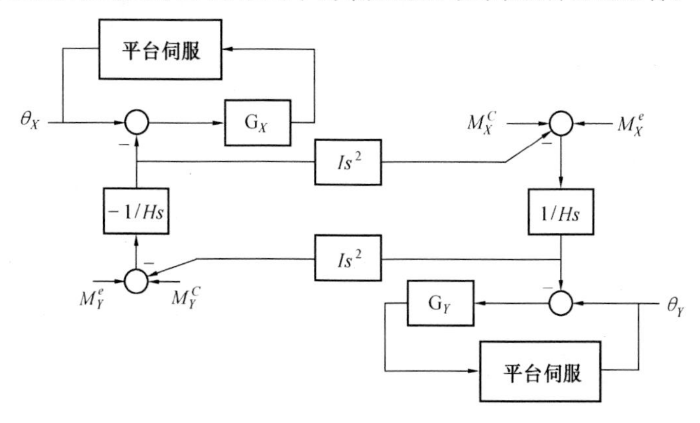

圖 3.18　平臺工作狀態方塊圖

3.5　加速度計

一、概述

加速度計是慣性導航系統的核心元件之一。依靠它對比力的測量,完成慣導系統確定載體的位置、速度以及産生跟踪信號的任務。載體加速度的測量必須十分準確地進行,而且是在由陀螺提供的參考坐標系中進行。在不需要進行高度控制的慣導系統中,只要兩個加速度計就可以完成上述任務。

在實際應用中,加速度計除包括敏感加速度的敏感質量外,還有一個與之相聯系的力或力矩平衡電路。在工作原理上,和單自由度浮子積分陀螺儀的力反饋電路相似。電路給出的信號可以正比于載體的加速度,也可以正比于單位時間内速度的增量。電路輸出的信號根據需要可以是模擬量,也可以是數字量。在慣導系統用計算機數字化的要求下,后者得到了很大的發展。人們將這種形式的加速度計稱爲數字式脉冲力矩再平衡式加速度計。

隨着慣性導航技術的迅速發展,出現了各種結構和類型的加速度計。盡管如此,它們的基

本工作原理還是一致的,那就是符合牛頓第二定律。對于敏感質量按直綫形式運動的加速度計,滿足

$$\boldsymbol{F} = m\boldsymbol{a} \tag{3.5.1}$$

式中 m—— 加速度計的敏感質量;

$\boldsymbol{a}$—— 載體的綫加速度;

$\boldsymbol{F}$—— 爲質量 $\boldsymbol{m}$ 所呈現出的總力。

對于敏感質量按擺動形式運動的加速度計來説,滿足于

$$\boldsymbol{T} = P\boldsymbol{a} \tag{3.5.2}$$

式中 P—— 敏感質量所呈現的擺性,其值爲偏心質量和擺臂之積;

$\boldsymbol{a}$—— 載體的綫加速度;

$\boldsymbol{T}$—— 敏感質量所呈現的繞擺動中心的總力矩。

式(3.5.1) 和式(3.5.2) 中的 $\boldsymbol{F}$ 和 $\boldsymbol{T}$ 則被儀表所附加的電子綫路産生的力或力矩平衡,因此,這些電路中的電流或電壓的大小就代表了載體加速度 $\boldsymbol{a}$ 的大小。

通常將加速度計分成如下兩大類。

(1) 擺式加速度計

① 浮子擺式加速度計;

② 撓性支承擺式加速度計;

③ 擺式陀螺積分加速度計。

(2) 非擺式加速度計

① 壓電式加速度計;

② 壓阻式加速度計;

③ 振弦式加速度計;

④ 静電式加速度計。

還有其它的一些分類方法,不再贅述。本節僅就擺式加速度計的基本結構和工作原理加以介紹。

二、擺式加速度計的構成和工作原理

圖 3.19 給出基本的擺式加速度計的結構原理圖。它由儀表殼體、兩個支承、偏心質量擺、阻尼器、彈簧等部分組成。偏心質量擺和阻尼器可繞輸出軸(OA) 轉動,擺軸(PA) 位于通過輸出軸的重力方向,輸入軸(IA) 則是和上述兩個軸垂直的軸。像列寫單自由度浮子積分陀螺儀力矩方程一

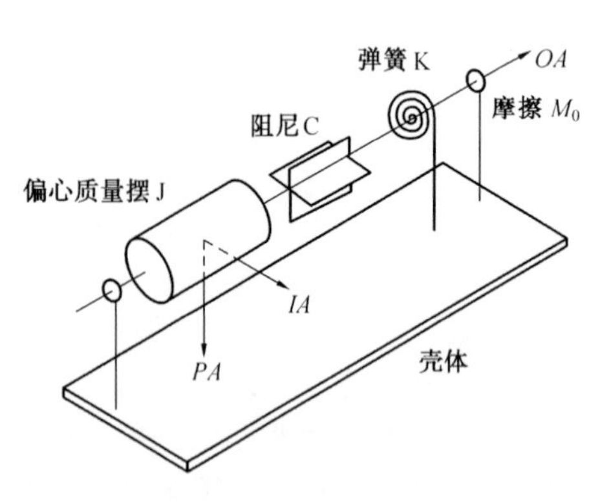

圖 3.19 擺式加速度計

樣,把加速度計看做一個力矩平衡裝置,對擺式加速度計寫出方程式

$$Pa(t) = J\ddot{\theta}(t) + C\dot{\theta}(t) + K\theta(t) + M_0 \tag{3.5.3}$$

式中　$a(t)$—— 作用在擺上的加速度;

J—— 繞輸出軸的轉動慣量;

C—— 阻尼系數;

K—— 彈性系數;

M_0—— 摩擦力矩;

$\theta(t)$—— 擺繞輸出軸的轉角;

P—— 擺性,$P = mr$;

m—— 擺的質量;

r—— 擺的臂長。

設 $M_0 = 0$,則有

$$\frac{\theta(s)}{a(s)} = \frac{P}{Js^2 + Cs + K} = \frac{P/K}{\frac{J}{K}s^2 + \frac{C}{K}s + 1} \tag{3.5.4}$$

設 $a(t)$ = 常值,則在穩態時有

$$\theta_e = \frac{P}{K}a \tag{3.5.5}$$

所以,角 θ 的大小就是加速度的量度。

實際上,擺式加速度表在結構設計上并不采用機械彈簧,而是利用一個力反饋回路的功能代替了系數 K 的作用,如圖 3.20 所示。

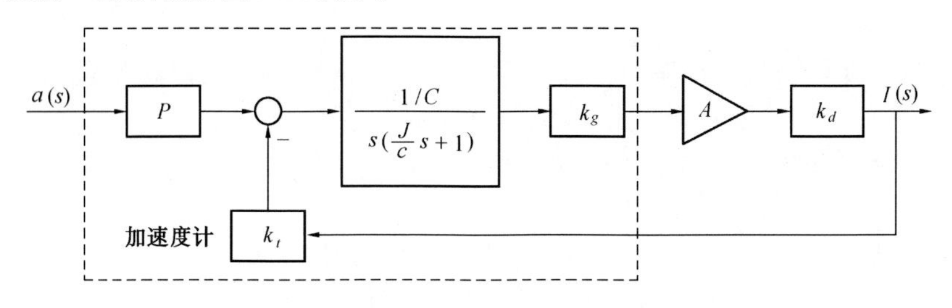

圖 3.20　閉環擺式加速度計方塊圖

圖中虛綫框内部分表示擺式加速度計的結構部分,已經去掉了彈簧 K,k_g 是信號器的標度因數,k_t 是力矩器的標度因數,k_d 是網絡校正環節,爲了分析方便,設 $k_d = 1$。環節 A 乃是力反饋放大器的放大環節,A 代表放大系數。從方塊圖可得傳遞函數

$$\frac{I(s)}{a(s)} = \frac{PAk_g}{Js^2 + Cs + Ak_tk_g} = \frac{P/k_t}{\frac{J}{Ak_tk_g}s^2 + \frac{C}{Ak_dk_g}s + 1} \tag{3.5.6}$$

設 $a(t)$ 爲常值,則穩態時

$$I_e = \frac{P}{k_t}a \tag{3.5.7}$$

所以,電流 I_e 的大小就代表輸入加速度的大小,比較式(3.5.5)和式(3.5.7),可見這兩者的效果是一致的。有時,人們就把圖 3.20 閉合電路的功能稱爲電彈簧,其回路俗稱力反饋回路。

從圖 3.20 還可以得到擺軸轉角和綫加速度 a 之間的傳遞函數爲

$$\frac{\theta(s)}{a(s)} = \frac{P}{Js^2 + Cs + Ak_gk_t} = \frac{P/Ak_gk_t}{\frac{J}{Ak_gk_t}s^2 + \frac{C}{Ak_gk_t}s + 1} \tag{3.5.8}$$

比較式(3.5.6)和式(3.5.8),可見放大系數 A 只能影響擺軸轉角 θ,而不能影響加速度計輸出電流 I 的大小,對系數 A 進行適當選擇,可使加速度計在測量加速度的範圍內,使轉角的最大值保持在允許的小角度内,從而使方程式(3.5.3)的綫性得到保證。

以上叙述的是實際應用的擺式加速度計的基本工作原理。

三、加速度計的主要參數及靜態誤差數學模型

對于工作于如上所述的力反饋狀態的加速度計,有如下一些實用參數,其中最爲重要的是靈敏度和零位不穩定性。

1) 標度因數:通過力矩器的電流和被測量的比力之比稱爲加速度計的標度因數,單位爲 mA/g。

2) 靈敏度:能够引起力矩器中的電流發生確切變化的最小輸入比力。其單位爲 g,如 1×10^{-4} g 或 1×10^{-5} g。

3) 零位不穩定性:當輸入加速度從 + g 至 − g 反復變化時,加速度計輸出零位的位置在一定的範圍内變化,這個範圍叫做零位不穩定性,如 5×10^{-4} g。

4) 綫性範圍:指在保證綫性度的情况下,可測量比力的範圍,比如在 ± 10 g 範圍内,綫性度爲千分之一。

5) 擺平衡環的時間常數:取 J/C 爲擺平衡環的時間常數,一般爲幾毫秒。

6) 回路剛度:擺軸的轉角和輸入比力的比值,稱爲加速度計的靜態剛度,如有的加速度計回路剛度爲 0.5mrad/g。

在一些資料中,提出"零位誤差"的概念,它往往是指在没有比力輸入的情况下加速度計的輸出。其統計的常值部分稱爲零位偏置,其統計的方差部分又叫零位不穩定性。

加速度計靜態誤差數學模型爲

$$\Delta A = K_0 + K_1A_i + K_2A_i^2 + K_3A_i^3 + K_4A_p + K_5A_o + K_6A_pA_i + K_7A_oA_i \tag{3.5.9}$$

式中 ΔA—— 加速度計靜態誤差,g;

A_i、A_o、A_p—— 加速度計敏感沿輸入軸、輸出軸、擺軸的加速度(比力)分量,g;

K_0—— 常值偏置項,μg;

K_1—— 綫性標度因數誤差,μg/g;

K_2—— 二階非綫性誤差系數,$\mu g/g^2$;

K_3—— 三階非綫性誤差系數,$\mu g/g^3$;

K_4—— 交叉軸加速度靈敏度(P 軸),μg/g;

K_5—— 交叉軸加速度靈敏度(O 軸),μg/g;

K_6—— 交叉軸耦合系數,$\mu g/g^2$;

K_7—— 交叉軸耦合系數,$\mu g/g^2$。

在使用中,可根據儀表的精度,選用部分系數。

四、加速度計的原理性誤差

由于工藝上的原因,加速度計在制造和裝配的過程中是有誤差的,比如標度因數誤差、靈敏度誤差、零位不穩定、測量範圍的非綫性等。對于這些由于工藝上的原因所造成的誤差,我們不做進一步説明。

下面僅討論擺式加速度計的兩個原理性誤差,討論問題的方法,對于分析陀螺的誤差也是適用的。

1. 交叉耦合誤差

由于加速度計輸入軸的方向定義爲垂直于初始時刻擺軸的垂綫方向,因此,當加速度計輸入軸方向固定以后,擺一旦轉動就要産生交叉耦合誤差。如圖 3.21 所示,假定輸入軸的方向 IA 是給定的,而載體的加速度 A 的方向也是給定了,因此擺僅應該敏感 A 的分量 a_x。同時擺的軸綫位于零位位置。那么,在産生擺角 θ 以后,擺敏感的加速度就成爲

$$A' = a_x\cos\theta - a_y\sin\theta \qquad (3.5.10)$$

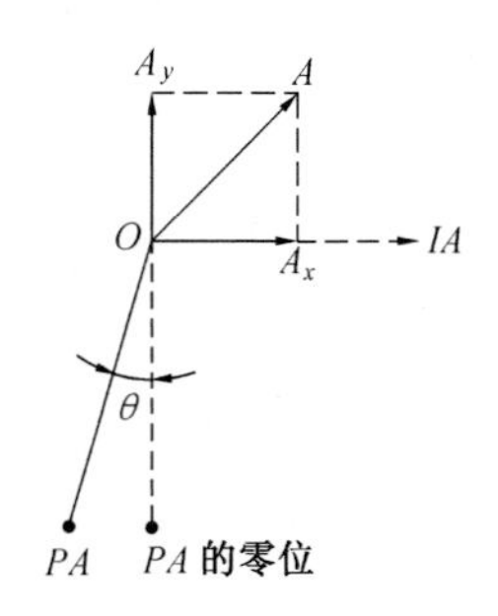

圖 3.21　交叉耦合影響

即不但要敏感沿輸入軸方向的加速度分量 a_x,而且要敏感與輸入軸相垂直的加速度分量 a_y。通常,加速度計的高增益力反饋回路將保證 θ 角很小,式(3.5.10) 可進一步簡化爲

$$A' = a_x - a_y\theta \qquad (3.5.11)$$

$a_y\theta$ 即爲交叉耦合項,一般可以忽略。如果必要的話,可以用計算機加以補償。

2. 振動誤差

當擺式加速度計工作在振動環境的工作條件下，而且振動頻率又恰好在加速度計力反饋回路的通頻帶之内時，就産生振動誤差，或稱爲振動擺式誤差，如圖 3.22 所示。設振動，$A_V = A\sin\omega t$，方向是固定的，而且沿輸入軸方向和垂直輸入軸（擺軸零位綫）均有分量，爲 A_{Vx} 和 A_{Vy}。

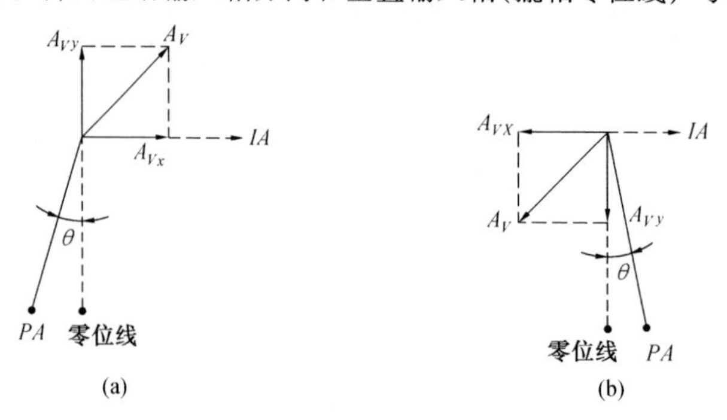

圖 3.22　振動對擺的影響

在正弦振動的正半周時，A_{Vx} 將引起擺向左偏移（圖 3.22(a)），這時振動的垂直分量 A_{Vy} 相對輸出軸將引起一個繞逆時針方向的力矩。同理，在負半周時，A_{Vx} 將使擺向右偏離（圖 3.22(b)），而這時的力 A_{Vy} 也改變了方向，它相對輸出軸産生的力矩仍然是逆時針方向。所以，加速度計在振動的加速度輸入下，會産生繞輸出軸的一個常值同方向干擾力矩，將引起加速度計的偏置輸出。因爲 $A_V = A\sin\omega t$，所以 A_{Vy} 是正弦函數，角 θ 也是一個正弦函數（由 A_{Vx} 引起的）。因此，可以説由振動産生的擺式力矩是振動加速度兩個正弦分量之積的函數。經過推導，具有如下形式

$$T_V = \frac{f(V)}{2}(1 - \cos 2\omega t) \qquad (3.5.12)$$

式中　$f(V)$——擺的質量、偏心距離及 A 的函數。

圖 3.23 給出了振動加速度 A、擺的偏轉角 θ 和繞輸出軸 OA 産生的振動擺式力矩 T_V 之間的關系。力矩 T_V 在振動加速度的方向和輸入軸成 45° 角時達到最大值。

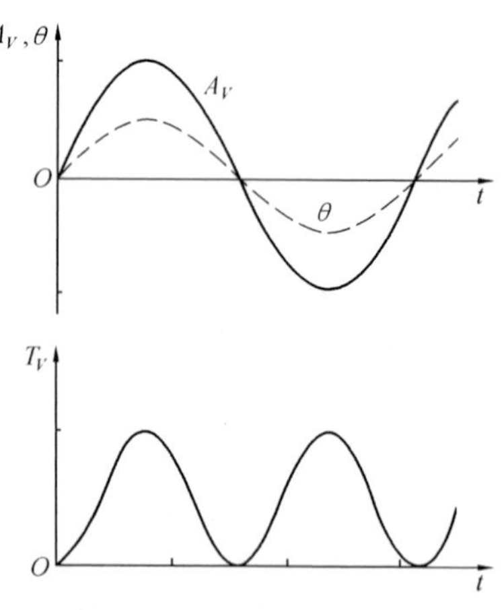

圖 3.23　A_V，θ 和 T_V 間關系

五、擺式陀螺積分加速度計

積分加速度計可感受加速度并進行積分，輸出與速度成比例的信號。有多種類型的積分加速度計，其中擺式浮子陀螺積分加速度計是應用比較廣泛的加速度計，圖 3.24 給出擺式陀螺積分加

速度計的構造原理。其主要組成部分爲一個單自由度浮子式積分陀螺儀,只是沿擺軸 PA 方向增加了一個小質量塊 M。在工程上,如果浮子陀螺儀內,浮筒組合件的重心不與浮力的中心相重合,即可形成一個擺式失衡質量 M。該陀螺失衡質量 M 與輸出軸間的力臂爲 L,當加速度 $a(t)$ 沿着輸入軸方向作用在陀螺上時,由于不平衡質量 M 的存在,將使浮子組合件繞輸出軸轉動一個角度,通過信號器送出電壓信號 u_a,經放大器放大和變換后,產生電流輸入力矩電機,電機產生力矩,使陀螺繞輸入軸方向以 $\dot{\theta}$ 轉動,角速度 $\dot{\theta}$ 與陀螺儀的角動量 H 產生陀螺力矩 $H\dot{\theta}$,陀螺力矩將和由加速度 $a(t)$ 所產生的慣性力矩 $MLa(t)$ 相等,即

$$H\dot{\theta} = MLa(t) \tag{3.5.13}$$

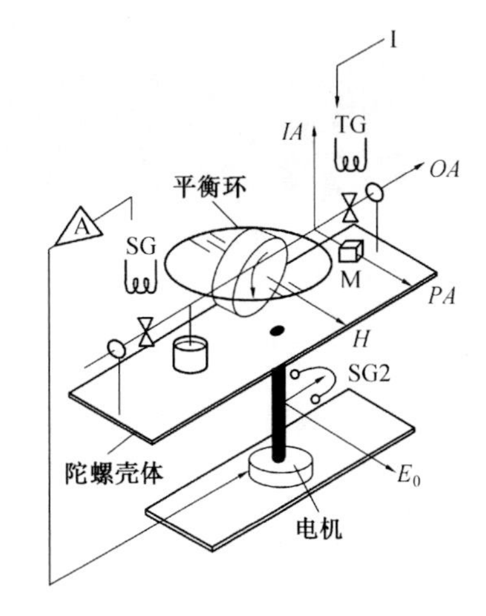

圖 3.24　擺式陀螺積分加速度

$$\theta = \frac{ML}{H}\int_0^t a(t)\mathrm{d}t = \frac{ML}{H}V(t) \tag{3.5.14}$$

上式中,角 θ 的大小可由信號傳感器 SG_2 給出,該輸出信號的大小將與加速度 $a(t)$ 的積分,或速度 $V(t)$ 成比例。即 SG_2 給出了載體沿輸入軸方向加速度的積分,這就是這種加速度計名稱的由來。這種儀器的工作過程,本質上也是一種力矩再平衡過程。因此,當放大電路中增益選得適當大時,擺的偏離角可以保持在一定範圍內,從而可以略去交叉耦合誤差的影響。在實際應用中,力矩器內還應該輸入用以消除有害加速度及陀螺漂移誤差的補償電流 I。

思　考　題

1. 單自由度液浮陀螺儀的基本工作原理,傳遞函數。
2. 二自由度液浮陀螺儀的傳遞函數。
3. 撓性陀螺的兩種工作狀態。
4. 加速度計的傳遞函數。
5. 加速度計力反饋回路的建立及其意義。
6. 液浮陀螺儀力矩反饋回路的建立。

第四章　新型角速度敏感器

4.1　概　　述

環形激光陀螺儀和光纖光學陀螺儀,可統稱爲光學陀螺儀,是新一代的實用慣性元件。常規的旋轉質量陀螺儀適合于在平臺的方式下工作,在捷聯狀態工作時,性能下降。光學陀螺儀在捷聯狀態工作時,在誤差源、尺寸、質量、功率和可靠性方面有明顯的優勢。

光學陀螺儀的基本特點是一個含有兩束相向運動的光波,光波被同時激發產生。光波的傳播則符合愛因斯坦的狹義相對論(1905年),愛因斯坦認爲光的速度和光源的運動無關。1913年由法國物理學家薩格奈克(Sagnac)演示證明了圍繞一個環路干涉儀的兩個相向傳播的光波有相位差,這個相位差和光路垂直軸方向的輸入角速度有關,構築了光學陀螺的理論基礎。光學陀螺儀避免了常規陀螺儀的許多誤差源。它有在捷聯狀態工作的固有能力,因爲它的標度因數在全動態範圍內綫性好和易于和數字系統接口。環形激光陀螺儀已經完成它的研究和開發階段而轉入應用,現已大批量的用于許多飛機、導彈等慣性導航或慣性參考系統。它的結構簡單,使用方便對捷聯系統特别有吸引力。

4.2　光學陀螺儀基礎

一、無源薩格奈克干涉儀

薩格奈克的試驗是由轉動一個方形干涉儀實現的。現在考慮一個理想的圓形干涉儀,其中光波被約束在環形光路中傳播,如圖 4.1 所示。

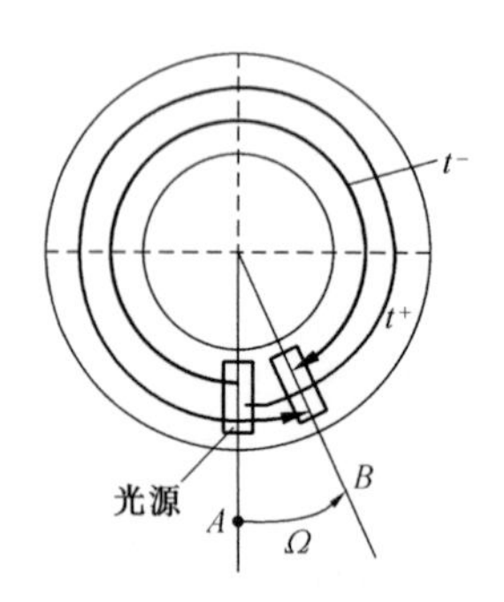

圖 4.1　理想的薩格奈克干涉儀

光波在干涉儀的點 A 光源産生,并被光束分離鏡分成兩束,一束按順時針(CW,Clockwise) 方向傳播,而另一束按逆時針(CCW,Counter-Clockwise) 方向傳播。在繞圓環一周后,兩束光在最初的光束分離鏡處相遇。由于兩束光是由同一個光源發出的單色相干光,在移動到點 B 的檢測器上就會形成明暗相間的干涉條紋,反映了兩束光的相位差。在没有旋轉運動的情況下,兩束光傳輸整個路程的時間是相等的,由公式 $t = 2\pi R/c$ 給出，式中 c 是光速，R 是環路的半徑。現在，如果干涉儀以常值角速度 Ω 繞垂直于光路的軸綫旋轉，兩束光返回到光束分離鏡的時間則是不同的，因爲在此時間内，光束分離鏡由點 A 移動到點 B，相對慣性空間順時針光束比逆時針光束必須移動較長的距離，因此，兩束光的傳輸時間和環路没有旋轉時是不一樣的。

設 ΔL 是點 A、B 在慣性空間的光程差，正號(+)表示光束的逆時針的傳播，而負號(-)表示光束的順時針的傳播，對應的傳播時間爲 t^+ 和 t^-，傳播的光程爲 L^+ 和 L^-。這樣，總的閉路光的傳播時間爲

$$\begin{aligned} L^+ &= 2\pi R + R\Omega t^+ \\ L^- &= 2\pi R - R\Omega t^- \end{aligned} \tag{4.2.1}$$

或

$$\begin{aligned} ct^+ &= 2\pi R + R\Omega t^+ \\ ct^- &= 2\pi R - R\Omega t^- \end{aligned} \tag{4.2.2}$$

傳播時間差可以寫爲

$$\Delta t = t^+ - t^- = 2\pi R\left[\frac{1}{c - R\Omega} - \frac{1}{c + R\Omega}\right] = \frac{4\pi R^2\Omega}{c^2 - R^2\Omega^2} \tag{4.2.3}$$

因爲 $c \gg \Omega$，所以時間差的表達式爲

$$\Delta t = \frac{4\pi\Omega R^2}{c^2} = \frac{4A}{c^2}\Omega \tag{4.2.4}$$

方程式(4.2.4)描述了 Sagnac 效應，被視爲光學陀螺的基本理論。由于光程差 ΔL 等于 $c\Delta t$，所以，上式可以寫爲

$$\Delta L = \frac{4A}{c}\Omega \tag{4.2.5}$$

式中　A——被光路圍繞的面積，$A = \pi R^2$。

式(4.2.5)是廣義的，適用于任何幾何形狀的光路。從式(4.2.5)可以看出，即使將光路圍繞的面積做得很大，由于光速 c 的值很大，光程差也是很小，爲工程檢測實現帶來極大的困難。爲了解決這個難點，光纖陀螺增加光路的繞制圈數 n，使光路圍繞的面積 $A = n\pi R^2$ 加大，以提高光纖陀螺的靈敏度。激光陀螺則通過“頻差”比較容易檢測的模式提高靈敏度。

在檢測器端，合成光的幅值(强度)是順時針轉向與有相移 ϕ 的逆時針轉向的兩束光波之和，即

$$E_D = E^+ + E^- e^{i\phi} \tag{4.2.6}$$

設兩束光波的强度 $E^+ = E^- = E$，則有

$$E_D = E(1 + \cos\phi - i\sin\phi) \tag{4.2.7}$$

檢測器感受到的光强爲

$$I_D = |E_D|^2 = 2I(1 + \cos\phi) \tag{4.2.8}$$

靈敏度可定義爲

$$\left|\frac{\mathrm{d}I}{\mathrm{d}\phi}\right| = 2I\sin\phi \tag{4.2.9}$$

式(4.2.9)是Sagnac干涉儀的靈敏度表達式,如圖4.2所示。可以看出,在0°或180°附近,即使相位移ϕ有很大的變化時,光的合成强度I的變化量不大,不利于檢測。在應用時,將工作點選在$\frac{\pi}{2}$處。

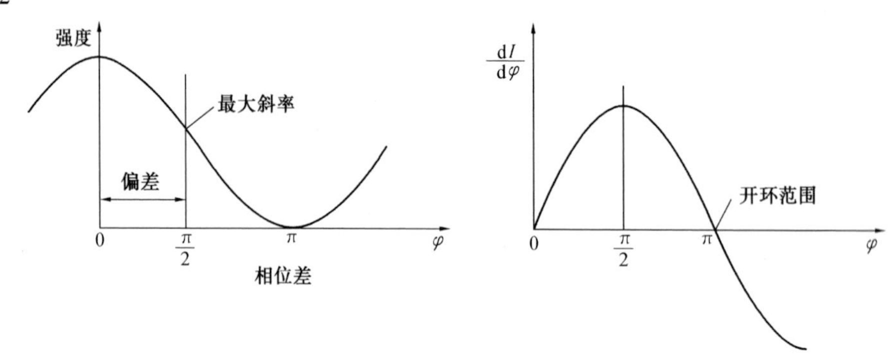

圖 4.2　Sagnac 干涉儀的靈敏度

二、有源環形激光干涉儀

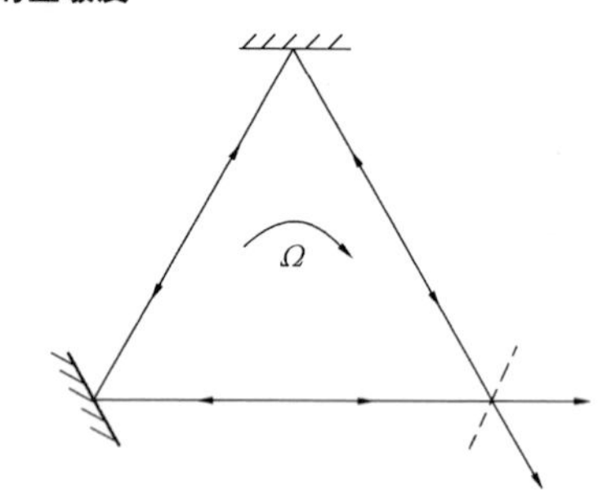

圖 4.3　環形激光腔

無源Sagnac干涉儀對于測量很低的角速度輸入是没有意義的,因爲要求總的包圍面積與波長之比必需很大,由于光在兩個方向傳輸的光程差遠小于一個波長,所以靈敏度差。仿照光學諧振腔的工作原理,使兩束相向運行的激光光束運行在一個閉合的光路中,如圖4.3所示,給出一個三角形的閉合光路,用放置帶平面鏡子的光束分離鏡形成一個諧振光學腔體,對于相向傳播的光束支撑傳遞波的諧振狀態。在腔體中放置激光介質以使環路的諧振狀態得以維持。這是形成有源環形激光干涉儀的關鍵,也是和無源Sagnac干涉儀的區别點。在腔體内兩個相向的傳輸波形成駐波,其幅值與頻率被約束成相等。在理想的情况下,兩個相向的傳輸波形成各自獨立的振蕩。每一束光以其自身的頻率和幅值振蕩。這兩個頻率的部分差异對應于傳遞兩束光的光路長的差异,因此,是對應于輸入角速度。爲了支持振蕩,在介質中必須有足够的增益克服在腔體中的損失,每一束光必然是光波的整數倍,即振蕩條件是

$$N\lambda_{\pm} = L_{\pm} \tag{4.2.10}$$

式中　$L_\pm$—— 每一束光的光程長；

N—— 一個很大的整數(典型的是 $10^5 \sim 10^6$)；

$\lambda_\pm$—— 光波的波長。

腔體的幾何尺寸決定了給定狀態的波長。部分的頻率移動 $\Delta f/f$ 等于部分光程長比 $\Delta L/L$，所以 $\Delta f = f_+ - f_-$ 和 $\Delta L = L_+ - L_-$ 之間的關系爲

$$\Delta f/f = \Delta L/L \tag{4.2.11}$$

等式(4.2.11)説明小的光程長差的變化導致小的頻率差的變化。因爲 $\lambda = c/f$，對于 Δf 解方程(4.2.11)，并將式(4.2.5)代入 ΔL，給出兩個波的最終差頻爲

$$\Delta f = f_+ - f_- = (4A/L\lambda)\Omega \tag{4.2.12}$$

式中　Δf—— 差頻，Hz；

A—— 腔體包圍的面積，cm^2；

λ—— 激光的波長，m；

L—— 總的光程長(或腔長)，cm；

Ω—— 相對慣性空間的旋轉角速度，rad/s。

作爲旋轉速度敏感的差頻是通過光電檢測器對干涉條紋的模式檢測得到的，方程(4.2.12)是理想的環形激光陀螺方程。量 $4A/L\lambda$ 是理想的標度因數，常用 S 表示。激光陀螺是一個速率積分陀螺(當觀測相移的頻率差時，激光陀螺也可看做速率陀螺)，即轉過一個角度給出一個計數 N。所以，式(4.2.12)兩邊經時間 t 積分，有

$$\int_{t_1}^{t_2} \Delta f \mathrm{d}t = S\int_{t_1}^{t_2} \Omega \mathrm{d}t$$

$$N = S\theta \tag{4.2.13}$$

式中　N—— 在測量時間内總的相移或差頻(脉冲)數；

θ—— 相對慣性空間總的轉角。

由于在工程上頻差的測試易于實現，所以有源環形激光干涉儀的理論是實現激光陀螺的基礎。

4.3　環形激光陀螺儀

一、環形激光陀螺儀的構成

一般來説，激光陀螺的實體是一個三角形的或正方形的充滿氣體的腔體，其中傳播相向運動的受激光波。在這種情况下，人們稱其爲兩狀態(Two Mode)、連續波的有源激光陀螺。如果激發的介質是在腔體之外，像光纖陀螺那樣，就稱其爲無源激光陀螺。圖 4.4 給出一個三角形環形激光陀螺儀的結構示意圖。主要由環形諧振腔體、反射鏡、增益介質和讀出機構相關的電子

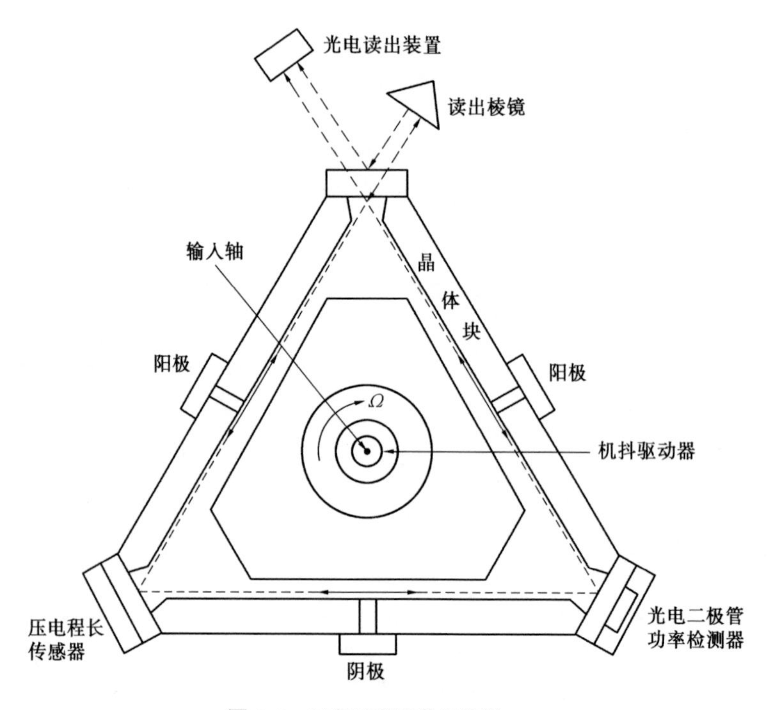

圖 4.4　三角形環形激光陀螺

綫路組成。在環型腔内充有按一定比例配制的 He－Ne 增益介質，保證連續激光的產生，三個光學平面反射鏡形成閉合光路(環型激光諧振器)，由光電二極管組成的光電讀出電路可以檢測相向運行的兩束光的光程差。順時針和逆時針兩束光的光程差 ΔL 爲

$$\Delta L = (4A/c)\Omega \tag{4.3.1}$$

式中　A—— 設計的光路環繞的面積，它垂直于角速度 Ω；

　　　c—— 在真空中的光速。

激光陀螺在諧振狀態的頻率的部分偏移比($\Delta f/f$) 等于光程長度的變化的比($\Delta L/L$)，如方程式(4.2.11)。描述旋轉光束頻率差的公式爲

$$\Delta f = (4A/L\lambda)\Omega = S\Omega \tag{4.3.2}$$

式中　L—— 腔長；

　　　λ—— 波長。

上式中 L 和 λ 均爲已知量。上式説明，通過測量 Δf 即可測量 Ω，這是理想的激光陀螺的方程式。即在理想的激光陀螺中，輸出差頻比例于輸入角速率，其比例系數 S 稱爲標度因數(刻度系數)，也有資料稱爲激光陀螺的靈敏度系數，主要由激光陀螺的結構確定。

下面對幾個問題做進一步的討論。

1. 激光陀螺腔體形狀的確定

公式 $S = 4A/L\lambda$ 是激光陀螺靈敏度表達式，增大面積 A，或同時減小波長 λ 或光路長 L 可以提高標度因數。激光陀螺的腔體主要有三角形和方形兩種結構形式，他們的標度因數可以如下計算。

(1) 三角形環形激光陀螺

設每一邊長爲 a，那么

$$a = L/3$$

等邊三角形的面積是

$$A = L^2/20.785$$

有

$$S = \frac{4A}{L\lambda} = \frac{1}{\lambda}\left(\frac{L}{3\sqrt{3}}\right) \tag{4.3.3}$$

(2) 正方形環形激光陀螺

設每一邊長是 $L/4$，則面積是 $A = L^2/16$，有

$$S = \frac{4A}{L\lambda} = \frac{1}{\lambda}\left(\frac{L}{4}\right) \tag{4.3.4}$$

可見在光路長度 L 給定的條件下，方形激光陀螺它所包圍的面積比三角形的大，所以它的標度因數要高于同等長度光路的三角形環形激光陀螺。

氦 – 氖環形激光陀螺(RLG) 可以工作在兩個波長：0.632 8 μm 和 1.15 μm，工作頻率取決于反射鏡和光路的長度。兩個相向傳播的光波將形成駐波，每一個光波必需滿足于如下的條件，即環路是波長的整數倍 N，所以較短的波長有較大的分辨率，也就是有較高的精度，較長的波長對于一個給定長度的增益介質提供了較大的增益。這樣，較短波長有希望用于大量的較精確的激光陀螺。

上述標度因數的量綱表示爲角秒 / 脉冲，例如，Sperry 的 SLG – 15 激光陀螺標度因數是3.5 角秒 / 脉冲。

2. 激光陀螺腔體

將討論三角形環形激光陀螺，大多數環形激光陀螺的設計采用整體式，在玻璃體上鑽孔，提供激光陀螺光束的光路。常用的材料是零膨脹系數的石英玻璃體或特殊制造的陶瓷玻璃，腔體材料必須具有特别的性質，一是要有很小的温度膨脹系數，以減小回路長度的壓電控制的控制量，即降低温度靈敏度。二是用整體材料制作的激光陀螺具有的另一個特性是對氦氣不滲透。當然，加工的難易性、成本等也是要考慮的。

反射鏡的平面要加工得平滑和有正確的角度，然后是安裝電極和對于腔體中的孔充以增益介質。在另外一種環形激光陀螺設計中，采用一個分離的激光發射管和一個整體的腔體。即增益介質放在一個分離的增益管中，而增益管被放置在腔體中的兩個反射鏡之間。這種模式設

計的環形激光陀螺體積要大于一個整體式的環形激光陀螺。

3. 反射鏡

反射鏡是環形激光陀螺最重要的部件，它的作用就是無損失的、準確改變光在光路中的運行方向，需要特殊的工藝和設計，一般的三角形激光陀螺應用 3 個反射鏡，反射鏡的數量由設計折中考慮。無論如何設計，反射鏡一般都放在光同腔體接觸的位置，構成一個無應力、密封的腔體。由于表面不光滑和制造的光模特性不一致性將引起光的散射，由于吸收和傳遞，每一個反射鏡都引起部分激光能量的損失，即部分激光能量被散射掉了，導致鎖定。

4. 增益介質

應用在大多數 RLG 中的增益介質是一個高純度的氦(^3He) 的三重混合物和兩個氖的同位素(^{20}Ne 和^{22}Ne) 在適當的壓力下以一定的比例混合形成的混合物，增益介質充滿諧振腔，它的作用一是確保在腔內產生激光，二是向腔內諧振狀態提供增益，使其保持諧振狀態。

5. 讀出機構

爲了敏感兩個相向激光束之間的頻率差，兩個激光束從反射鏡出來后，利用五棱鏡使它們幾乎平行，導致一個叉指模式，可由光電檢測器檢測。如果激光陀螺旋轉，叉指在檢測器上移動。光電檢測器利用外差技術敏感兩個光學頻率的差頻，即記録叉指。叉指模式在一個方向上的移動大小由兩個激光束頻率的相對幅值確定。當圓環順時針旋轉時叉指向一個方向移動，而當圓環旋轉方向相反時其叉指模式也相反。叉指數是角位移的測量，這個值被轉換爲數字輸出，輸出的脉冲速率比例于輸入角速率，累積的脉冲數就是陀螺相對參考點變化的測量。

6. 激光陀螺的電路部分

主要由放電電流控制、路徑長度控制、抖動驅動和讀出放大與方向判定等部分組成。整體式三角形 RLG 的設計有兩個陽極和一個陰極，在兩個陽極和陰極之間加上對稱的直流高壓以使其啓動放電。在放電啓動后，由電流控制電路解調。一個控制電路完成激光束路徑長度的控制。一個壓電傳感器附加在一個反射鏡上，在環境溫度變化時保持環路長度是常值。因爲在光路長度上的任何變化，都相當于標度因數和零點穩定性的變化，導致整個敏感器的精度變化。環型激光陀螺采用抖動技術可以改善性能，因爲産生的旋轉偏置可以使陀螺工作在死區之外。在本質上，偏置是由正弦振動組成，陀螺本體在 100 ~ 500 Hz 之間的設計頻率抖動。每一個抖動周期偏置的平均值爲零，導致最大的綫性工作範圍。抖動的頻率和幅值可以使激光陀螺敏感很低的角輸入速率。産生的偏置要從輸出中減去。抖動必須是對稱的，否則産生誤差。此外有一個邏輯電路用于判斷輸出的脉冲數是正比于順時針或逆時針旋轉。

二、激光陀螺的誤差源

在設計一個 RLG 時，主要應考慮如下三個誤差源：零偏；鎖定；標度因數誤差。這些誤差源在圖 4.5 給予説明。不加抖動的 RLG 的所有研究都顯示出在低旋轉速率的情况下，式(4.2.12)的綫性關系不成立。下面討論這些誤差源。

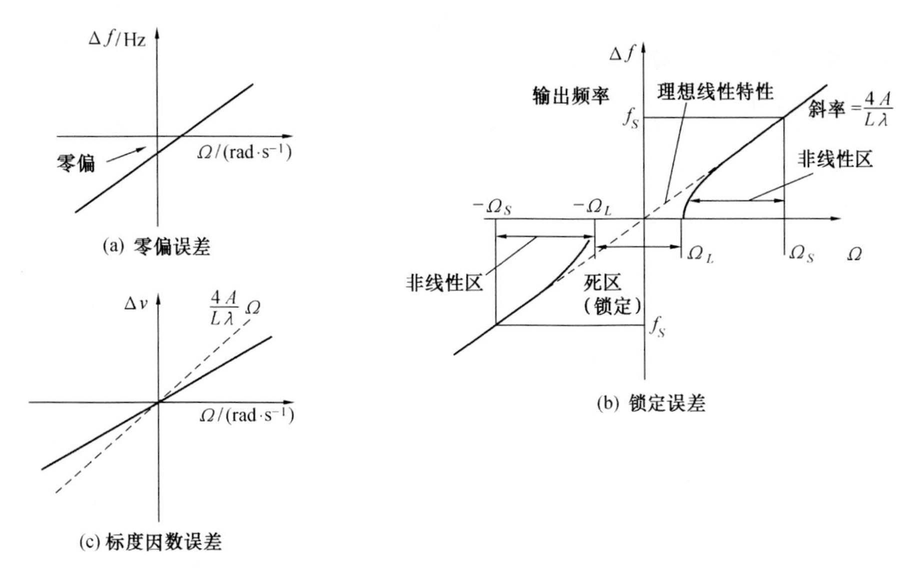

圖 4.5　激光陀螺的主要誤差源

1.零偏(Null Shift)

一個激光陀螺出現零偏就是說在一個零旋轉速率下有一個非零的頻率差輸出。當光路對于相向運動的光波是各向异性時就出現零偏。原因可以歸屬于兩束光反射的性能指標不一致性;爲避免鎖定而加入的"機抖"幅值的不對稱性;有源介質流的溫度梯度和電流差;以及各向异常的不規則的色散效應和原子流可以産生零偏。

2.鎖定(Lock-in)

激光陀螺在小角速度輸入下存在死區的現象稱爲鎖定。鎖定現象的最重要的結果是標度因數是旋轉速率 Ω 的函數,在激光陀螺中,相向運動的兩束光在低轉速情況下存在耦合,主要是由不完善的反射鏡引起的。進一步說,反向散射,局部損壞和極化的各向异常引起狀態的頻率鎖定在低旋轉速率。即,鎖定是死區,對于小于 Ω_L 的角速率其輸出是零。在數學上,頻率差 Δf 可以表示爲

$$\Delta f = \begin{cases} 0 & \Omega^2 \leqslant \Omega_L^2 \\ (4A/L\lambda)\sqrt{\Omega^2 - \Omega_L^2} & \Omega^2 > \Omega_L^2 \end{cases} \tag{4.3.5}$$

鎖定的典型值是大約 0.1(°)/s。爲了避免前面提到的鎖定問題,在兩頻的激光陀螺中,一般用偏置法保持陀螺在鎖定區的輸出:磁光(在相反的兩束旋轉光束之間有非互易的相移産生)偏置或 Kerr 效應;機械抖動,它是一個正弦的,對稱的信號,相對于零輸入速度是交變的偏置,如圖 4.6 所示。抖動頻率一般爲 100 ~ 500 Hz,抖動幅值爲 ±(100 ~ 500)arcsec。

使設計的機械抖動正弦速度幅值遠遠大于陀螺的鎖定區，在加入交變抖動偏頻后，陀螺只在很短的時間内處于鎖定狀態，而大部分時間工作在鎖定區以外，因此由鎖定區帶來的誤差得到很好的控制。在工程上，還要通過加入抖動隨機噪聲的方法進一步改善陀螺的輸出特性。

3. 標度因數誤差

在激光腔内的增益介質可以影響其標度因數偏離其理想值，用 $1+\varepsilon$ 表示，ε 是其誤差項，也可分爲常值和隨機兩類誤差。主要是由增益介質參數波動和諧振腔的參數變化引起的，如傳遞光束的頻率 f 和介質的反射系數有關聯，將引起色散效應，對于 RLG，這意味光腔長 L 或標度因數是頻率的函數。對于帶"機抖"的 RLG，其鎖定區補償非綫性，環境温度的變化均引起標度因數誤差。激光陀螺的標度因數誤差是很小的，易做到 ε 小于 1×10^{-5}。

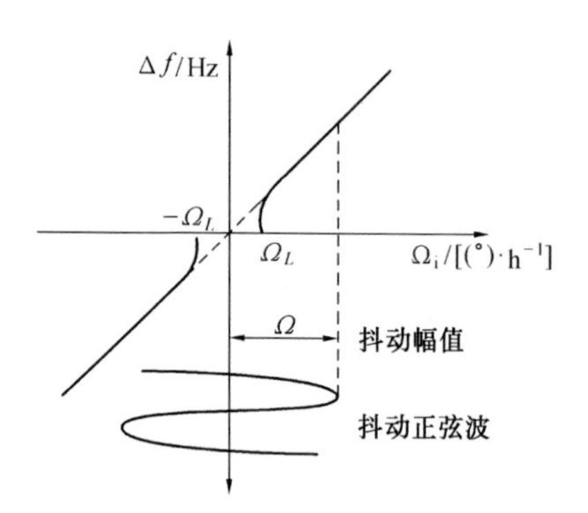

圖 4.6　抖動偏頻示意圖

4.4　光纖陀螺儀

一、基本概念

最簡結構，光纖陀螺儀的工作原理是基于 Sagnac 效應，只是在結構上用光纖代替干涉儀的環狀光路，光纖的長度則可依據陀螺的靈敏度要求而確定。圖 4.7 爲最簡結構的一個開環光纖陀螺儀原理示意圖。對其做如下幾項説明。

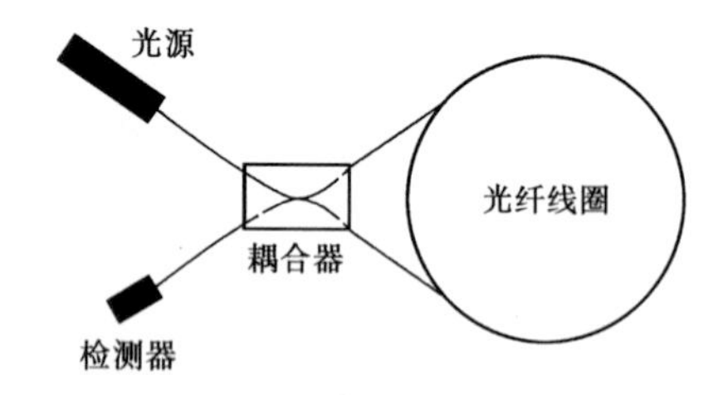

圖 4.7　光纖陀螺最簡結構原理圖

1. 光程差 ΔL

對于旋轉干涉儀光程差的基本方程式 $\Delta L=\dfrac{4A}{c}\Omega$，經過變換可以得到表達式

$$\Delta L=(Ld/c)\Omega \tag{4.4.1}$$

式中　L—— 光纖的長度，$L=nd$；

　　　d—— 光纖綫圈的直徑；

　　　n—— 光纖綫圈的圈數。

假定一個光纖陀螺的 $d=10$ cm 和 $L=1$ km，在兩種角速度輸入下，計算其光程差分別爲

速度 Ω	ΔL, cm	$\Delta L/L$
1 (°)/h	10^{-11}	10^{-13}
1 (°)/s	5×10^{-6}	5×10^{-10}

如果計及氫原子的直徑只有 10^{-8} cm,這種光程差的測量是一件非常精密的工作,因此要求 CW 和 CCW 兩束光由一個光源提供,工作模態必須完全一致,對于光路來説必須是互易的。因此,光路的互易性要求是光纖陀螺結構配置的首要要求。

2. 光路的互易性

對于光纖陀螺來説,實現光路的互易性應滿足如下條件:

①CW 和 CCW 方向傳播的兩束光應該有完全相同的光路;

②CW 和 CCW 方向傳播的兩束光應該是單模;

③CW 和 CCW 方向傳播的兩束光應該是同一偏振態。

CW 和 CCW 方向傳播的兩束光有完全相同的光路,可以確保光纖陀螺在零角速度輸入下其輸出的光程差爲零。如下配置的最簡結構光纖陀螺(圖 4.8),對于輸出端和輸入端光路的互易性存在原理上的非互易性,由光源發出的光經分束器(耦合器)反射和透射,分成兩束光,分别産生反射相移 φ_{r1} 和透射相移 φ_{i1},然后沿 CW 和 CCW 方向傳播兩束光,他們通過共同的光纖光路并産生相同的相移 φ_0。當兩束光返回分束器時,再次經過分束器的反射和透射,使兩束光到達輸入端和輸出端,分别産生相移 φ_{r2} 和 φ_{i2}(對于 CW)與相移 φ_{i2} 和 φ_{r2}(對于 CCW),兩束光在輸出端和輸入端上都可以産生干涉條紋。在理想情況下,返回到輸入端的兩束光没有光程差,而返回到輸出端的兩束光存在光程差 $2\varphi_i - 2\varphi_r$。這樣,就破壞了輸入角速度和輸出相位間的綫性關系,這是互易性不允許的,在工程上將返回到光源輸入端的兩束光再通過一個分束器引入到一個檢測器檢測,構成最簡的光纖陀螺。可以看出光纖陀螺的光路不但在原理上要實現互易性,而且在工程實現中要保證互易性的實現。

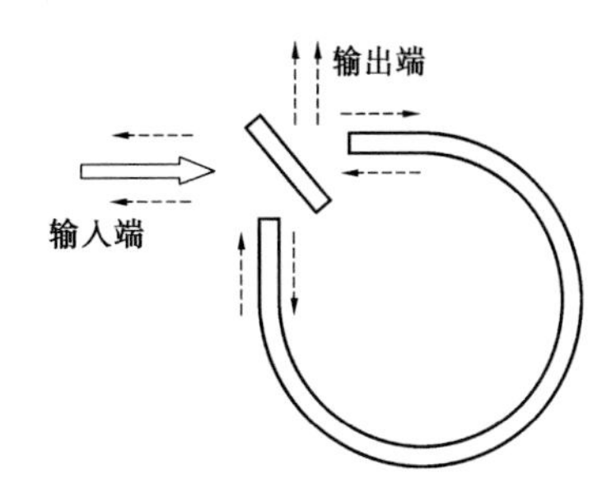

圖 4.8　輸出光路的非互易性

光在光纖中的傳播有幾種模式。傳播模式不同,光纖對所形成光路的損耗是不一致的,而且每個模式對環境波動的敏感程度也不相同。因此,在光纖陀螺光路中,沿 CW 和 CCW 方向傳播的兩束光應該是單一模式,在原理上可實現對系統的互易性工作條件的要求。光在傳播中表現爲横波,在一般的單模光纖構成的光路中,存在兩個獨立傳播的兩個正交偏振模,由于光纖結構的不對稱和受環境的影響,光的傳播呈橢圓偏振狀態,使沿 CW 和 CCW 方向傳播的兩束光互易性不能得到保證。在光路中插入偏振器,使干涉光路只導入單一的偏振光,而在出射光中也只取相同的偏振光,保證了沿 CW 和 CCW 方向傳播的兩束光爲同一偏振態。使光路的互易性得以實現。

3. 光路的靈敏度

從式(4.2.8) 和式(4.2.9) 可以看出,Sagnac 干涉儀輸出信號的干涉强度是和光程差 φ 成比例的,表現爲三角函數 $\cos\varphi$ 的函數,因此在光程差 φ 很小的情況下,干涉强度的變化量也很小,很難于測量,按式(4.2.9) 可以得出最佳靈敏度是相位差在 $\pi/2$ 處。這就要求沿 CW 和 CCW 方向傳播的兩束光的光路是非互易性的,存在 $\pi/2$ 的固定相移。這個要求可通過調制器來實現,如圖 4.9 所示爲一壓電偏置調制器。在光纖綫圈的一端使光纖纏繞在壓電棒上,通過交變電壓的控制,壓電棒的直徑伸長或縮短,使不同時間通過調制器的光獲得不同的相移,沿 CW 和 CCW 方向傳播的兩束光的光路是非互易性的。

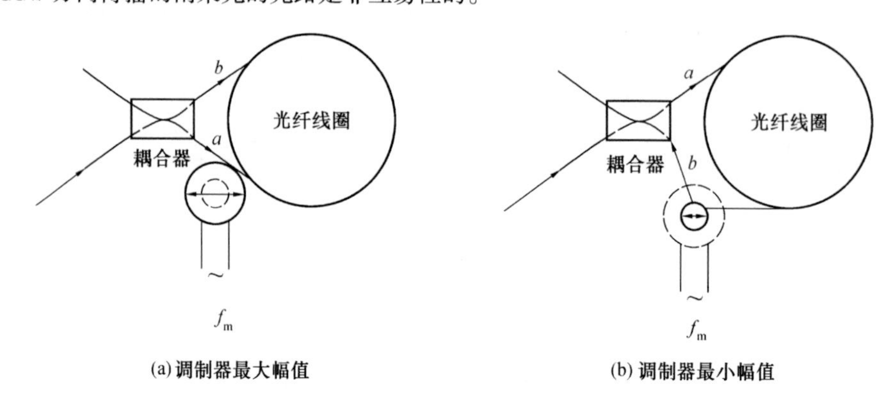

圖 4.9　壓電偏置調制器

二、干涉型光纖陀螺儀(I - FOG)

1. 光路的基本構成

直接利用 Sagnac 環狀干涉儀的結構形式,依據旋轉運動引起干涉儀中兩相向運動光束有光程差并相互干涉的現象,構成的光纖陀螺爲干涉型光纖陀螺儀。按光路有無反饋又分開環干涉型光纖陀螺儀和閉環干涉型光纖陀螺儀。開環干涉型光纖陀螺儀最簡單的結構形式如圖 4.10 所示,它是在圖 4.7 的基礎上實現的。圖 4.7 的光路滿足 Sagnac 干涉儀工作條件和光路的互易性條件,爲了提高光路的監測靈敏度,在光纖環的一端放置一個非互易的調制器,這個相位偏置措施使工作點移動 $\pi/2$ 相位,檢測靈敏度變成爲接近于綫性的正弦響應。這樣由光源、光的檢測器、耦合器(分束器)、偏振器和傳感光纖綫圈等組成開環光纖陀螺的基本結構形式。根據結構特點又可分爲全光纖陀螺和集成光學光纖陀螺。

2. 全光纖陀螺

所謂全光纖陀螺是相對分立光學元件而言,構成光纖陀螺光路的所有器件都由光纖構成,并串接在一根光纖上,即由光源到檢測器組成一個光纖閉合光路。全光纖陀螺可通過器件的高

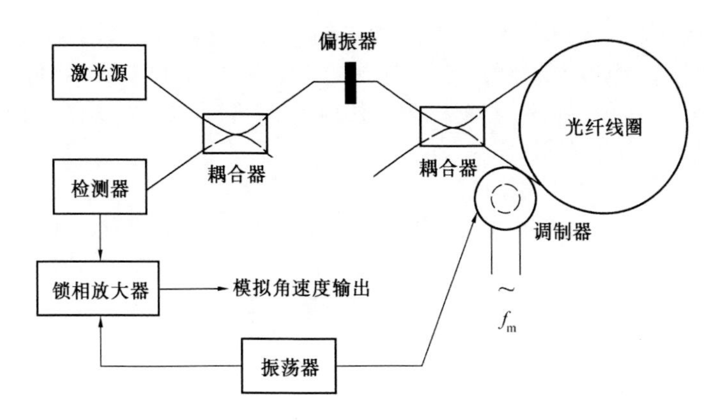

圖 4.10　開環光纖陀螺儀

性能獲得較高的整體性能，但工藝復雜難度大，需要大量的光纖焊接和耦合對準，而且目前還找不到一種綫性、寬頻帶的光纖調制器，限制了全光纖陀螺的應用範圍。

3. 集成光學光纖陀螺

光路集成化是當前干涉型光纖陀螺的發展趨勢，將光纖陀螺光路（除光源、檢測器和光纖環外）集成在一個芯片上，形成多功能光學波導芯片（MIOC），如圖 4.11 所示。該器件通過 Y 分支波導實現 1∶1 分束，形成 1∶2 耦合器 C，替代分立的光纖定向耦合器；在 Y 分支前以 Al/MgO 膜覆蓋區形成偏振器 P，替代分立的光學偏振器；在 Y 分支的兩臂上分別加調制電極，形成兩組電光相位調制器 PM_1 和 PM_2，替代分立的壓電陶瓷相位調制器，其特點是效率高、頻帶寬、頻率高。圖 4.12 給出集成光學光纖陀螺的結構示意圖。

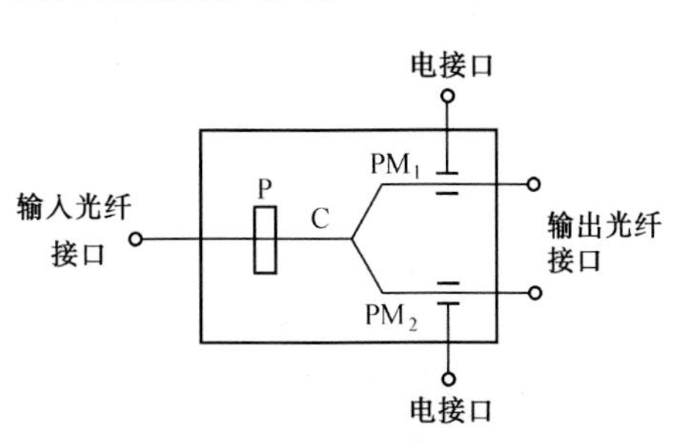

圖 4.11　MIOC 示意圖

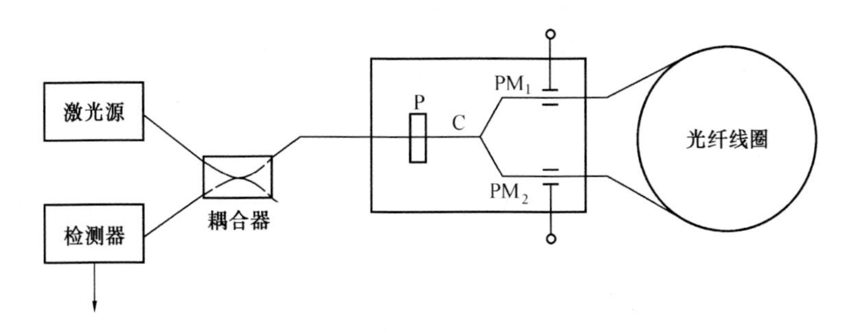

圖 4.12　集成光學光纖陀螺的結構示意圖

干涉信號的檢測干涉型光纖陀螺的信號檢測按所采用的信號處理電路的形式可分爲模擬式和數字式兩類,模擬式電路的缺點主要是,存在由于直流電壓波動和環境溫度變化引起的嚴重偏值漂移。數字式電路不但克服了模擬電路偏置漂移的缺點,宜于實現小型化和集成化,是當前光纖陀螺技術發展的趨勢。

干涉型光纖陀螺的信號檢測按檢測方式可分爲開環式和閉環式兩大類。開環式系統直接檢測干涉條紋的Sagnac相移,由于陀螺輸出響應的非綫性,因而動態範圍較窄,檢測精度低。閉環式系統(包括電路閉環方式和光路閉環方式)采取相位補償(跟踪)的方法,實時抵消Sagnac相移,使陀螺始終工作在零相位狀態,通過檢測補償相位移(多轉換爲頻移)來測量角速率,避免了陀螺輸出的非綫性,動態範圍廣,檢測精度提高。

三、諧振型光纖陀螺儀(R-FOG)

諧振型光纖陀螺的基本工作原理與環形激光陀螺相同,都是利用Sagnac效應,通過檢測旋轉非互易性造成的CW、CCW兩行波的頻率差來測量角速率。如圖4.13所示,從激光器發出的相干光通過光纖定向耦合器C_1分成兩路,分别經耦合器C_2、C_3傳輸至諧振耦合器C_4,從兩端注入光纖環形諧振腔,在光纖環形腔中形成兩相向傳播的相干光束。當諧振腔滿足諧振條件并達到穩態時,環形腔中的光强達到最大,即諧振狀態。CW和CCW兩光束的諧振頻率不同,產生頻率差Δf,即

$$\Delta f = f_{CW} - f_{CCW} = (\frac{\Delta L}{L})f = \frac{4S}{\lambda L}\Omega \qquad (4.4.2)$$

式中 S—— 環形諧振腔所包圍的面積;

L—— 環形光纖的長度;

λ—— 光波長。

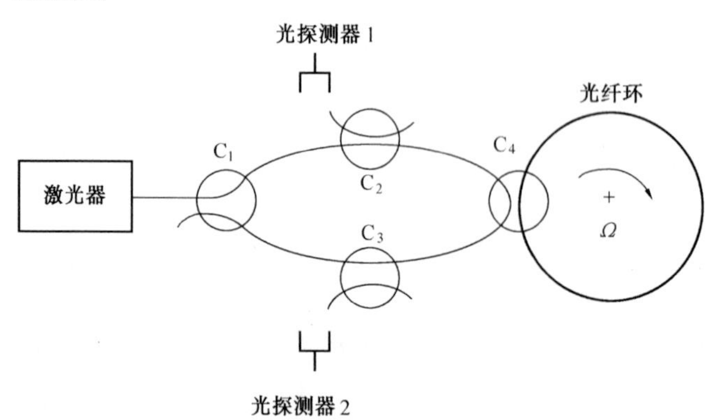

圖 4.13 R-FOG 示意圖

它們與激光陀螺的區别在于用光纖環形諧振腔替代了光學玻璃制作的諧振腔，激光源在諧振腔外，構成了一個無源的諧振腔，在原理上無閉鎖效應。目前影響諧振型光纖陀螺實用化的主要技術關鍵仍然是不能有效地克服影響其精度的各種噪聲。

4.5 激光陀螺儀漂移誤差模型

環形激光陀螺儀的漂移誤差模型和單自由度轉子陀螺儀的漂移誤差模型在結構形式上對比，只是單自由度轉子陀螺儀和質量有關的各誤差項被去掉，環形激光陀螺儀的漂移誤差模型主要由陀螺零位偏置誤差和陀螺標度因數誤差組成，在工程上這個誤差模型往往表示爲

$$\begin{aligned} \Omega_o &= \Omega_B + S[\Omega_i + \gamma_z\Omega_y - \gamma_y\Omega_z] \\ S &= 1 + \varepsilon \\ \varepsilon &= \varepsilon_0 + f(|\Omega_i|) \\ \Omega_B &= B_0 + n \end{aligned} \tag{4.5.1}$$

式中 Ω_o—— 激光陀螺輸出信號，(°)/h；

Ω_B—— 陀螺零偏誤差，(°)/h；

S—— 陀螺標度因數；

ε—— 陀螺標度因數誤差；

ε_0—— 固定的標度因數誤差；

$f(|\Omega_i|)$—— 和輸入角速率有關的非綫性誤差；

Ω_i—— 陀螺輸入角速率，(°)/h；

Ω_y,Ω_z—— 陀螺殼體垂直于輸入軸的角旋轉速率，(°)/h；

γ_y,γ_z—— 相對于正常陀螺輸入軸固定安裝平面的安裝誤差角，rad；

B_0—— 固定的偏置誤差，(°)/h；

n—— 隨機常值偏置誤差。

環境温度對光學陀螺漂移率的影響是顯著的，更爲準確的激光陀螺漂移模型則必須和環境温度有關，根據 IEEE 標準給出的考慮温度影響的激光陀螺輸出誤差模型方程爲

$$\begin{aligned} \frac{N}{\Delta t} = {} & [S_0 + S(\Omega_i) + S(T - T_0) + S(\Delta T) + S(\dot{T})]^{-1} \times \\ & [D_0 + D(T - T_0) + D(\Delta T) + D\dot{T} + D_R] \end{aligned} \tag{4.5.2}$$

式中 N——Δt 時間内激光陀螺輸出的脉冲數；

S_0—— 標度因數的標準值；

Ω_i—— 激光陀螺輸入角速度；

T—— 激光陀螺光學本體的温度；

T_0—— 參考温度；

$\dot{T}$—— 激光陀螺溫度變化率；

ΔT—— 激光陀螺外界環境和光學本體之間的溫度梯度；

$S(\Omega_i)$—— 在輸入 Ω_i 時標度因數相對于標準值 S_0 的誤差系數；

$S(T-T_0)$—— 溫度差引起的標度因數相對于標準值 S_0 的誤差系數；

$S(\Delta T)$—— 溫度梯度引起的標度因數相對于標準值的誤差系數；

$S(\dot{T})$—— 溫度變化率引起的標度因數相對于標準值的誤差系數；

D_0—— 激光陀螺漂移零位偏置誤差；

$D(T-T_0)$—— 溫度差引起的陀螺漂移角速度；

$D(\Delta T)$—— 溫度梯度引起的陀螺漂移角速度；

$D(\dot{T})$—— 溫度變化率引起的陀螺漂移角速度；

D_R—— 陀螺隨機漂移角速度。

實際上，式(4.5.2) 只給出了激光陀螺溫度模型的一種結構形式，不同使用要求的激光陀螺，其模型可適當變換。

一般來説，由溫度引起的標度因數的變化在 $10^{-6} \sim 10^{-7}$ 數量級之內，有時可將標度因數的溫度模型簡化成

$$S(T) = S_0 + S_1(T - T_0) \tag{4.5.3}$$

其中，S_1 是綫性溫度系數，其它參數定義同式(4.5.2)。

陀螺漂移溫度模型可簡化爲

$$D = D_0 + A(T - T_0) + B\dot{T}_c \tag{4.5.4}$$

式中　D—— 溫度 T 時的陀螺漂移；

T_c—— 激光陀螺外殼溫度(環境溫度)；

A、B—— 標定溫度系數。

陀螺漂移模型可進一步簡化爲

$$D = D_0 + A(T - T_0) \tag{4.5.5}$$

零偏 D_0 可以被假定爲一個常值，是系統不能補償掉的常值漂移部分，以(°)/h 表示。在大多數情況下，D_0 被假定爲隨機常值，還應該包括陀螺儀漂移逐次啓動的不重復性，一次啓動的波動量等，以零均值和標準差來表示。

光纖陀螺的漂移誤差模型在形式上和激光陀螺的漂移誤差模型是一致的，只是誤差源不同。

思　考　題

1. 簡述薩克奈克效應的基本含義是什么？
2. 簡述環形激光陀螺儀工作原理，傳遞函數。
3. 簡述環形激光陀螺儀的主要誤差源。
4. 簡述干涉型光纖陀螺的基本組成，傳遞函數。
5. 簡述激光陀螺漂移誤差模型。

第五章　慣性導航系統平臺

5.1　慣導平臺概述

慣導平臺是慣性導航系統的核心部件,它的作用是爲整個慣導系統提供載體所受比力的大小和方向,或者說,把載體所受的比力按希望的坐標系分解爲相應的比力分量,如圖 5.1 所示。爲了做到這一點,有兩種方案可行。一是捷聯方式,二是平臺方式。在捷聯方式時,加速度計直接安裝在載體上,測量沿着與載體固連的坐標系軸方向的比力。爲了要知道每一瞬間載體坐標系相對導航坐標系的方位,將已測量的沿載體坐標系的比力分量分解到導航坐標系,則必須在載體上安裝陀螺儀,通過計算機對姿態矩陣的計算,建立起載體坐標系與導航坐標系間的關系。這種陀螺儀應當能够以很高的精度在很大的測量範圍内測量載體的旋轉角速度,對某些飛行器應用,最低靈敏度爲 0.01°/h,最大測量值可達 400°/s,光學陀螺儀更適合這種工作方式。第二種辦法就是本章重點講述的平臺式方法。

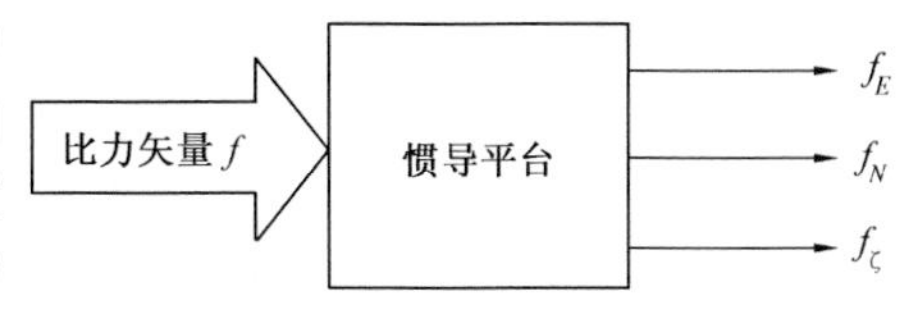

圖 5.1　慣導平臺的作用

一、平臺的構成

慣導平臺按其模擬坐標系的不同,可以分爲空間穩定平臺和跟踪平臺。前者模擬慣性坐標系,而后者模擬任一需要的導航坐標系,多數是模擬地理坐標系。慣導平臺中使用的陀螺儀可以是單自由度的,也可以是二自由度的機械轉子陀螺儀。一個空間的三軸穩定平臺需要三個單自由度陀螺儀,而使用二自由度陀螺儀時,只需要兩個陀螺儀就可以了。圖 5.2(a)所示爲用三個單自由度陀螺儀構成的三軸穩定平臺,每個陀螺敏感平臺上一個坐標軸方向的干擾力矩,通過平臺控制器産生相應力矩去抵消干擾力矩。圖 5.2(b)所示爲用兩個二自由度陀螺儀構成的三軸穩定平臺,每一個陀螺儀可以敏感平臺繞兩個坐標軸方向的轉角,而使用時只用兩個陀螺儀的三個敏感軸就可以了,通過平臺控制器産生相應力矩消除平臺的轉角,從而保證了平臺相對慣性空間的穩定。

加速度計也安裝在用于隔離載體角運動的平臺上,加速度計的敏感軸方向按所希望的坐標系方向放置,這個坐標系是由平臺上放置的陀螺儀及其穩定回路和修正回路共同來實現的。陀螺儀是敏感平臺相對慣性空間旋轉運動的敏感器,相對慣性空間建立一個三軸穩定平臺,就

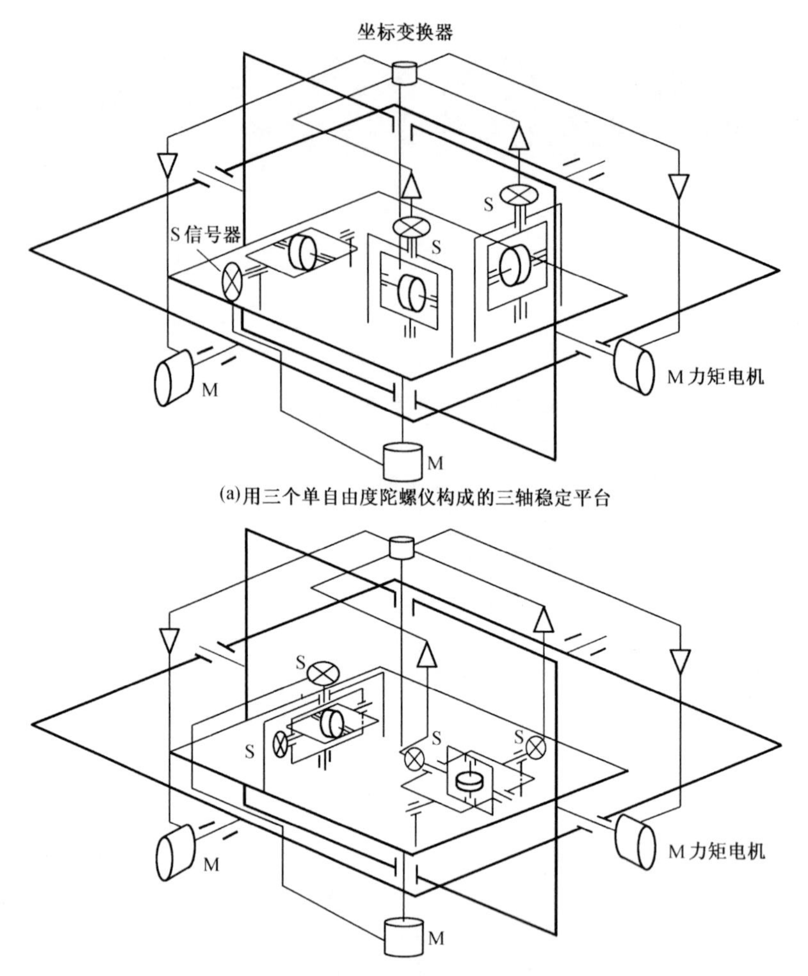

圖 5.2　三軸陀螺穩定平臺

要用三個單自由度陀螺儀,使它們的輸入軸方向互相垂直設置。或者用兩個二自由度陀螺儀,兩個陀螺儀的轉子軸方向要互相垂直設置。多余的一個敏感軸,可考慮用于修正或監控用。

爲了用陀螺儀的信號來穩定平臺體,必須有相應的穩定回路。現代平臺的設計中,只把陀螺儀作爲干擾力矩的敏感元件,而不再把它直接作爲干擾力矩的補償器。由陀螺儀穩定的平臺是相對慣性空間穩定的,保持了一個慣性坐標系。爲了得到慣導系統所需要的其它坐標系,必須在陀螺儀的力矩器中施加修正電流,比如半解析式慣導系統的修正回路的作用,可以使慣導平臺坐標系跟踪當地地理坐標系。由于慣導系統的精度要求,在載體做機動飛行或振動的環境條件下,穩定回路應該具有很好的静態或動態特性,在以后的章節我們將對其動態特性予以分析。

慣導平臺是慣導系統中的核心部件,影響位置誤差、速度誤差和方位誤差的主要因素是平臺的漂移角速度。産生平臺漂移的原因除陀螺漂移角速度而外,陀螺在臺體上的安裝誤差也是重要原因。所以,對慣性元件在平臺上的安裝也必須提出一定的要求。對于中等精度的導航系統來説,陀螺儀和加速度計敏感軸的安裝誤差不能超過幾個角分。此外,計算機與平臺的銜接也應特别注意,由于平臺跟踪地理坐標系是施加控制電流于陀螺而産生的,如果計算機輸至陀螺力矩發生器的數字電流不準確或者力矩器的綫性度不好,都將導致産生等效的陀螺漂移,亦即産生平臺漂移。在這方面,對控制陀螺的數字電流以及力矩器的綫性度一般都應有0.01%的精度要求。

慣性平臺還應盡量采取措施避免來自周圍環境以下3個方面的干擾,即電磁干擾、振動干擾、温度變化干擾。在慣導系統的工程實現上,電磁兼容、减震基座、平臺的熱平衡設計和調節都是重要的課題。高精度的慣導平臺要采用兩級到三級温控以减小温度變化的影響。

二、四平衡環系統

在一般的慣性導航系統中,在載體不做大角度機動飛行的情況時,三環式平臺就可以滿足導航的需要。所謂的三環,即由平臺臺體、内環和外環三者組成。由于平衡環系統的作用在于隔離載體運動對平臺的影響,因此,三環系統在載體上的安裝方式不同,它允許載體的最大旋轉角度是不同的,否則,它就不能起到隔離載體運動的目的,而是載體將帶着平臺一起轉動,平臺就失去了相對慣性空間的穩定性。圖5.3(a)給出一個三環式系統在導彈上安裝的情况,其外環軸安裝于導彈的俯仰軸方向。這樣安裝的平臺,允許載體在方位軸和俯仰軸方向做±360°的轉動,而在滚動軸方向只允許做小于±90°的轉動。當滚動角爲90°時,如圖5.3(b)所示,彈體將帶動外環轉動90°,使外環和中環在一個平面上,這時的慣導平臺只有兩個自由度,平衡環系統就不能隔離和平衡環面垂直的載體的轉動,平衡環的這種現象稱做平衡環的閉鎖

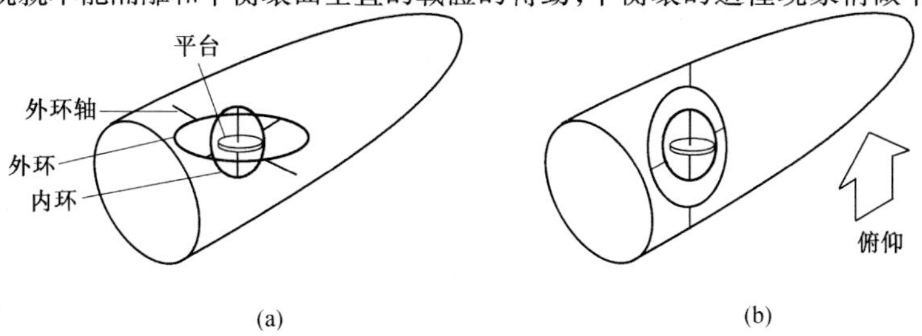

圖5.3　平衡環的閉鎖

現象。對上述的三環式平臺,當外環軸位于導彈的滚動軸時,只要當彈體俯仰角達到 90°時就出現閉鎖現象。因此,必須根據載體的運動規律來選擇三環式平臺的安裝方式,無論如何選擇安裝方式,三環式平臺在原理上總是存在有一個旋轉軸方向有閉鎖現象的可能。爲了避免這一點,則必須選用四平衡環式系統。通常,在上述安裝方式下,當載體有繞滚動軸轉動時,就必須采用四平衡環式系統。這種系統的機械編排如圖 5.4 所示,第三平衡環相對第二平衡環垂直并限定轉動在範圍之内,在第二個平衡環和第三個平衡環之間裝有角度傳感器,給出兩環間的正交性,角度傳感器和第四個平衡環的力矩電機構成隨動系統,通過第四個平衡環的轉動帶動第三個平衡環的轉動,第四個平衡環功用是任何時候都要保證第三個平衡環和第二個平衡環垂直,使慣導平臺在任何的工作條件下均能保持相對慣性空間有三個自由度,也稱爲全姿態穩定平臺。圖 5.5 對四平衡環系統的工作原理做進一步的説明。

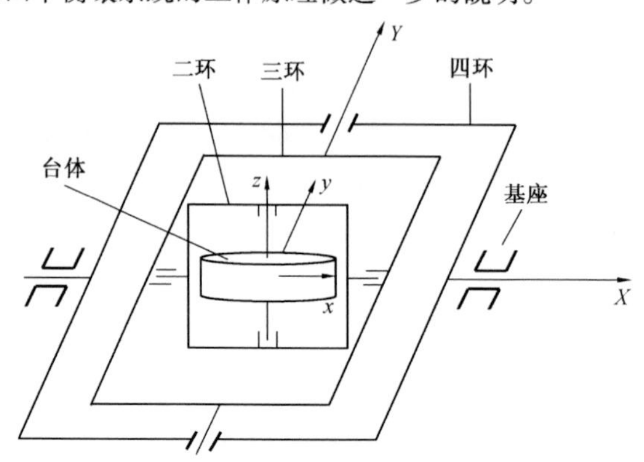

圖 5.4 全姿態穩定平臺

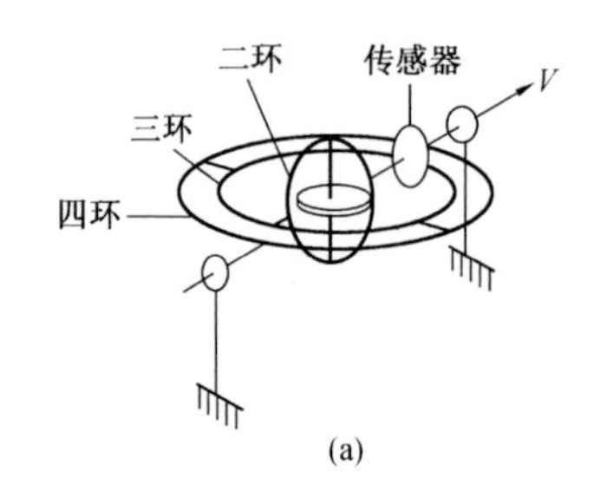

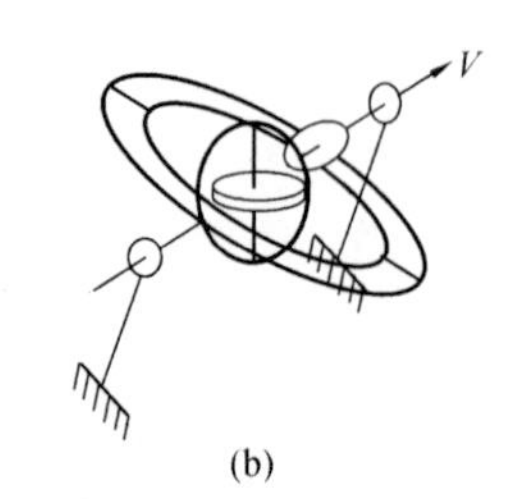

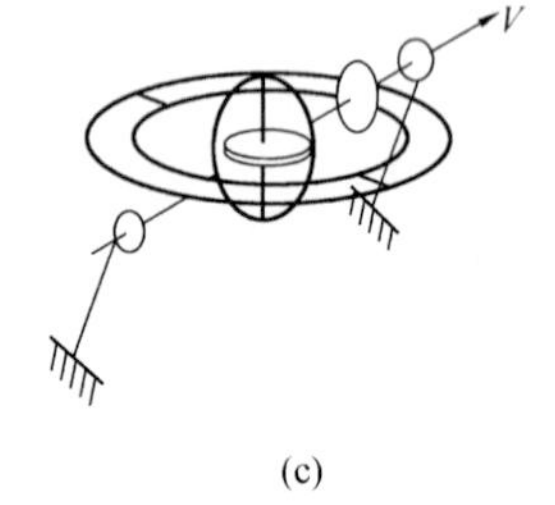

圖 5.5 四平衡環系統的工作原理

圖 5.5(a)表示直綫水平飛行情況,第二環和第三環垂直,第四環和第三環在一個平面上。這時,平臺允許載體繞三個軸任意旋轉,不會發生閉鎖現象。圖 5.5(b)表示載體繞滚動軸滚動情况下,當有一個滚動角出現時,第四環將帶動第三環隨載體一起轉動一個角度,在陀螺穩定回路的作用下,驅使第二平衡環運動保持平臺水平,第二平衡環仍保持初始垂直方向。因

此,第二環和第三環之間就不處于垂直狀態,此時,其間的角度傳感器將有信號輸出。圖 5.5(c)表示第四平衡環上的力矩電機在角度傳感器信號的作用下,帶動第四平衡環和第三平衡環轉動,使第三平衡環和第二平衡環處于垂直狀態,使角度傳感器輸出爲零。如果載體繼續滚動,上述功能繼續完成,始終保持第二環和第三環的垂直,從而達到避免平衡環閉鎖現象。但是,使用中應注意如下要求,圖 5.6 給出一個應用第四平衡環系統的例子,圖 5.6(b)爲水平飛行狀態,由于四平衡環結構,保證了平臺不存在閉鎖現象,圖 5.6(c)則爲導彈的發射狀態,即垂直發射。這時,四環平臺的工作程序仍如上述的話,平臺的穩定性將被破壞,如第二環和第三環之間的角度傳感器給出一個不垂直信號時,這時第四環的任何轉動都不能消除以上的不垂直的狀態,因第四環的轉軸和第三環的轉軸垂直,第四環將帶動第三環和第二環相對平臺一起飛轉,使平衡環系統失去穩定。爲避免上述現象發生,對垂直發射的彈體,規定發射時第四環鎖定,斷開隨動系統,成爲三環式系統。當發射后俯仰角開始小于 90°時,第四平衡環才接入。

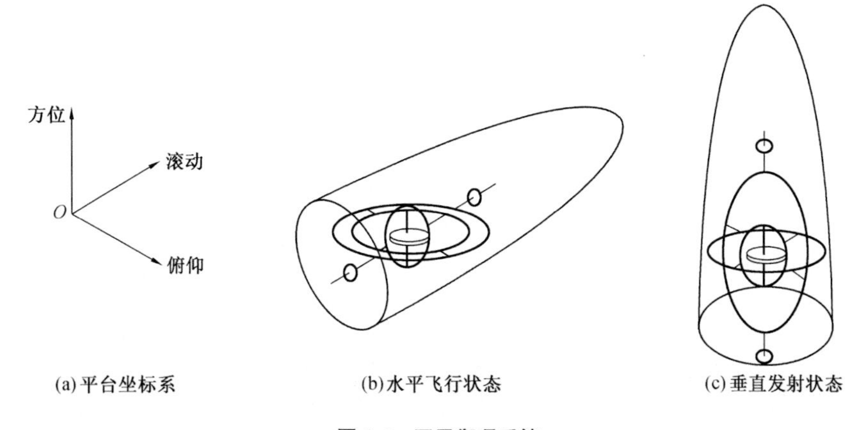

圖 5.6　四平衡環系統

5.2　用單自由度浮子積分陀螺儀組成的單軸穩定器

一、單軸穩定器(跟踪器)工作的物理過程

1. 單軸穩定器的結構

圖 5.7 給出用單自由度陀螺儀組成的單軸穩定器結構示意圖。

初始調整時,必須使陀螺儀的輸入軸 y 和平臺的穩定軸 Y 平行,保證平臺的穩定軸和陀螺的進動軸、轉子軸相互垂直。

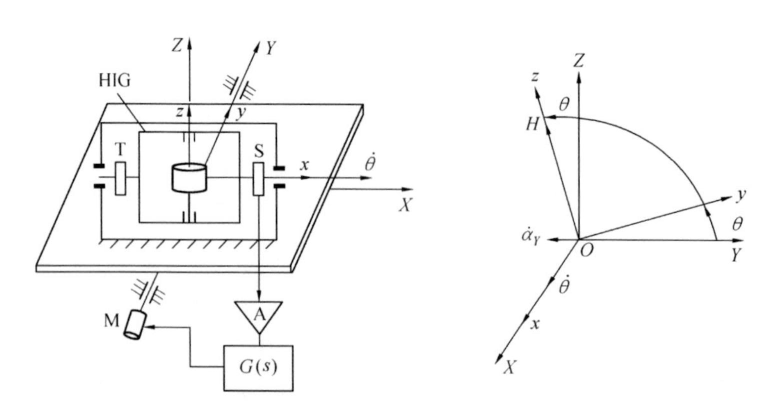

圖 5.7　浮子積分陀螺單軸穩定器結構示意圖

HIG— 浮子積分陀螺;S— 陀螺信號傳感器;T— 陀螺力矩傳感器;A— 放大器;M— 力矩電機;XYZ—平臺坐標系,Y 爲平臺穩定軸;xyz— 陀螺萊查坐標系;x— 陀螺進動軸;$\dot{\theta}$— 陀螺進動角速度

單軸穩定器工作的物理過程如下所述。

設 $\dot{\alpha}_Y$ 爲穩定軸上的常值干擾角速度,在 $\dot{\alpha}_Y$ 作用下,陀螺進動軸 x 上將出現陀螺力矩 $H\dot{\alpha}_Y$,在 $H\dot{\alpha}_Y$ 的作用下,x 軸上出現角速度 $\dot{\theta}$(浮子組合件的轉動角速度),繼而出現 θ 轉角。此時,H 進動 θ 角,信號傳感器出現電壓 V,放大后加給力矩電機 M,電機產生一個力矩,使平臺沿着穩定軸繞 $\dot{\alpha}_Y$ 反方向轉動,最后,平臺繞穩定軸方向產生一個大小與 $\dot{\alpha}_Y$ 相等,而方向相反的 $\dot{\alpha}_d$,此時進動軸上陀螺力矩消失,穩定器進入穩態工作,即沿穩定軸方向力矩電機的力矩和干擾力矩處于平衡狀態。這時的特點是角動量 H 偏離初始位置一個小角度 θ, 這個小角度 θ 即保證了使伺服電機產生 $\dot{\alpha}_d = \dot{\alpha}_Y$ 所需要的控制電壓。這一過程還可用簡明的文字趨向來説明。爲簡單計,將從干擾角速度 $\dot{\alpha}_Y$ 被加上時刻起,到穩態 $\dot{\alpha}_d = \dot{\alpha}_Y$ 止的過程,分爲 3 個時間區段來敘述。

1) 當 $t = 0^+$ 時,有

$$\dot{\alpha}_Y \to H\dot{\alpha}_Y \to \dot{\theta} \to \theta = \int_0^{0^+} \dot{\theta}\mathrm{d}t \to V \to \dot{\alpha}_d$$

2) 當 $t = t_1$ 時,有

$$\dot{\alpha}_Y - \dot{\alpha}_d > 0 \to H(\dot{\alpha}_Y - \dot{\alpha}_d)\cos\theta \downarrow \to \dot{\theta} \downarrow \to \theta \uparrow \left[\theta = \int_0^{t_1} \dot{\theta}\mathrm{d}t\right] \to V \uparrow \to \dot{\alpha}_d \uparrow$$

3) 當 $t = t_2$ 時,有

$$\dot{\alpha}_d \uparrow = \dot{\alpha}_Y \to H(\dot{\alpha}_Y - \dot{\alpha}_d)\cos\theta \downarrow = 0 \to \theta = \theta_{\max}$$

因爲 $\dot{\theta}$ 在 $0 \to t_2$ 區段内是逐漸下降到零的,在 $\dot{\theta}$ 的下降過程,$\dot{\theta}$ 的符號始終没有變,所以有

$$\theta = \int_0^{t_2} \dot{\theta}\mathrm{d}t = \theta_{\max}$$

此時 V = 常值,當由干擾力矩引起的角速度 $\dot{\alpha}_Y$ 爲常值時,$\dot{\alpha}_d = \dot{\alpha}_Y$ 得到了保證,從而系統

處于穩態工作情況。

上面的分析完全是在理想情況下進行的,但描述了單軸穩定器的基本動態工作特性。顯而易見,如果在浮子積分陀螺儀的力矩器中加入適當的控制電流,則單軸穩定器便由幾何穩定工作狀態轉到空間積分工作狀態(此時叫單軸跟踪器),這種工作狀態的物理過程可以參照上述方法進行分析。它們的主要物理過程如下所述。

(1) 對 $\dot{\alpha}_Y$ 的穩定作用同單軸穩定器。

(2) 在加給控制電流 I_t 以后的工作情況。

假設系統是理想的綫性系統,并且假定 $\dot{\alpha}_Y$ 的影響已經由于它的穩定器作用而得到完全的補償。因此,在討論 I_t 的作用時,可以認爲 $\dot{\alpha}_Y = 0$。

將加入 I_t 以后的過程分爲 3 個時間段來考慮。

1) 當 $t = 0^+$ 時,有

$I_t \to K_t I_t \to \dot{\theta}$(沿 $K_t I_t$ 方向)$\to \theta \to V \to \dot{\alpha}_d$

式中　K_t—— 力矩器的標度因數。

2) 當 $t = t_1$ 時,有

$$H\dot{\alpha}_d < K_t I_t \to \dot{\theta}\downarrow \to \theta\uparrow \to V\uparrow \to \dot{\alpha}_d$$

3) 當 $t = t_2$ 時,有

$\dot{\alpha}_d\uparrow$ 到 $H\dot{\alpha}_d = K_t I_t \to \dot{\theta}\uparrow \to 0$ 而 $\theta\uparrow \to$ 常值 $\to V =$ 常值,如果我們繼續保證 I_t 不變,則穩定平臺就以

$$\dot{\alpha}_d = \frac{K_t I_t}{H} = \text{常量}$$

轉下去。

我們稱這種工作狀態爲空間積分狀態,與此對應的陀螺裝置稱爲空間跟踪器,單軸跟踪器是構成慣導平臺模擬空間任一坐標系的基本單元,如果 I_t 爲某一時間函數,則 $\dot{\alpha}_d$ 亦爲某一時間函數。

應特別指出,單軸穩定器是指平臺相對慣性空間僅僅在穩定軸 Y 的方向可以抑制其干擾轉動(干擾力矩),即能使平臺在一個軸的方向相對慣性空間穩定。而單軸跟踪器則僅僅能使平臺沿穩定軸方向相對慣性空間以某一規律旋轉。

二、單軸穩定器特性分析

爲了進一步分析單軸穩定器(單軸穩定平臺) 工作原理,畫出單軸平臺系統結構圖和單軸平臺系統方塊圖,如圖 5.8 和圖 5.9 所示。

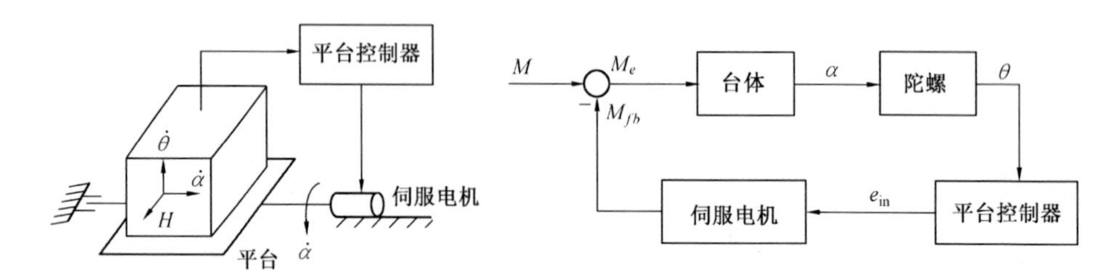

圖 5.8　單軸平臺系統結構圖　　　　**圖 5.9　單軸平臺系統功能方塊圖**

下面給出用浮子積分陀螺儀組成的單軸平臺系統運動方程式，首先列寫各環節運動方程式。

(1) 臺體運動方程式

在不考慮臺體繞穩定軸的阻尼系數和彈性約束的情況下，有

$$\alpha(s) = \frac{M_e(s)}{J_p s^2} \tag{5.2.1}$$

式中　J_p—— 臺體及其附件相對輸出軸的轉動慣量。

(2) 浮子積分陀螺儀傳遞函數

$$\frac{\theta(s)}{\alpha(s)} = \frac{H/C}{\frac{J}{C}s + 1} = \frac{Hs}{Js^2 + Cs} \tag{5.2.2}$$

(3) 平臺控制器傳遞函數爲系統待選定的參數，設

$$\frac{e_{\text{in}}(s)}{\theta(s)} = G(s) \tag{5.2.3}$$

在 $s = 0$ 時，$G(s) = C_1$。

(4) 直流力矩電機傳遞函數

在實際應用中，可認爲是一非周期環節

$$\frac{M_{fb}(s)}{e_{\text{in}}(s)} = \frac{C_2}{\tau s + 1} \tag{5.2.4}$$

考慮到浮子積分陀螺儀的陀螺效應，以及引起陀螺漂移的干擾力矩，可忽略力矩電機中的反電勢效應。系統的方塊圖可由圖 5.10 給出。

在第三章我們給出用于捷聯慣導系統浮子積分陀螺的一組參數，對于平臺系統用浮子積分陀螺的時間常數 J/C 爲毫秒級。對于平臺系統所用直流力矩馬達，已采用永磁式馬達，在一般工程應用旋轉速率下，馬達的反電勢可以忽略，馬達的傳遞函數還可進一步簡化。

我們對系統做如下分析。

1. 設 $M_{fx} = 0$，M_{fY} 或 M_Y 不等于零。

由圖 5.10 可簡化爲圖 5.11 的形式。

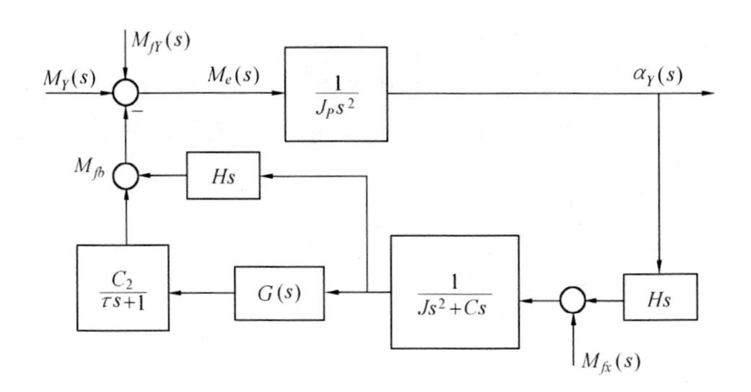

圖 5.10　單軸平臺系統方塊圖

M_Y— 由于載體的運動引起繞 Y 軸的輸入力矩；M_{fY}— 繞 Y 軸的干擾力矩；M_{fx}—繞陀螺輸出軸的干擾力矩

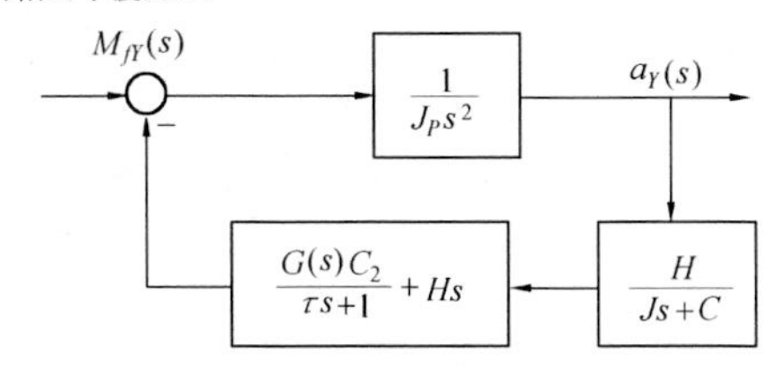

圖 5.11　單軸平臺系統方塊圖之二

從圖 5.11 可得出

$$\alpha_Y(s) = \frac{(\tau s + 1)(Js + C)}{J_pJ\tau s^4 + J_p(J + \tau C)s^3 + (J_pC + H^2\tau)s^2 + H^2s + G(S)C_2H}M_{fY}(s) \quad (5.2.5)$$

當 M_{fY} 爲階躍函數時，則系統穩態誤差爲

$$\alpha_{YS} = \frac{C}{C_1C_2H}M_{fY} \quad (5.2.6)$$

式(5.2.6) 表示了系統的静態誤差，$\frac{M_{fY}}{\alpha_{YS}}$ 的比值稱爲平臺的静態伺服剛度，它是平臺系統設計的重要參數，表示平臺給定輸入力矩和平臺偏角的比值。因此，它表示了平臺系統抗干擾的能力。

從式(5.2.6) 顯見，當 $C\downarrow$，$C_1\uparrow$，$H\uparrow$ 時，則 $\alpha_{YS}\downarrow$。實際上，由于系統中的陀螺一旦選定之后，C 和 H 就成爲系統中不可變部分，同樣，C_2 也是系統中不可變部分，爲了減小静態誤差 α_{YS}，只有使系統静態放大系數增加，這種增加并不是無限制的，必須和系統的穩定性要求一起來考慮。再一個辦法就是減小繞 Y 軸的干擾力矩 M_{fY} 值，必須使摩擦力矩(穩定軸)和不平衡力矩盡可能小。不平衡干擾主要和平臺系統重心偏離支承中心有關，因此，對穩定平臺重心的偏移必須做嚴格的限制。另外爲了避免穩定平臺在大加速度作用下，由于支承結構變形導致的不等彈性重心偏移,也必須對支架的不等剛度設計提出相應的要求。

在實際工程上,由于平臺轉角較小,不便于準確測量,往往轉向采用 M_{fY}/θ 來表示平臺的伺服剛度。由于 θ 角的大小是作爲給平臺控制器的輸入信號,所以便于測量,同時,它的相應角偏差也要比 α_Y 大 $\dfrac{H}{Js+C}$ 倍。

在正弦干擾力矩輸入下,干擾力矩和平臺相應軸輸出轉角的比值,稱爲動態伺服剛度,表示平臺在動態環境下的抗干擾能力。將式(5.2.5)中的 s 用 $j\omega$ 代入,可得有關表達式。可以看出動態剛度幅值將明顯地依賴于平臺軸的轉動慣量 J_p,當 J_p 值小時,對應的動態伺服剛度值就小。對于三軸平臺系統,由于方位軸的轉動慣量小于其它兩個軸,受此影響,三個軸的靜態伺服剛度是不一致的。典型產品在方位軸上有 10′ ~ 20′ 的靜態誤差,而在俯仰和滾動軸方向上可以做到幾個角秒。

帶寬是平臺控制系統設計的另一個重要指標,它和平臺系統的伺服剛度有密切聯系。習慣于用 Bode 圖來綜合系統參數的設計人員,往往用系統開環對數幅頻特性的交接頻率 ω_c 來代替帶寬。在忽略陀螺反作用力矩的情況下,從圖 5.11 可以看出,系統的開環傳遞函數由兩個積分環節和兩個非周期環節組成,由于 τ 小于陀螺的時間常數 J/C,所以設計系統帶寬時,必須合理選擇積分陀螺儀的時間常數。

2.陀螺儀進動軸上干擾力矩 M_{fx} 引起的穩態誤差

設圖 5.10 中的 $M_Y = M_{fY} = 0$,則系統方塊圖改畫爲圖 5.12 的形式。

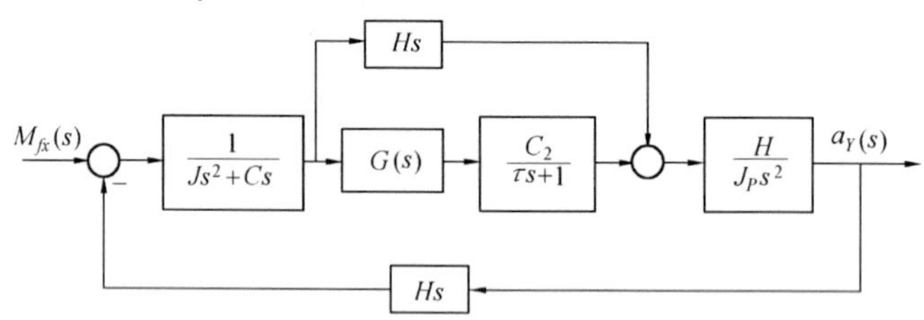

圖 5.12　單軸平臺系統方塊圖之三

從圖 5.12 可得

$$\alpha_Y(s) = \frac{G(s)C_2 + (\tau s + 1)Hs}{s[J_pJ\tau s^4 + J_p(J + C\tau)s^3 + (J_pC + H^2\tau)s^2 + H^2s + G(s)HC_2]}M_{fx}(s) \tag{5.2.7}$$

$$\dot{\alpha}_Y(s) = \frac{G(s)C_2 + (\tau s + 1)Hs}{J_pJ\tau s^4 + J_p(J + C\tau)s^3 + (J_pC + H^2\tau)s^2 + H^2s + G(s)HC_2}M_{fx}(s) \tag{5.2.8}$$

設 M_{fx} 爲階躍函數,$\dot{\alpha}_Y$ 的穩態值爲

$$\dot{\alpha}_{Ye} = \frac{M_{fx}}{H} \tag{5.2.9}$$

或者

$$\alpha_{Ye} = \frac{M_{fx}}{H}t \tag{5.2.10}$$

對于理想的穩定平臺,不管有無外加干擾力矩作用,其相對慣性空間應該是穩定的,即要求 α_Y 在 $t \to \infty$ 時,趨于零。而從式(5.2.10)可見,由于陀螺進動軸上的干擾力矩 M_{fx} 所引起的 α_{Ye} 是隨着時間而積累,這種積累誤差隨着時間的增加而達到十分嚴重的程度。式中的 $\frac{M_{fx}}{H}$ 代表陀螺的漂移角速度。所以,陀螺漂移引起了單軸穩定器的漂移,而且在數值上是相等的。

3. 穩定性分析

由于陀螺反作用力矩和穩定力矩相比差的很多,所以,在系統的實際分析中可以將其忽略不計。對于平臺用直流力矩電機的傳遞函數,也可以認爲是一個比例環節,即式(5.2.4)成爲

$$\frac{M_{fb}(s)}{e_{in}(s)} = C_2 \tag{5.2.11}$$

因此,可以將圖 5.10 簡化爲圖 5.13。

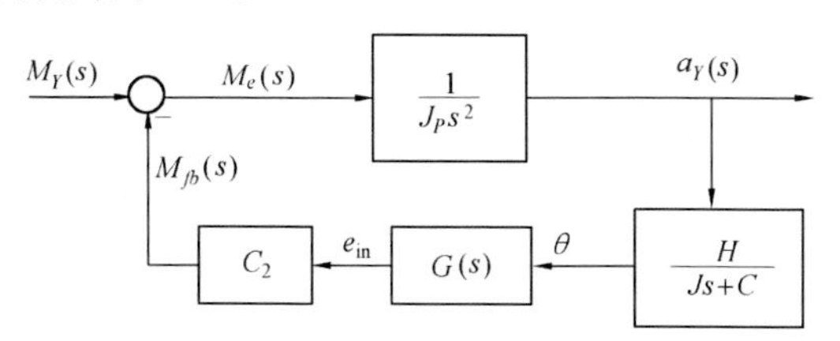

圖 5.13　單軸平臺系統方塊圖之四

從圖 5.13 可得系統開環傳遞函數爲

$$\frac{M_{fb}(s)}{M_e(s)} = \frac{C_2 H G(s)}{J_p s^2 (Js + C)} \tag{5.2.12}$$

將 $G(s) = C_1$ 代入式(5.2.12),有

$$\frac{M_{fb}(s)}{M_e(s)} = \frac{C_1 C_2 H}{J_p s^2 (Js + C)} \tag{5.2.13}$$

式(5.2.13)根軌迹的形式如圖 5.14 所示。很明顯,具有式(5.2.13)所表示的開環傳遞函數那樣的系統,在不加校正時,系統是不穩定的,因爲他們有兩個極點在原點,因此對于系統的任何 k 值都將是不穩定的。校正環節就必須認真選擇,不能簡單的假設 $G(s) = C_1$。應該增加零點,將原點上的兩個極點的根軌迹引向復平面的左側,最簡單的校正環節,可表示爲

$$\frac{e_{in}(s)}{\theta(s)} = \frac{\tau_1 s + 1}{\tau_2 s + 1} \quad (\tau_1 > \tau_2) \tag{5.2.14}$$

加校正后的系統,其根軌迹的分布如圖 5.15 所示。從圖可見在一定的 K 值(系統開環放大系數)下,系統是穩定的。該系統是一個條件穩定系統。

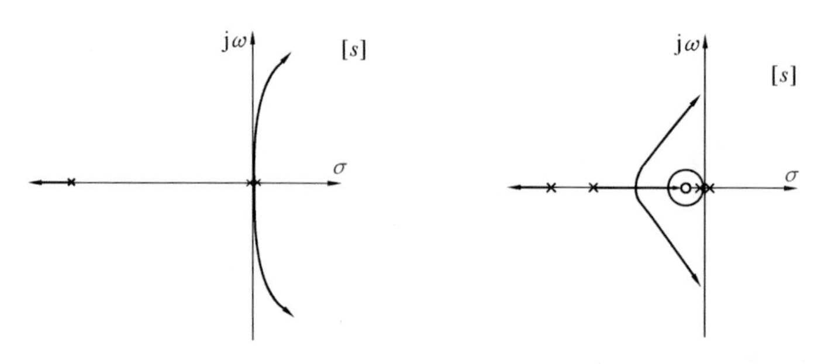

圖 5.14　未校正系統根軌迹　　　　圖 5.15　校正后系統根軌迹

5.3　用二自由度陀螺儀組成的單軸穩定器

一、單軸穩定器(跟踪器)工作原理

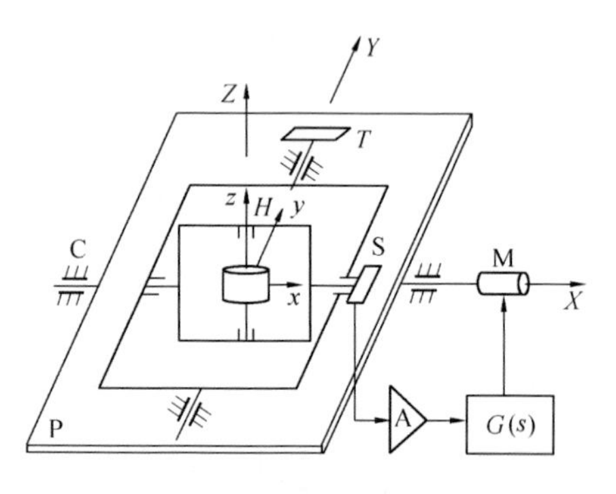

圖 5.16　單軸穩定器結構原理圖

圖 5.16 給出了用二自由度陀螺儀作爲敏感元件組成的單軸穩定器結構原理圖。圖中 C 表示飛行器載體,其上裝着單軸平臺 P,在平臺上安裝一個二自由度液浮陀螺儀,用坐標系 $OXYZ$ 來表示平臺坐標系,對應的陀螺儀坐標系用 $Oxyz$ 來表示,陀螺儀的内環軸和被穩定的平臺軸平行安放,即 Ox 平行于 OX。在陀螺的内環軸上裝有信號傳感器 S。由于二自由度陀螺儀是相對慣性空間穩定的,因此,當平臺繞 OX 軸有干擾力矩M_{fX}存在時,平臺繞 OX 軸相對慣性空間有轉角産生,也就相當于繞陀螺的内環軸有偏差角出現,陀螺内環軸上信號傳感器 S 就有信號輸出,此信號經過平臺控制器送入直流力矩電機,該力矩電機帶動平臺旋轉,消除此偏角,或達到力矩平衡,從而保證了平臺相對慣性空間繞 X 軸的穩定。據以上的叙述,可畫出單軸穩定器系統方塊圖 5.17。圖中,M_{fy} 爲陀螺外環軸上的干擾力矩,在上面的討論中,設 $M_{fy} = 0$,僅僅討論了在平臺穩定軸上存在干擾力矩 M_{fX} 的情况下的系統的穩定作用。

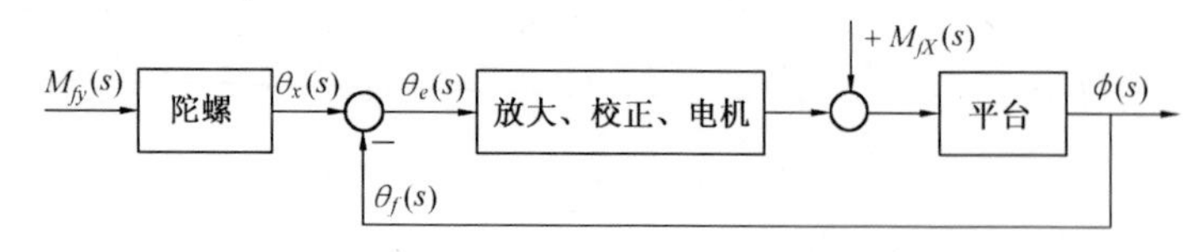

圖 5.17　單軸穩定器系統功能方塊圖

二自由度陀螺儀用做單軸穩定器的敏感元件,陀螺儀將有一個敏感軸是多余的。爲使系統正常工作,可將外環軸上信號傳感器的輸出信號,通過力反饋放大器和内環軸上的力矩器相連,形成一個力反饋回路以保證内環軸始終在平行于平臺穩定軸的方向。

單軸空間跟踪器的作用原理如下。

參看圖5.16,爲了使平臺獲得繞X軸的旋轉角速度爲ω的旋轉運動,則在陀螺y軸力矩器上附加控制電流I_T,産生相應的力矩M_{gy},在M_{gy}(等同于M_{fy})的作用下,則引起陀螺角動量H繞内環軸的進動,進動角爲

$$\theta_x = \frac{1}{H}\int M_{gy}\mathrm{d}t \tag{5.3.1}$$

平臺隨動系統要消除陀螺的上述偏差角,就必須使平臺繞平臺的穩定軸相對慣性空間轉動θ_x角(注意:平臺的穩定軸和陀螺的内環軸要始終平行),在理想情况下,平臺轉角的穩態值和陀螺轉角的穩態值相同,即

$$\theta_f = \theta_x = \frac{1}{H}\int M_{gy}\mathrm{d}t \tag{5.3.2}$$

設

$$M_{gy} = K\omega$$

式中　K— 比例系數;

　　ω—— 要求的平臺跟踪角速度。

則平臺的轉動角速度爲

$$\frac{\mathrm{d}\theta_f}{\mathrm{d}t} = \frac{\mathrm{d}\theta_x}{\mathrm{d}t} = \frac{K}{H}\omega \tag{5.3.3}$$

當取$K/H = 1$時,有

$$\frac{\mathrm{d}\theta_f}{\mathrm{d}t} = \dot{\phi} = \omega \tag{5.3.4}$$

即平臺做到了按要求的角速度ω旋轉。

如果上邊討論過的控制力矩M_{gy}不是由控制電流I_T産生的,而是陀螺外環軸上的干擾力矩的話,角動量H同樣引起繞内環軸的進動,即陀螺有了繞内環軸的漂移角速度,平臺也同樣會引起轉角θ_f,從式(5.3.2)可見,這個轉角隨着時間的增加逐漸積累,我們把它稱爲平臺的漂移。

從上邊的分析可知,不論用單自由度陀螺儀或者用二自由度陀螺儀組成的穩定平臺(跟踪平臺),陀螺漂移角速度都將引起平臺的漂移。因此,在穩定平臺(跟踪平臺)設計中,對陀螺的漂移角速度是應該有一定限制的。

另外,采用框架式二自由度陀螺儀作爲單軸穩定器的敏感元件時,如選擇它的外環軸和穩定軸相平行,則對其力反饋回路的設計有較低的要求,此時,力反饋回路的功能只要滿足使陀螺的轉子軸與陀螺的外環軸基本保持垂直就可以了。

二、動特性的分析

爲了簡單起見,設平臺控制器的傳遞函數爲 $KG(s)$,在 $s = 0$ 時,$G(s) = 1$,則圖 5.17 可改畫成圖 5.18 的方塊圖。

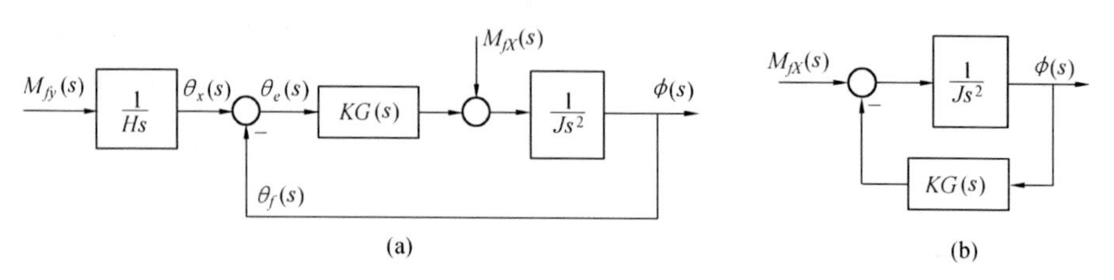

圖 5.18　單軸平臺系統方塊圖

很明顯,從圖 5.18(b) 可見,系統在不加校正的情況下是不穩定的,這是一個典型二階系統。對于一個二階系統來説,它的閉環系統幅頻特性如圖 5.19 所示,當輸入的信號頻率很低時,即 $\omega \ll \omega_0$ 時,系統的放大系數等于静態放大系數。當 $\omega = \omega_0$ 時産生諧振,出現很大的超調。而當 ω 很大時,即 $\omega \gg \omega_0$ 時,系統的放大系數接近于零,系統對高頻輸入不反應或反應很弱。根據這個概念,我們分析一下作用在陀螺儀上的干擾力矩 M_{gy}、M_{gx} 和阻尼力矩 $C_y\dot{\phi}_y$、$C_x\dot{\phi}_x$ 的影響。二自由度液浮陀螺儀其結構方塊圖如圖 5.20 所示。其中 J_x、J_y 分别爲陀螺儀轉子繞陀螺内環軸和外環軸的轉動慣量,θ_x、θ_y 和 $\dot{\phi}_X$、$\dot{\phi}_Y$ 仍爲陀螺儀的進動角度和平臺(或陀螺儀的殼體) 的轉動角度。

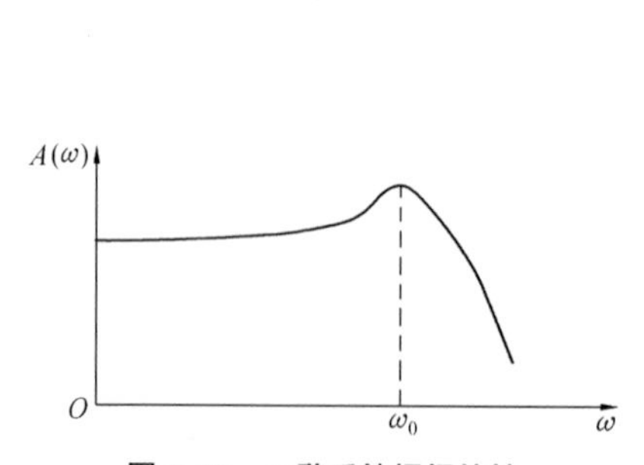

圖 5.19　二階系統幅頻特性

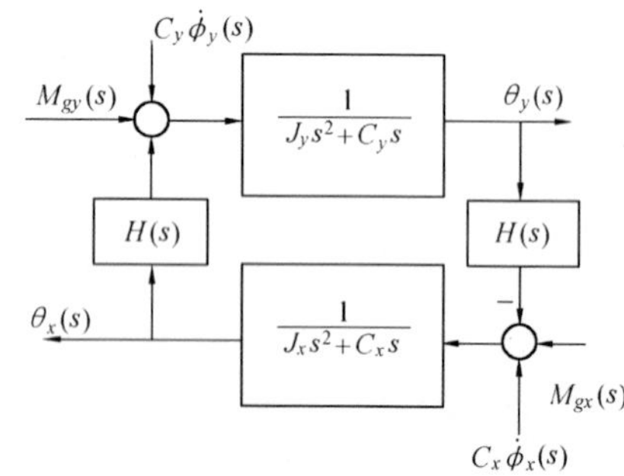

圖 5.20　二自由度液浮陀螺儀方塊圖

爲簡單計,設 $\dot{\phi}_Y = 0, M_{gy} = 0$,按圖 5.20 可以寫出陀螺儀的運動方程式爲

$$\theta_x(s) = \frac{(J_ys + C_y)[C_xs\phi_X(s) + M_{gx}(s)]}{J_xJ_ys\left[s^2 + \frac{J_xC_y + J_yC_x}{J_xJ_y}s + \frac{C_xC_y + H^2}{J_xJ_y}\right]} \tag{5.3.5}$$

其特征方程式爲

$$s^2 + \frac{J_x C_y + J_y C_x}{J_x J_y} s + \frac{C_x C_y + H^2}{J_x J_y} = 0 \tag{5.3.6}$$

可以看出,其振蕩頻率爲

$$\omega = \sqrt{\frac{C_x C_y + H^2}{J_x J_y}} \tag{5.3.7}$$

代表了陀螺的高頻衰減振蕩,對于二自由度陀螺來説,這個振蕩頻率即爲章動頻率。

對于一般應用的二自由度陀螺儀,陀螺的質量大部分都集中在陀螺轉子及内環上,爲了估算無阻尼自振蕩頻率 ω,可認爲如下等式成立,即

$$J_x \approx J_y \approx 1.5J$$
$$C_x \approx C_y \approx 0$$

代入式(5.3.7),得

$$\omega = \frac{J\Omega}{1.5J} = 0.66\Omega \tag{5.3.8}$$

當自轉角速度 Ω 取爲 24 000 r/min,$f = 267$ Hz。

實際應用的二階系統,通頻帶的寬度一般不超過十幾赫兹。顯然滿足 $\omega \gg \omega_0$ 的條件,即平臺系統不反應陀螺儀的章動運動。因此,在研究平臺系統的運動時,不必考慮陀螺儀章動的影響。而且,由于二自由度液浮陀螺儀的阻尼系數很小,由此引起的阻尼力矩也不必考慮。因此,二自由度陀螺儀的 x 軸和 y 軸之間相互解耦,可將其作爲兩個獨立的角度傳感器通道來考慮,即

$$\begin{aligned} e_x &= K_x \phi_x \\ e_y &= K_y \phi_y \end{aligned} \tag{5.3.9}$$

式中 e_x, e_y—— 分别是 x 軸和 y 軸陀螺儀信號傳感器輸出的電壓;

K_x, K_y—— 分别是 x 軸和 y 軸陀螺儀信號傳感器標度因數;

ϕ_x, ϕ_y—— 分别是沿 x 軸和 y 軸陀螺儀輸入的角度,等效于 ϕ_X 和 ϕ_Y。

二自由度陀螺儀經上述解耦后,其運動方程式可簡化爲

$$\begin{aligned} H\dot{\theta}_x &= M_y \\ -H\dot{\theta}_y &= M_x \end{aligned} \tag{5.3.10}$$

這樣,系統的方塊圖就可以簡化成圖 5.18(b) 來分析。

爲了使系統穩定和減少穩態誤差以及改善這類系統的動特性,往往采用如下類型的RC有源或無源校正裝置,這類無源校正網絡電路圖及傳遞函數爲

$$G(s) = \frac{(1 + \tau_1 s)(1 + \tau_2 s)}{(1 + T_1 s)(1 + T_2 s)} \tag{5.3.11}$$

圖 5.21 則給出與其對應的開環對數幅頻特性圖。從開環對數幅頻特性圖可見,在低頻時,

相當于一個積分環節消除靜態誤差，在較高頻率時，相當于一個微分環節增强信號使系統得到穩定。這種校正裝置在$\omega \to 0$和$\omega \to \infty$時，信號均不會受到削弱。從幅頻特性看出，在ω從$\frac{1}{T_1}$到$\frac{1}{T_2}$頻段時，對系統的放大系數有削弱。但由于這一校正裝置的引入，我們有條件把K取得較大。總的來説，放大系數還可提高不少。這一點可以從整個系統的開環傳遞函數的對數幅頻特性看出來。

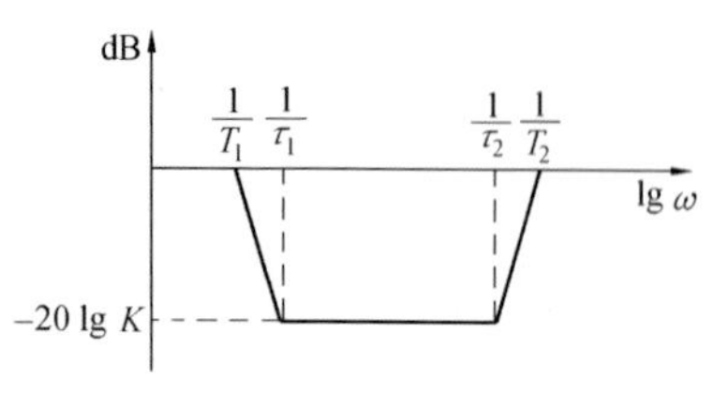

圖 5.21　對數幅頻特性

從圖 5.18(b) 可以得到系統在不加校正環節時的開環傳遞函數爲

$$W(s) = \frac{K}{J_p s^2} \tag{5.3.12}$$

圖 5.22 給出未加校正環節的系統開環對數幅頻特性，此時，$G(s) = 1$。若設

$$G(s) = \frac{(1 + \tau_1 s)(1 + \tau_2 s)}{(1 + T_1 s)(1 + T_2 s)} \tag{5.3.13}$$

則有

$$W(s) = \frac{(1 + \tau_1 s)(1 + \tau_2 s)K}{J_p s^2(1 + T_1 s)(1 + T_2 s)} \tag{5.3.14}$$

圖 5.23 給出加校正環節后的系統開環對數幅頻特性，可以看出，不論在低頻部分還是高頻部分，系統的動態特性均得到了改善，頻帶也適當地得到加寬，在截止頻率附近，是 – 20 dB，在圖 5.22 中則是 – 40 dB。所以加校正后，使系統具有較高的穩定儲備，其值一般可大于 45°。

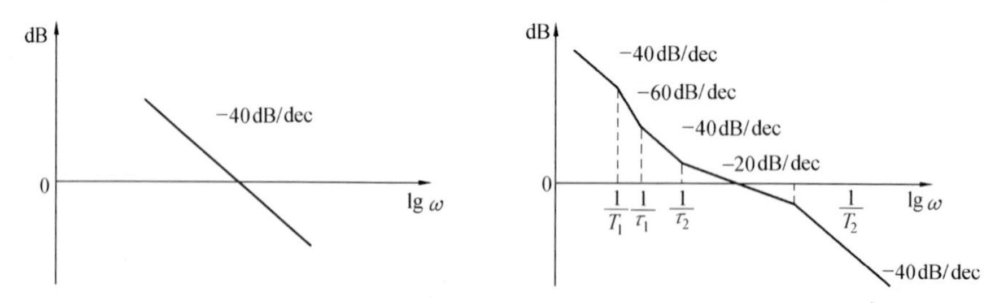

圖 5.22　未加校正環節的系統開環對數幅頻特性　圖 5.23　加校正環節后的系統開環對數幅頻特性

5.4　半解析式慣性導航系統的修正回路

上一節我們對慣導平臺動態特性的一個側面做了分析，即主要是討論了平臺的穩定作用。本節將對慣導平臺的跟踪特性進行分析，以説明慣導平臺動態特性的另一個側面，并引出舒拉調整的概念。爲了簡化分析過程和突出重點，做如下兩點假設。

1) 設飛行器的航向角 $\psi = 0$,以簡化陀螺儀的穩定回路分析,并假定飛行器無擺動運動,因而飛行器或基座的坐標系與地理坐標系重合。

2) 由于我們在采用單自由度浮子積分陀螺儀構成平臺時,陀螺的角動量比較小,所以可以忽略陀螺力矩項對最終結果的影響。平臺的偏角一般很小,因此,可以忽略三條回路之間的交叉耦合影響,從而可以簡化爲單一回路系統的分析。

一、采用單自由度浮子積分陀螺儀組成的慣導平臺

根據上述簡化假設,可將圖 5.24 中繞 Y 軸(外環軸)轉動的平臺隨動系統及東向加速度計修正信號回路作爲典型的修正回路加以分析。北向加速度計修正回路及繞 X 軸轉動的平臺隨動系統的分析方法是一致的。圖 5.24 給出東向加速度計回路的功能性説明,按照前面對回路功能的講述,考慮到圖 5.12,我們可以畫出系統的東向加速度計回路方塊圖,如圖 5.25 所示。

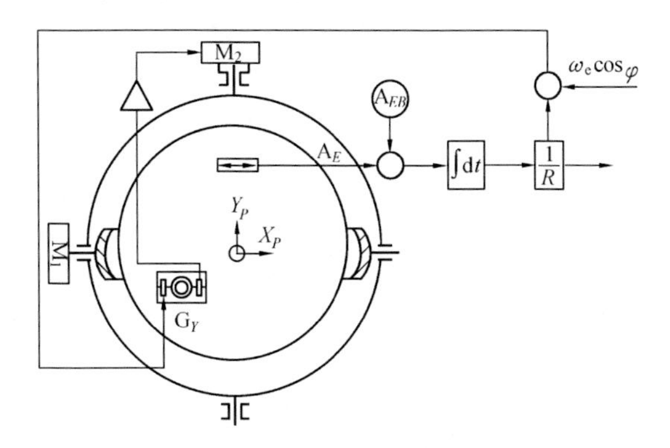

圖 5.24　東向加速度計回路示意

在圖 5.25 中,$\dot{V}_E$ 是經過有害加速度補償以后的運動對象的加速度(參看式(2.2.21)),K_a 是加速度計的傳遞系數,K_1 和 K_2 爲計算機中比例系數,K_t 爲單自由度浮子積分陀螺儀力矩器的比例系數,K_φ 爲飛行器緯度角計算的誤差系數,φ 爲飛行器所在地的地理緯度,M_f 爲作用在平臺 Y 軸上的干擾力矩。

從圖 5.24 可以看出,東向加速度計 A_E 輸出飛行器東向絶對加速度,在經過有害加速度的補償以后,得到飛行器地速分量 V_E,經過計算機計算之后,可以得到和地理坐標系北向角速度分量 $\omega_N = \dfrac{V_E}{R} + \omega_e \cos\varphi$ 成比例的電信號,通過陀螺 G_Y 和與其相應的穩定回路,使平臺繞 Y 軸相對慣性空間以角速度 ω_N 旋轉,這樣,就實現了平臺繞一根軸的跟踪作用。很明顯,在圖 5.25 中,下邊的閉環回路是保持平臺穩定的穩定回路,而上面的閉環回路就是使平臺跟踪地理坐標系的修正回路。

圖 5.25 中的 θ_N 爲地理坐標系在慣性空間繞 Y 軸轉動的角度,即牽連角速度引起的轉角。

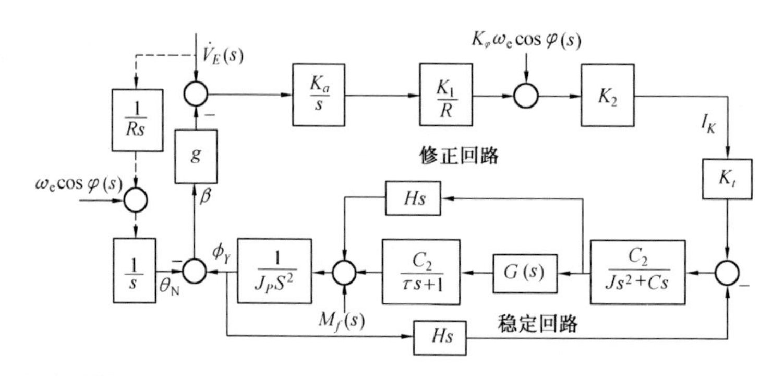

圖 5.25　東向加速度計回路方塊圖

ϕ_Y 爲平臺相對慣性空間的轉角，即絶對角速度引起的轉角。因此，β 即爲平臺相對地理坐標系繞 Y 軸的水平誤差角，即平臺繞 Y 軸相對當地水平面偏離 β 角。

平臺的運動是兩種運動合成的，第一種運動是穩定回路産生的，第二種運動是由修正回路形成的。實際上，正像下邊分析的那樣，第二種運動是不衰減的慢速振蕩。由于第一種運動是由通常的控制回路産生的，可認爲是快速的衰減運動，因此，其過渡過程僅影響第二種跟踪運動的起始特性。在研究修正回路的跟踪運動時，可以只考慮穩定回路的穩態特性，在穩態時，穩定回路的傳遞函數可簡化爲 $\frac{1}{Hs}$（參看式(5.2.9)）。因此，在研究平臺的修正回路的特性時，圖5.25可以化成圖 5.26 的形式。

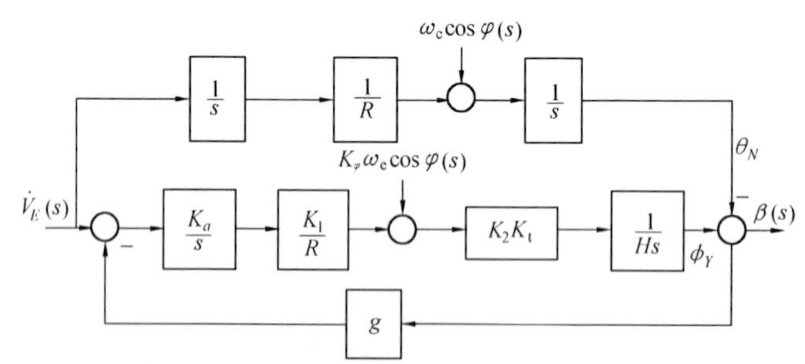

圖 5.26　東向水平回路簡化方塊圖

按圖 5.26 可以寫出系統的運動方程式爲

$$\beta(s) = \left\{[\dot{V}_E(s) - g\beta(s)]\frac{K_aK_1}{Rs} + K_\varphi\omega_e\cos\varphi(s)\right\}\frac{K_2K_t}{Hs} - \left[\dot{V}_E(s)\frac{1}{Rs} + \omega_e\cos\varphi(s)\right]\frac{1}{s} \tag{5.4.1}$$

對上式進行整理，有

$$(s^2 + \frac{K_a K_1 K_2 K_t}{HR} g)\beta(s) = \frac{K_a K_1 K_2 K_t}{HR}\dot{V}_E(s) - \frac{K_\varphi K_2 K_t - H}{H}\omega_e \cos\varphi(s) \tag{5.4.2}$$

如果選擇系統參數滿足條件

$$\begin{aligned} K_a K_1 K_2 K_t &= H \\ K_\varphi K_2 K_t &= H \end{aligned} \tag{5.4.3}$$

方程式(5.4.2) 成爲

$$(s^2 + \frac{g}{R})\beta(s) = 0 \tag{5.4.4}$$

式(5.4.2) 説明平臺偏離當地水平面誤差角 β 的大小,在系統的參數已經選定的情況下,主要取决于飛行器的東向加速度值的大小。換句話説,飛行器的加速度將要引起平臺偏離當地水平面的誤差角,而當系統的參數如式(5.4.3) 那樣設置和調整之后,平臺偏離當地水平面的誤差角 β,其特性將滿足式(5.4.4) 所給出的齊次微分方程式。表明系統消除了飛行器的加速度和地球自轉角速度對偏差角 β 的影響。

對式(5.4.4) 求解,有

$$\beta(t) = \beta_0 \cos\sqrt{\frac{g}{R}}t = \beta_0 \cos\omega_0 t \tag{5.4.5}$$

説明平臺將以振幅 β_0 和周期

$$T = 2\pi\sqrt{\frac{R}{g}} \approx 84.4 \text{ min} \tag{5.4.6}$$

繞當地水平面振蕩。如果我們在系統參數的選擇上,能够使系統的振動周期爲 84.4 min,那么,系統參數的這種調整過程就叫做舒拉調整,84.4 min 被稱爲舒拉周期。具有 84.4 min 周期的系統,在加速度的作用下,將不會産生加速度誤差,這就是舒拉調整的重要意義之所在。對于我們所研究的慣導平臺來説,只要修正回路實現了舒拉調整,從理論上講,就會出現如下情形:如果當平臺的初始位置($t = 0$時)在水平面内($\beta = 0$)時,在以后的飛行過程中,即使在加速度的作用下,平臺也不偏離當地水平面,即由于 $\beta_0 = 0$ 有 $\beta(t) = 0$,而當平臺初始位置偏離當地水平面一個 β_0 角時,那么在以后的飛行中,無論飛行器是加速或不加速飛行,平臺都將以當地水平面爲中心進行長周期的不衰减振蕩,其振蕩幅值爲 β_0,周期爲 84.4 min。有關舒拉調整的進一步説明,我們將在下節説明。

從第三節和以上的叙述,可以進一步理解慣導平臺的運動受兩種信息控制。穩定回路保持平臺相對慣性空間的穩定,這種穩定過程是很快的,可以在毫秒級時間内完成。在經過舒拉調整后的修正回路的控制下,平臺以地理坐標系相對慣性空間的旋轉角速度 ω_E、ω_N、ω_ζ 三個分量相對慣性空間旋轉,所以,平臺始終模擬當地水平面,與此同時,平臺又以振幅爲 β_0、周期爲 84.4 min 的擺動繞當地水平面運動。這就是在討論修正回路的動態特性時,可以把穩定回路簡化爲一個$\frac{1}{Hs}$ 環節的道理。

二、采用二自由度陀螺儀組成的慣導平臺

采用二自由度液浮陀螺儀組成的慣導平臺與采用單自由度浮子積分陀螺儀構成的平臺相比較,主要區别在于穩定回路的工作不同。由于二自由度陀螺儀的特性決定,在没有干擾和控制力矩作用下,陀螺的角動量相對慣性空間穩定。所以,在穩定回路中,二自由度陀螺儀作爲一個基準元件,使平臺相對慣性空間穩定,平臺通過穩定回路而跟踪陀螺,這時的穩定回路只是一個位置隨動系統。爲了説明基本特性,我們還是先研究單通道東向加速度計的回路,圖 5.27 所示爲其方塊圖(參看圖 5.18)。

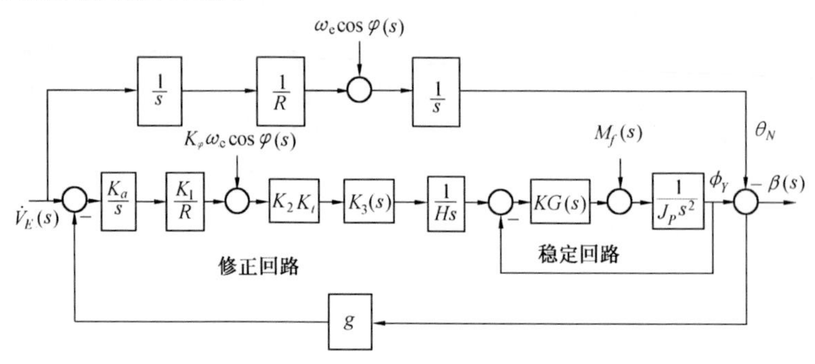

圖 5.27　二自由度陀螺平臺的東向加速度計回路

和采用單自由度陀螺的情况一樣,慣導平臺的運動也是由兩種運動合成的。我們可以按圖 5.27 推導系統運動方程式(設 $M_f = 0$),爲了討論方便,仍然設有害加速度完全被補償。

$$\left\{[\dot{V}_E(s) - g\beta(s)]\frac{K_aK_1}{Rs} + K_\varphi\omega_e\cos\varphi(s)\right\}\frac{K_2K_tK_3(s)}{Hs}\cdot\frac{KG(s)}{J_ps^2 + KG(s)} -$$

$$[\dot{V}_E(s)\frac{1}{Rs} + \omega_e\cos\varphi(s)]\frac{1}{s} = \beta(s) \tag{5.4.7}$$

整理上式,有

$$\left\{s^2\left[J_pS^2 + KG(s) + \frac{K_aK_1K_2K_tK_3(s)KG(s)g}{HR}\right]\right\}\beta(s) =$$

$$\left[\frac{K_aK_1K_2K_tK_3(s)KG(s)}{HR} - \frac{J_ps^2 + KG(s)}{R}\right]\dot{V}_E(s) +$$

$$s\left\{\frac{K_\varphi K_2K_tK_3(s)KG(s)}{H} - [J_ps^2 + KG(s)]\right\}\omega_e\cos\varphi(s) \tag{5.4.8}$$

從式(5.4.8)可以看出,如果選擇系統參數滿足條件

$$K_aK_1K_2K_t = H$$

$$K_\varphi K_2K_t = H \tag{5.4.9}$$

$$K_3(s) = \frac{J_p s^2 + KG(s)}{KG(s)}$$

即式(5.4.8) 等式右邊的兩項都爲零,則消除了飛行器運動加速度和地球自轉角速度對平臺運動的干擾,此時方程式(5.4.8) 成爲

$$(s^2 + \frac{g}{R})[J_p s^2 + KG(s)] = 0 \quad (5.4.10)$$

方程式表明平臺的運動是由兩種運動合成的,一種形式是由$(s^2 + \frac{g}{R})$ 所代表,即

$$(s^2 + \frac{g}{R})\beta(s) = 0 \quad (5.4.11)$$

顯然,這個運動具有舒拉特性,其振蕩周期爲 84.4 min,是長周期的不衰減振蕩。

第二個運動是第二個因式所代表的,即

$$[J_p s^2 + KG(s)]\beta(s) = 0 \quad (5.4.12)$$

這個運動是由平臺穩定回路的特征方程式所決定的,爲了保證穩定回路能很好地工作,通過校正環節 $KG(s)$ 的選擇,使其成爲快速的衰減運動,通常在遠少于 1 s 的時間之内就能穩定下來,因此只影響平臺跟踪特性的起始特性,而表征平臺跟踪特性的方程主要是式(5.4.11)。這種情況表明,在研究系統的修正回路時,可以忽略穩定回路的過渡過程影響。類似的原因,對加速度計、積分器等環節的過渡過程也可以不考慮,因爲這些環節的過渡過程時間也很短,只影響跟踪特性的起始特性,而在研究平臺上受到干擾力矩后的穩定特性時,則可以不考慮平臺的跟踪特性。這樣,在研究平臺的跟踪特性時就可以將穩定回路簡化爲 1,所以,$K_3(s)$ 也等于 1。因而圖 5.27 也就簡化爲圖 5.26。這時,我們對系統進行分析,將會發現采用單自由度陀螺或二自由度陀螺的慣導平臺,修正回路的特性是一致的。

5.5 舒拉調整

一、不受加速度影響的數學擺

在地面上處于静止狀態的單擺能够準確地指示當地地垂綫的方向。但是在載體上,水平加速度將使單擺擺動,偏離當地地垂綫方向。例如火車開動時,車内懸挂的單擺將向后擺動,偏離原來垂綫的方向。

圖 5.28 示出單擺在載體做加速運動時出現的偏差角 θ,加速度 a_x 越大,偏差角 θ 也越大,單擺的長度 L 越長,則偏差角 θ 越小。從圖 5.28 可以看出單擺質量 m 在加速度 a_x 的作用下,將產生繞支點 A' 的轉動力矩,使單擺產生繞 A' 的轉動運動,對于小偏差角的情況,可得出

$$J\ddot{\theta} = (ma_x)L \quad (5.5.1)$$

式中　J—— 單擺繞 A' 點的轉動慣量。

因此,單擺在加速度 a_x 的作用下,其向后擺動的角加速度 $\ddot{\theta}$ 爲

$$\ddot{\theta} = \frac{ma_xL}{J} = \frac{a_x}{L} \tag{5.5.2}$$

即由于水平加速度 a_x 的作用,使單擺偏離垂綫的角加速度 $\ddot{\theta}$ 將與 a_x 成正比,并與單擺的長度 L 成反比。

物體在加速度 a_x 的作用下,將從點 A 移動到點 B。此時,垂綫方向(或地球半徑 R 的方向)也將在慣性空間轉動一個角度 α。$R\dot{\alpha}$ 是運動物體沿地球表面的綫速度,而 $R\ddot{\alpha}$ 是運動物體沿地球表面的綫加速度,顯然

$$R\ddot{\alpha} = a_x$$

或

$$\ddot{\alpha} = \frac{a_x}{R} \tag{5.5.3}$$

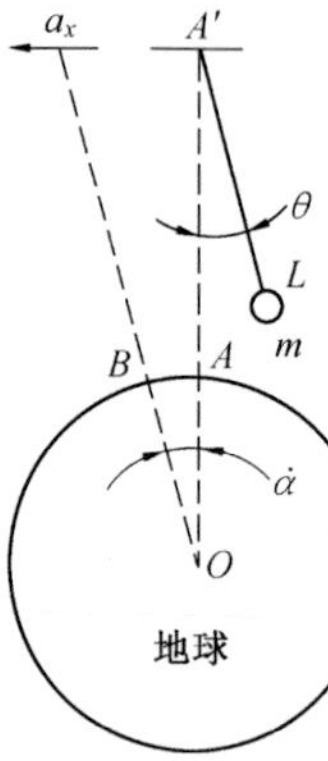

圖 5.28　加速度作用下的單擺

如果單擺相對慣性空間的角加速度 $\ddot{\theta}$ 正好等于物體運動時垂綫相對慣性空間的角加速度 $\ddot{\alpha}$,那么,經過二次積分后(初始條件爲零) 得出 $\theta = \alpha$。即在綫加速度 a_x 的作用下,單擺仍能跟踪垂綫方向的條件應當是

$$\ddot{\alpha} = \ddot{\theta} \tag{5.5.4}$$

由式(5.5.2) 和式(5.5.3) 可得

$$\frac{a_x}{L} = \frac{a_x}{R} \quad 或 \quad L = R \tag{5.5.5}$$

亦即要求單擺長度 L 應當正好等于地球半徑 R,滿足了這個條件,便可以在任一加速度 a_x 的作用下,單擺仍能跟踪垂綫。此時,單擺的周期將是

$$T = 2\pi\sqrt{\frac{R}{g}} \approx 84.4 \text{ min} \tag{5.5.6}$$

這個周期稱爲舒拉周期,可以這樣理解這個單擺,擺的質量 m 正好位于地球中心,而擺長等于地球半徑 R,這樣可以讓擺的支點 A' 在地面上任意運動,由于擺的質心總保持在地心位置,所以擺綫的方向也就總是當地垂綫的方向,不産生偏離角 θ。顯然,具有長度 L 等于地球半徑 R 的單擺,事實上是不可能實現的。1923年,當舒拉第一次提出這個條件時,把上述長度 L 等于地球半徑 R 的單擺稱爲理想的數學擺。它的重要意義在于,任何裝置只要能使它的振動周期滿足式(5.5.6),它就具有擺長等于地球半徑 R 單擺的抗干擾能力。對于系統,這種選擇參數過程稱爲舒拉調整或舒拉調諧。

二、實現舒拉調整的可能途徑

1.復擺

復擺又稱物理擺,人們對多種形式結構的復擺進行了探討,希望能够找到擺的固有振動周期爲舒拉周期的復擺。圖5.29 給出一種圓環形復擺的結構示意圖,圖中 r 表示圓環平均半徑,

m 爲圓環的質心，A' 爲復擺的支點，L 則爲質心 m 到支點 A' 的距離。設 J 爲復擺相對支點 A' 的轉動慣量，則復擺的固有擺動周期爲

$$T = 2\pi\sqrt{\frac{J}{mgL}} \tag{5.5.7}$$

設圖中 $r = 0.5$ m，則有

$$J = mr^2$$

代入式(5.5.7)，同時取 $T \approx 84.4$ min $= 5\ 064$ s，可求得

$$L = \frac{4\pi^2 r^2}{gT^2} \approx 0.04\ \mu\text{m} \tag{5.5.8}$$

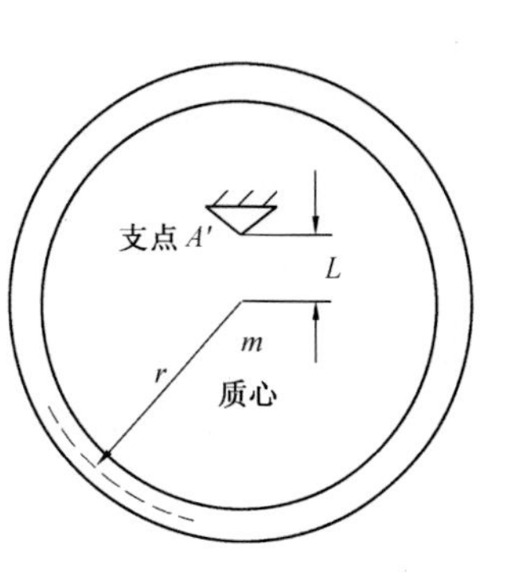

圖 5.29　圓環式復擺

從上面計算可以看出，即使圓環具有 0.5 m 的半徑，如果要做到其固有振動周期 $T = 84.4$ min，那么支點與重心間的距離必須保持爲 0.04 μm 的微小數值。在工藝上要達到這樣高的精度是難以想像的事情。因此，可以認爲，從理論上來看，實現復擺的固有振動周期爲 84.4 min 是可能的，但從工程角度來看，實現固有振動周期接近于 84.4 min 的復擺是不可能的。

2. 陀螺

陀螺擺和陀螺羅經都可以實現舒拉調整，都是由一個高速旋轉的機械轉子組成，轉子的重心和平衡環架支撑中心不重合，都具有下擺性，在重力的作用下，它們的角動量能分别自動尋找當地的地垂綫和子午面方向。我們以陀螺擺爲例加以説明，圖 5.30 給出在運動支座上的陀螺擺。設原始坐標系爲東北天方向，載體只有北向速度 V 和加速度 $\dot{V}$，$OXYZ$ 爲陀螺擺的萊查坐標系，mgL 爲陀螺擺的下擺性，不考慮摩擦力矩，可寫出陀螺擺的運動方程式爲

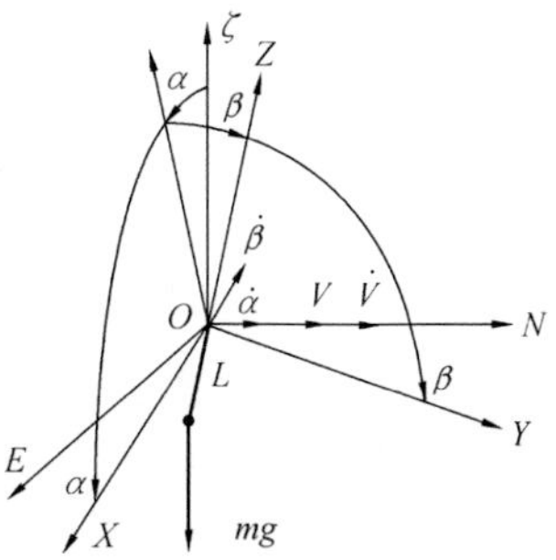

$$\begin{aligned} H(\dot{\alpha} + \omega_1) &= mgL\beta - mL\dot{V} \\ H\left(\dot{\beta} + \frac{V}{R}\right) &= -\ mgla \end{aligned} \tag{5.5.9}$$

圖 5.30　在活動支座上的陀螺擺

式中的 $\omega_1 = \omega_e \cos\varphi$，且設陀螺擺的固有振動周期用 ω_0 表示，其表達式爲

$$\omega_0 = \frac{mgL}{H} \tag{5.5.10}$$

通過推導式(5.5.9)，可以發現，當

$$\omega_0^2 = \frac{g}{R} \tag{5.5.11}$$

時，陀螺擺的穩態誤差爲

$$\alpha^* = -\frac{V}{\omega_0 R} \tag{5.5.12}$$

$$\beta^* = \frac{\omega_1}{\omega_0}$$

可見,陀螺擺的穩態誤差是由兩種因數引起的:一種是載體速度所引起的偏差,另一種是由地球自轉角速度的水平分量所引起的偏差。陀螺擺在平移加速度慣性力矩的作用下要產生的進動,正好使陀螺的轉子軸進動到相當于速度偏差的位置上,穩態誤差和載體的加速度無關,不存在一項和加速度成比例的誤差項。式(5.5.11)稱爲陀螺擺的舒拉調整條件或無干擾條件,此時,陀螺擺的進動周期(在重力矩的影響下所產生的錐形進動)爲

$$T = 2\pi\frac{H}{mgL} = 2\pi\sqrt{\frac{R}{g}} \approx 84.4\ \text{min} \tag{5.5.13}$$

無論陀螺擺還是陀螺羅經,由于它們的角動量 H 和偏心 L 之間沒有直接的約束關系,因此,人們可以把角動量 H 做的很大,而把 L 調整的相當小,從而實現了舒拉調整。舒拉本人在1923年已在實驗室條件下將陀螺擺的周期調整到約30 min。而陀螺羅經由于解決了舒拉調整問題,而本身的指示又不受周圍鐵磁材料的影響,所以,陀螺羅經在航海中得到廣泛的應用。

3.舒拉調整平臺

上邊討論的兩種情況,是以調整結構參數來實現舒拉調整,本節討論以控制回路實現舒拉調整的可能性,圖5.31示出舒拉調整平臺的工作原理圖。設有一個平臺放置在固定基座上,平臺上放置一個加速度計,加速度計的輸出信號正比于平臺偏離水平面的傾角 θ,在小角度的情況下,加速度計的輸出是

$$e = g\theta \tag{5.5.14}$$

平臺的傾角正比于加速度計輸出的二次積分

$$\theta = -K\iint e\,\mathrm{d}t^2 = -Kg\iint \theta\,\mathrm{d}t^2 \tag{5.5.15}$$

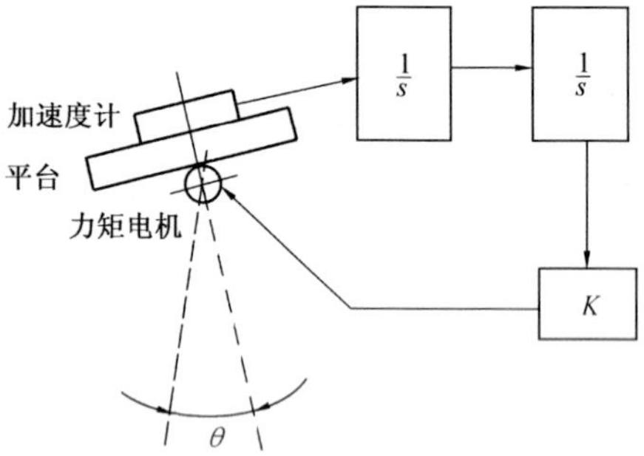

式中　K—— 比例系數。

圖5.31　舒拉調整平臺的工作原理圖

對式(5.5.15)進行微分,得

$$\frac{\mathrm{d}^2\theta}{\mathrm{d}t^2} + Kg\theta = 0 \tag{5.5.16}$$

$$\theta = \theta_0\cos\omega_0 t \tag{5.5.17}$$

式中

$$\omega_0 = \sqrt{Kg}$$

$$T = 2\pi\sqrt{\frac{1}{Kg}}$$

從上面的分析可以發現,舒拉調整平臺的運動方程式,非常類似單擺的運動方程式,與單擺的重要區別是回路的固有振動周期與回路的電氣參數 K 有關,因此在舒拉調整平臺的回路中只要選擇參數$\frac{1}{K} = R$就能保證系統的振蕩周期$T = 84.4$ min。但是,由于 R 值很大,在工程上選擇適合$\frac{1}{K} = R$的 K 是不能實現的。當在上述回路中加入一個積分陀螺后,就相當于增加一個增益系數爲$\frac{1}{H}$的環節,最終使舒拉調整條件成爲$\frac{H}{K} = R$,這個參數選擇條件,在工程上是可以實現的。所以説,由加速度計和陀螺組合的控制系統,在經過參數的適當選擇以后,是可以實現舒拉調整的。

思　考　題

1. 簡述單軸穩定器的基本構成和工作原理。
2. 簡述單軸跟踪器的基本構成和工作原理。
3. 如何用單軸穩定器(跟踪器)的原理解釋慣導平臺的穩定回路和跟踪回路?
4. 陀螺漂移對慣導平臺的性能有何影響?
5. 舒拉調諧的意義?可用在哪種導航系統?
6. 簡述慣導平臺穩定回路和跟踪回路動特性的主要特點。
7. 簡述分别用單自由度陀螺和二自由度陀螺組成的穩定(跟踪)回路,在動特性上的區别。
8. 簡述慣導平臺第四個平衡環的作用。

第六章 慣性導航系統的分析

本章以平臺式慣性導航系統爲研究對象給出半解析式慣性導航系統的運動方程式，方程式主要由速度方程式、姿態方程式和位置方程式等 3 個方程式組成，分别描述了載體的平動運動和轉動運動。依據坐標系選擇的不同和參數的定義不同，方程式可以有多種不同的組成形式，主要有 ϕ 方程式組和 ψ 方程式組兩種形式，可以適用于不同的使用要求。

6.1 半解析式慣導系統的基本方程

一、坐標系

爲了列寫半解析式慣導系統的運動方程式，必須引入必要的坐標系。本節介紹用兩組坐標系表示慣導系統基本方程的方法。所謂兩組坐標系，是除了慣性坐標系之外，再選用兩組動坐標系，如本節分别選用地理坐標系和平臺坐標系。地理坐標系 $OEN\zeta$，其指向爲東北天方向。而平臺坐標系 $OX_PY_PZ_P$ 則固定在平臺上，X_P 指向東，Y_P 指向北，Z_P 指向天頂，在理想情況下，平臺坐標系完成對地理坐標系的模擬，圖 6.1 給出兩組坐標系空間位置關系示意圖。圖中 α、β 可以看做是平臺相對地理坐標系分别繞 E、N 軸的水平傾斜角，γ 爲平臺相對地理坐標系的方位角。有時，爲了方便統稱 α、β、γ 爲平臺相對地理坐標系的姿態角。兩組坐標系之間的方向余弦可做如下推導。設起始時刻，平臺坐標系和地理坐標系相重合，然后，按以下順序進行 3 次旋轉，完成從地理坐標系至平臺坐標系的轉換。第 1 次轉動繞 ζ 軸轉動 $\dot{\gamma}$，得到新坐標系 $OX_P'Y_P'\zeta$，其坐標變換矩陣爲

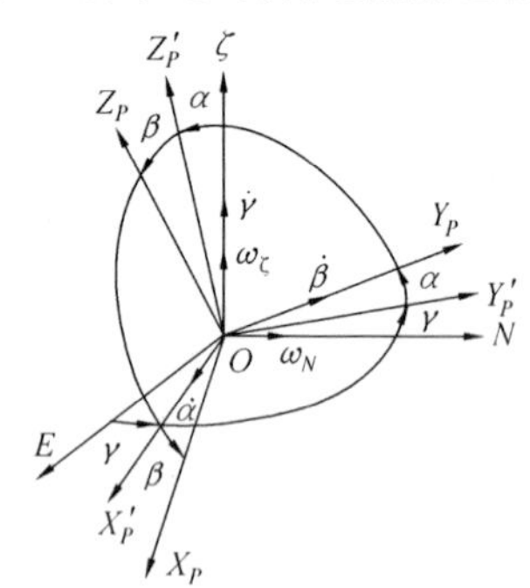

圖 6.1 兩組坐標系間關系

$$C_E^{P_1} = \begin{bmatrix} \cos\gamma & \sin\gamma & 0 \\ -\sin\gamma & \cos\gamma & 0 \\ 0 & 0 & 1 \end{bmatrix} \tag{6.1.1}$$

式中 脚標 E—— 地理坐標系；

P_1—— 平臺坐標系的第一個過渡坐標系。

第 2 次轉動繞 X_P' 軸轉動 $\dot{\alpha}$，其坐標變換矩陣爲

$$
\boldsymbol{C}_E^{P_2} = \begin{bmatrix} 1 & 0 & 0 \\ 0 & \cos\alpha & \sin\alpha \\ 0 & -\sin\alpha & \cos\alpha \end{bmatrix} \tag{6.1.2}
$$

第 3 次轉動繞 Y_P 軸轉動 β,其坐標變換矩陣爲

$$
\boldsymbol{C}_E^{P_3} = \begin{bmatrix} \cos\beta & 0 & -\sin\beta \\ 0 & 1 & 0 \\ \sin\beta & 0 & \cos\beta \end{bmatrix} \tag{6.1.3}
$$

由于 α、β、γ 爲小角度,有

$$
\begin{aligned}
&\cos\alpha \approx \cos\beta \approx \cos\gamma \approx 1 \\
&\sin\alpha \approx \alpha \\
&\sin\beta \approx \beta \\
&\sin\gamma \approx \gamma
\end{aligned} \tag{6.1.4}
$$

在忽略二階小量情況下,可得地理坐標系至平臺坐標系轉換的坐標變換矩陣爲

$$
\boldsymbol{C}_E^{P} = \boldsymbol{C}_E^{P_3} \cdot \boldsymbol{C}_E^{P_2} \cdot \boldsymbol{C}_E^{P_1} = \begin{bmatrix} 1 & \gamma & -\beta \\ -\gamma & 1 & \alpha \\ \beta & -\alpha & 1 \end{bmatrix} \tag{6.1.5}
$$

或如表 6.1 所示。

表 6.1　方向余弦表

	E	N	ζ
X_P	1	γ	$-\beta$
Y_P	$-\gamma$	1	α
Z_P	β	$-\alpha$	1

二、速度方程式

下面推導載體速度方程式(也可稱爲加速度方程式)。在第二章已推導出以地理坐標系分量表達的加速度計輸出信號的表達式爲

$$
\begin{aligned}
A_E &= \dot{V}_E - \left(2\omega_e \sin\varphi + \frac{V_E}{R}\tan\varphi\right) \cdot V_N \\
A_N &= \dot{V}_N + \left(2\omega_e \sin\varphi + \frac{V_E}{R}\tan\varphi\right) \cdot V_E \\
A_\zeta &= g
\end{aligned} \tag{6.1.6}
$$

上式只有在理想情況下,即平臺坐標系和地理坐標系重合時,加速度計輸出信號的表達式才如上式所示。式中的 $\dot{V}_E$、$\dot{V}_N$ 爲載體相對地球運動的加速度,爲簡化公式,取 $A_\zeta = g$。

由式(6.1.6) 可求得

$$\dot{V}_E = A_E + \left(2\omega_e \sin\varphi + \frac{V_E}{R}\tan\varphi\right)\cdot V_N$$
$$\dot{V}_N = A_N - \left(2\omega_e \sin\varphi + \frac{V_E}{R}\tan\varphi\right)\cdot V_E \tag{6.1.7}$$

由于加速度計的輸入軸是按平臺坐標系設置的，因此當平臺坐標系偏離地理坐標系時，加速度計實際測出的加速度分量不是上式中的 A_E 及 A_N，而是沿平臺坐標系的加速度分量，利用式(6.1.6) 和方向余弦表可求得加速度沿平臺坐標系各軸的表達式爲

$$A_{PX} = A_E + \gamma A_N - \beta g + \Delta A_E$$
$$A_{PY} = A_N - \gamma A_E + \alpha g + \Delta A_N \tag{6.1.8}$$

式中　ΔA_E、ΔA_N—— 東向及北向加速度計的零位誤差。

加速度計測出的實際爲 A_{PX} 及 A_{PY} 兩個加速度分量，因此，應以 A_{PX} 及 A_{PY} 代替式(6.1.7) 的 A_E 及 A_N，再對其進行有害加速度的補償，將得到載體相對地球的真正加速度。實際的系統就是按照上述思想完成對加速度計信號的處理，計算出載體相對地表面的加速度。在上述計算過程中，用以計算有害加速度的速度 V_E、V_N 及緯度 φ 均系計算機的計算值，因此，得到的加速度 $\dot{V}_E$、$\dot{V}_N$ 亦系計算值。爲了區别起見，凡是計算值都加注脚標 C。由式(6.1.7) 可得

$$\dot{V}_{CE} = A_{PX} + \left(2\omega_e \sin\varphi_C + \frac{V_{CE}}{R}\tan\varphi_C\right)\cdot V_{CN}$$
$$\dot{V}_{CN} = A_{PY} - \left(2\omega_e \sin\varphi_C + \frac{V_{CE}}{R}\tan\varphi_C\right)\cdot V_{CE} \tag{6.1.9}$$

將式(6.1.8) 代入式(6.1.9)，有

$$\dot{V}_{CE} = A_E + \gamma A_N - \beta g + \Delta A_E + \left(2\omega_e \sin\varphi_C + \frac{V_{CE}}{R}\tan\varphi_C\right)\cdot V_{CN}$$
$$\dot{V}_{CN} = A_N - \gamma A_E + \alpha g + \Delta A_N - \left(2\omega_e \sin\varphi_C + \frac{V_{CE}}{R}\tan\varphi_C\right)\cdot V_{CE} \tag{6.1.10}$$

在式(6.1.10) 中，A_E、A_N 是載體相對慣性空間加速度在地理坐標系相應軸的分量，$\dot{V}_{CE}$、$\dot{V}_{CN}$ 是載體相對地表面加速度的計算值。在上述討論過程中假定加速度計的傳遞函數爲 1，式中的 γA_E 及 γA_N 兩項爲交叉耦合項，一般情況下可以忽略，所以，式(6.1.10) 可寫爲

$$\dot{V}_{CE} = A_E + \left(2\omega_e \sin\varphi_C + \frac{V_{CE}}{R}\tan\varphi_C\right)\cdot V_{CN} - \beta g + \Delta A_E$$
$$\dot{V}_{CN} = A_N - \left(2\omega_e \sin\varphi_C + \frac{V_{CE}}{R}\tan\varphi_C\right)\cdot V_{CE} + \alpha g + \Delta A_N \tag{6.1.11}$$

式(6.1.11) 是系統的速度方程式。

三、姿態方程式

下面研究平臺的姿態運動情況，假定穩定回路的工作很理想，平臺和陀螺的運動是一致

的。如果在起始時刻平臺坐標系與地理坐標系重合,而平臺坐標系旋轉角速度與地理坐標系旋轉角速度又相等,則平臺的姿態角 α、β、γ 均爲零。如果平臺坐標系與地理坐標系的旋轉角速度不相等,則將出現平臺姿態角。

設地理坐標系相對慣性空間的旋轉角速度爲

$$\boldsymbol{\omega} = \boldsymbol{\omega}_E + \boldsymbol{\omega}_N + \boldsymbol{\omega}_\zeta \tag{6.1.12}$$

平臺相對慣性空間的旋轉角速度爲 $\boldsymbol{\omega}_P$,則有

$$\dot{\boldsymbol{\phi}} = \boldsymbol{\omega}_P - \boldsymbol{\omega} \tag{6.1.13}$$

式中

$$\dot{\boldsymbol{\phi}} = \dot{\boldsymbol{\alpha}} + \dot{\boldsymbol{\beta}} + \dot{\boldsymbol{\gamma}} \tag{6.1.14}$$

爲平臺姿態角,都是很小的量。

以 X_P 軸爲例,平臺坐標系繞 X_P 軸相對慣性空間的旋轉角速度爲ω_{PX},地理坐標系繞 X_P 軸相對慣性空間的旋轉角速度則爲 $\boldsymbol{\omega}_E$、$\boldsymbol{\omega}_N$、$\boldsymbol{\omega}_\zeta$3個角速度分量在 X_P 軸上投影之和。所以,這兩個角速度之差必爲 $\dot{\alpha}$,因此有

$$\dot{\alpha} = \omega_{PX} - \omega_E - \gamma\omega_N + \beta\omega_\zeta \tag{6.1.15}$$

同理,可得在 Y_P 及 Z_P 軸上平臺坐標系和地理坐標系兩者角速度之差,即爲

$$\begin{aligned} \dot{\beta} &= \omega_{PY} - \omega_N - \alpha\omega_\zeta + \gamma\omega_E \\ \dot{\gamma} &= \omega_{PZ} - \omega_\zeta - \beta\omega_E + \alpha\omega_N \end{aligned} \tag{6.1.16}$$

式(6.1.15) 及式(6.1.16) 即爲平臺姿態運動方程式,反映了平臺在控制作用下的平臺姿態角的變化規律。其中的 $\beta\omega_E$、$\gamma\omega_E$、$\alpha\omega_N$、$\gamma\omega_N$、$\alpha\omega_\zeta$、$\beta\omega_\zeta$ 等項爲平臺三軸間的交叉耦合項。ω_{PX}、ω_{PY}、ω_{PZ}3 個角速度分量是在計算機控制信號作用下得到的,與其對應的控制信息計算值則爲

$$\begin{aligned} \omega_{CE} &= -\frac{V_{CN}}{R} \\ \omega_{CN} &= \frac{V_{CE}}{R} + \omega_e\cos\varphi_C \\ \omega_{C\zeta} &= \frac{V_{CE}}{R}\tan\varphi_C + \omega_e\sin\varphi_C \end{aligned} \tag{6.1.17}$$

這些角速度是作爲輸入到 3 個陀螺力矩器的控制信息,但是,由于陀螺有漂移角速度存在,所以,平臺相對慣性空間的角速度爲

$$\begin{aligned} \omega_{PX} &= \omega_{CE} + \varepsilon_E \\ \omega_{PY} &= \omega_{CN} + \varepsilon_N \\ \omega_{PZ} &= \omega_{C\zeta} + \varepsilon_\zeta \end{aligned} \tag{6.1.18}$$

式中　ε_E、ε_N、ε_ζ—— 平臺漂移角速度。

因爲它主要是由陀螺漂移角速度引起的,所以,也可認爲 ε_E、ε_N、ε_ζ 表示相應陀螺的漂移角速度。將式(6.1.18) 分別代入式(6.1.15) 及式(6.1.16),可得平臺姿態運動方程式的表達式爲

$$\begin{aligned}\dot{\alpha} &= \omega_{CE} - \omega_E - \gamma\omega_N + \beta\omega_\zeta + \varepsilon_E \\ \dot{\beta} &= \omega_{CN} - \omega_N - \alpha\omega_\zeta + \gamma\omega_E + \varepsilon_N \\ \dot{\gamma} &= \omega_{C\zeta} - \omega_\zeta - \beta\omega_E + \alpha\omega_N + \varepsilon_\zeta\end{aligned} \tag{6.1.19}$$

系統的位置方程式由經緯度組成,可表示爲

$$\begin{aligned}\dot{\varphi}_C &= -\omega_{CE} \\ \dot{\lambda}_C &= \frac{V_{CE}}{R}\sec\varphi_C\end{aligned} \tag{6.1.20}$$

綜上所述,得到半解析式慣導系統的基本方程爲式(6.1.11)、(6.1.17)、(6.1.19)、(6.1.20)。人們習慣用表示姿態角 $\dot{\alpha}$、$\dot{\beta}$、$\dot{\gamma}$ 矢量和的$\dot{\phi}$ 爲方程式組名,所以也把上述方程式組稱爲$\dot{\phi}$ 方程式組。如將 ω_{CE}、ω_{CN}、$\omega_{C\zeta}$ 的值代入各方程式中,則可得到 7 個變量的一組方程式。

圖 6.2 是按上述方程式組畫出的半解析式慣導系統方塊圖,圖中實綫表示電的連接,虛綫表示機械連接關系。從圖中可以看出,當載體運動時,用加速度計測出加速度 A_{PX}、A_{PY},經過有害加速度的補償及計算之后,計算機輸出信息 ω_{CE}、ω_{CN}、$\omega_{C\zeta}$ 至陀螺,控制平臺使其跟踪地理坐標系。而由計算機同時可計算得到 V_{CE}、V_{CN} 以及經度 λ_C 和緯度 φ_C。

在一些資料中,也將上述的基本運動方程式稱爲半解析式慣導系統的機械編排。

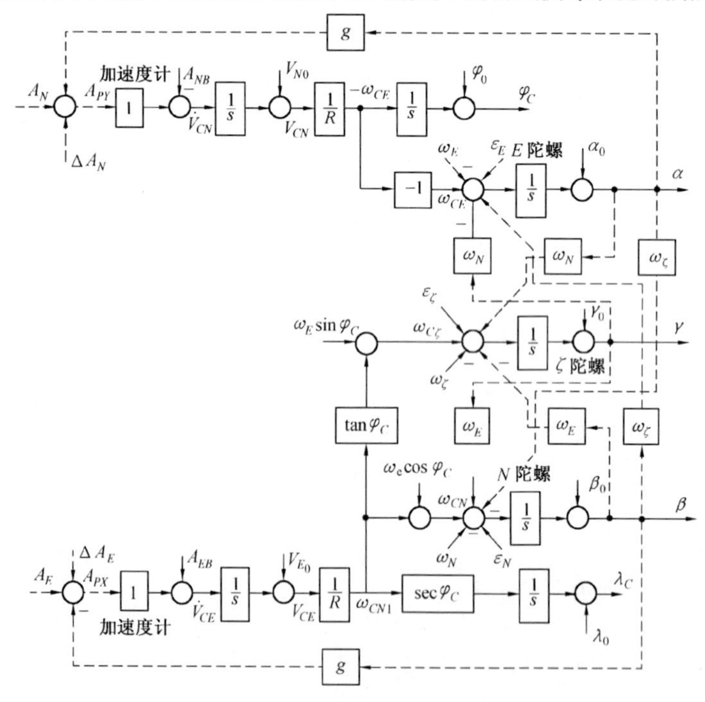

圖 6.2　半解析式慣導系統方塊圖

6.2 ψ 方　程

一、坐標系

ψ 方程是慣性導航系統誤差分析中的一個非常重要的方程,利用它可以簡化系統的誤差分析,因爲它把陀螺漂移率這一主要誤差源與其它誤差源分離開了。實質上,推導 ψ 方程的過程,就是用三組坐標系建立半解析式慣導系統的基本方程。

采用以下三組坐標系:

$OEN\zeta$—— 地理坐標系,指向東、北、天;

$OX_PY_PZ_P$—— 平臺坐標系,固定在平臺上;

$OX_CY_CZ_C$—— 計算機坐標系,是計算機工作的坐標系,亦即計算機計算載體所在位置時它所認爲的地理坐標系所在的位置。

定義以下矢量:

$\boldsymbol{\omega}$—— 地理坐標系相對慣性空間的旋轉角速度,其分量爲 ω_E、ω_N、ω_ζ;

$\boldsymbol{\omega}_C$—— 計算機坐標系相對慣性空間的旋轉角速度;

$\boldsymbol{\omega}_P$—— 平臺坐標系相對慣性空間的旋轉角速度;

$\delta\boldsymbol{\theta}$—— 計算機坐標系相對地理坐標系的矢量角;

$\boldsymbol{\psi}$ —— 平臺坐標系相對計算機坐標系的矢量角;

$\boldsymbol{\varphi}$—— 平臺坐標系相對地理坐標系的矢量角。

所以有

$$\boldsymbol{\phi} = \boldsymbol{\phi}_E + \boldsymbol{\phi}_N + \boldsymbol{\phi}_\zeta$$

即

$$\phi_E = \alpha, \quad \phi_N = \beta, \quad \phi_\zeta = \gamma$$

所有的這些角度都是很小的角度。

二、ψ 方程式

爲了使平臺坐標系跟踪地理坐標系,計算機輸出信息 $\boldsymbol{\omega}_C$ 加給陀螺,使平臺相對慣性空間旋轉。在理想情況下,平臺應該以 $\boldsymbol{\omega}$ 相對慣性空間旋轉。實際上,平臺是以 $\boldsymbol{\omega}_C$ 相對慣性空間旋轉,如果平臺坐標系和計算機坐標系各軸開始階段相互平行,陀螺又没有漂移,那么,平臺將始終跟踪計算機坐標系。然而,由于陀螺存在着漂移,穩定平臺不是以角速度 $\boldsymbol{\omega}_C$ 旋轉,轉動角速度大小是 $\boldsymbol{\omega}_C$ 的幅值,而平臺的實際轉動角速度方向已由 $\boldsymbol{\omega}_C$ 方向轉過$\boldsymbol{\psi}$ 角。在平臺坐標系上,控制平臺轉動信號 $\boldsymbol{\omega}_C$ 的 3 個分量重新組成 1 個新的矢量 $\boldsymbol{\omega}_C^*$,再考慮平臺的漂移角速度 $\boldsymbol{\varepsilon}$,得

平臺坐標系相對慣性空間的角速度爲

$$\boldsymbol{\omega}_P = \boldsymbol{\omega}_C^* + \boldsymbol{\varepsilon} \tag{6.2.1}$$

上式中的 $\boldsymbol{\omega}_C^*$ 矢量和 $\boldsymbol{\omega}_C$ 矢量的3個分量大小相等,但它們是在不同坐標系内分解的,后者是在計算機坐標系内分解的,前者是在平臺坐標系内分解的。因此可將它們寫爲

$$\begin{aligned} \boldsymbol{\omega}_C &= \omega_{CX}\boldsymbol{i}_C + \omega_{CY}\boldsymbol{j}_C + \omega_{CZ}\boldsymbol{k}_C \\ \boldsymbol{\omega}_C^* &= \omega_{CX}\boldsymbol{i}_P + \omega_{CY}\boldsymbol{j}_P + \omega_{CZ}\boldsymbol{k}_P \end{aligned} \tag{6.2.2}$$

式中　角標 C、P—— 代表計算機坐標系和平臺坐標系。

由坐標系變换有

$$\begin{bmatrix} \boldsymbol{i}_P \\ \boldsymbol{j}_P \\ \boldsymbol{k}_P \end{bmatrix} = \boldsymbol{C}_C^P \begin{bmatrix} \boldsymbol{i}_C \\ \boldsymbol{j}_C \\ \boldsymbol{k}_C \end{bmatrix} \tag{6.2.3}$$

式(6.2.3) 中 $\boldsymbol{C}_C^P$ 可由類似于表 6.1 的求法得表 6.2。

表 6.2　方向余弦表 $\boldsymbol{C}_C^P$

	X_C	Y_C	Z_C
X_P	1	ψ_Z	$-\psi_Y$
Y_P	$-\psi_Z$	1	ψ_X
Z_P	ψ_Y	$-\psi_X$	1

由表 6.2 有

$$\begin{aligned} \boldsymbol{i}_P &= \boldsymbol{i}_C + \psi_Z\boldsymbol{j}_C - \psi_Y\boldsymbol{k}_C \\ \boldsymbol{j}_P &= -\psi_Z\boldsymbol{i}_C + \boldsymbol{j}_C + \psi_X\boldsymbol{k}_C \\ \boldsymbol{k}_P &= \psi_Y\boldsymbol{i}_C - \psi_X\boldsymbol{j}_C + \boldsymbol{k}_C \end{aligned} \tag{6.2.4}$$

將式(6.2.4) 代入式(6.2.2),有

$$\boldsymbol{\omega}_C^* = (\omega_{CX} - \omega_{CY}\psi_Z + \omega_{CZ}\psi_Y)\boldsymbol{i}_C + (\omega_{CY} + \omega_{CX}\psi_Z - \omega_{CZ}\psi_X)\boldsymbol{j}_C + (\omega_{CZ} - \omega_{CX}\psi_Y + \omega_{CY}\psi_X)\boldsymbol{k}_C \tag{6.2.5}$$

由上式可得

$$\boldsymbol{\omega}_C^* = \boldsymbol{\omega}_C + \boldsymbol{\psi} \times \boldsymbol{\omega}_C \tag{6.2.6}$$

考慮到式(6.2.1),有

$$\boldsymbol{\omega}_P = \boldsymbol{\omega}_C + \boldsymbol{\psi} \times \boldsymbol{\omega}_C + \boldsymbol{\varepsilon} \tag{6.2.7}$$

另一方面由矢量角 $\boldsymbol{\psi}$ 的定義可知,平臺坐標系相對計算機坐標系的角速度應爲 $\left[\frac{\mathrm{d}\boldsymbol{\psi}}{\mathrm{d}t}\right]_C$,由于絶對角速度是牽連角速度與相對角速度之和,所以

$$\boldsymbol{\omega}_P = \boldsymbol{\omega}_C + \left[\frac{\mathrm{d}\boldsymbol{\psi}}{\mathrm{d}t}\right]_C \tag{6.2.8}$$

由式(6.2.7)、(6.2.8)得

$$\left[\frac{\mathrm{d}\boldsymbol{\psi}}{\mathrm{d}t}\right]_C + \boldsymbol{\omega}_C \times \boldsymbol{\psi} = \boldsymbol{\varepsilon} \tag{6.2.9}$$

上式可寫爲

$$\left[\frac{\mathrm{d}}{\mathrm{d}t}\boldsymbol{\psi}\right]_I = \boldsymbol{\varepsilon} \tag{6.2.10}$$

這表示矢量角$\boldsymbol{\psi}$的角速度是相對慣性空間的,式(6.2.10)表示平臺坐標系相對計算機坐標系間的矢量角$\boldsymbol{\psi}$的變化是由于平臺漂移産生的。由式(6.2.10)得(應用哥氏定理)

$$\dot{\boldsymbol{\psi}} + \boldsymbol{\omega} \times \boldsymbol{\psi} = \boldsymbol{\varepsilon} \tag{6.2.11}$$

式中

$$\dot{\boldsymbol{\psi}} = \left[\frac{\mathrm{d}}{\mathrm{d}t}\boldsymbol{\psi}\right]_E$$

亦即矢量$\boldsymbol{\psi}$的角速度是相對地理坐標系的。

將式(6.2.11)分解在地理坐標系的三個坐標系軸 E、N、ζ 上,得以下公式

$$\begin{aligned}
\dot{\psi}_E + \omega_N\psi_\zeta - \omega_\zeta\psi_N &= \varepsilon_E \\
\dot{\psi}_N + \omega_\zeta\psi_E - \omega_E\psi_\zeta &= \varepsilon_N \\
\dot{\psi}_\zeta + \omega_E\psi_N - \omega_N\psi_E &= \varepsilon_\zeta
\end{aligned} \tag{6.2.12}$$

式中 ψ_E、ψ_N、ψ_ζ——矢量角$\boldsymbol{\psi}$的分量。

式(6.2.11)亦稱爲 ψ 方程,表示平臺坐標系與計算機坐標系之間的角度分量 ψ_E、ψ_N、ψ_ζ 的變化規律。所以,從 ψ 方程可以清楚地看到,平臺漂移主要是由平臺漂移率引起的。

三、位置方程式

爲了討論平臺坐標系相對地理坐標系的位置運動方程式,必須推導計算機坐標系相對地理坐標系的位置運動方程式。

首先,給出計算機坐標系和地理坐標系之間的方向余弦表,C_e^C可由類似于表6.1的求法得表6.3。據 $\delta\theta$ 的定義,有

$$\delta\dot{\boldsymbol{\theta}} = \boldsymbol{\omega}_C - \boldsymbol{\omega} \tag{6.2.13}$$

表 6.3 方向余弦表 C_e^C

	E	N	ζ
X_C	1	$\delta\theta_\zeta$	$-\delta\theta_N$
Y_C	$-\delta\theta_\zeta$	1	$\delta\theta_E$
Z_C	$\delta\theta_N$	$-\delta\theta_E$	1

將式(6.2.13)投影到計算機坐標系 X_C、Y_C、Z_C 上,可得 X_C 軸上的分量爲

$$\delta\dot{\theta}_{XC} = \omega_{CE} - \omega_E - \omega_N\delta\theta_\zeta + \omega_\zeta\delta\theta_N \tag{6.2.14}$$

忽略二階小量,可有

$$\delta\dot{\theta}_{XC} = \delta\dot{\theta}_E$$

將上式代入式(6.2.14),有

$$\delta\dot{\theta}_E = \omega_{CE} - \omega_E - \omega_N\delta\theta_\zeta + \omega_\zeta\delta\theta_N \tag{6.2.15}$$

同理可得在 Y_C、Z_C 軸上的分量爲

$$\begin{aligned}\delta\dot{\theta}_N &= \omega_{CN} - \omega_N - \omega_\zeta\delta\theta_E + \omega_E\delta\theta_\zeta \\ \delta\dot{\theta}_\zeta &= \omega_{C\zeta} - \omega_\zeta - \omega_E\delta\theta_N + \omega_N\delta\theta_E\end{aligned} \tag{6.2.16}$$

式(6.2.15) 和式(6.2.16) 即爲計算機坐標系相對地理坐標系的位置運動方程式。

下面説明 $\delta\boldsymbol{\theta}$ 的物理意義。假設載體的真實位置在地球表面的 A 點,導航計算機算出的載體位置在 B 點,見圖 6.3。令計算的經度和緯度坐標分别記做 λ_C 和 φ_C,那么經度和緯度誤差爲

$$\delta\lambda = \lambda_C - \lambda$$

$$\delta\varphi = \varphi_C - \varphi$$

首先假設 A、B 兩點在同一緯度圈上,這説明載體僅有經度誤差。這時由圖 6.3(b) 可知,地理坐標系繞地球自轉軸旋轉 $\delta\lambda$ 角度,得到的新坐標系與計算機坐標系重合,即坐標軸相互平行,由于地球自轉軸在 ON 和 $O\zeta$ 的平面内,在忽略二階小量的情况下,有

$$\begin{aligned}\delta\theta_N &= \delta\lambda\cos\varphi \\ \delta\theta_\zeta &= \delta\lambda\sin\varphi\end{aligned} \tag{6.2.17}$$

再假設 A、B 兩點在同一經度圈上,這表明載體僅有緯度誤差,由圖 6.3(a) 所示,只要地理坐標系繞 OE 軸旋轉 $-\delta\varphi$ 角度,得到的新坐標系與計算機坐標系重合,所以

$$\delta\theta_E = -\delta\varphi \tag{6.2.18}$$

從式(6.2.17)、(6.2.18) 可見,矢量角 $\delta\boldsymbol{\theta}$ 完全由位置誤差所决定。因此,通常稱 $\delta\boldsymbol{\theta}$ 爲位置誤差角。

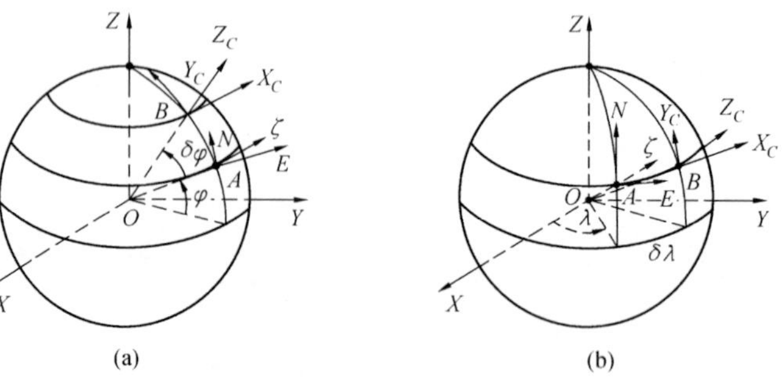

圖 6.3　矢量角 $\delta\theta$ 的物理意義

綜上所述,我們可以得到用三組坐標系表示的半解析式慣導系統的基本方程式

ψ 方程

$$\begin{aligned}\dot{\psi}_E + \omega_E\psi_\zeta - \omega_\zeta\psi_N &= \varepsilon_E \\ \dot{\psi}_N + \omega_\zeta\psi_E - \omega_E\psi_\zeta &= \varepsilon_N \\ \dot{\psi}_\zeta + \omega_E\psi_N - \omega_N\psi_E &= \varepsilon_\zeta\end{aligned} \tag{6.2.19}$$

位置方程

$$\begin{aligned}\delta\dot{\theta}_E &= \omega_{CE} - \omega_E - \omega_N\delta\theta_\zeta + \omega_\zeta\delta\theta_N \\ \delta\dot{\theta}_N &= \omega_{CN} - \omega_N - \omega_\zeta\delta\theta_E + \omega_E\delta\theta_\zeta \\ \delta\dot{\theta}_\zeta &= \omega_{C\zeta} - \omega_\zeta - \omega_E\delta\theta_N + \omega_N\delta\theta_E\end{aligned} \tag{6.2.20}$$

平臺姿態角方程式

$$\begin{aligned}\alpha &= \psi_E + \delta\theta_E \\ \beta &= \psi_N + \delta\theta_N \\ \gamma &= \psi_\zeta + \delta\theta_\zeta\end{aligned} \tag{6.2.21}$$

$$\begin{aligned}\delta\theta_E &= -\delta\varphi \\ \delta\theta_N &= \delta\lambda\cos\varphi\end{aligned} \tag{6.2.22}$$

此外,有

$$\begin{aligned}\omega_{CE} &= -\frac{V_{CN}}{R} \\ \omega_{CN} &= \frac{V_{CE}}{R} + \omega_e\cos\varphi_C \\ \omega_{C\zeta} &= \frac{V_{CE}}{R}\tan\varphi_C + \omega_e\sin\varphi_C\end{aligned} \tag{6.2.23}$$

$$\begin{aligned}\dot{V}_{CE} &= A_E + \left(2\omega_e\sin\varphi_C + \frac{V_{CE}}{R}\tan\varphi_C\right)\cdot V_{CN} - \beta g + \Delta A_E \\ \dot{V}_{CN} &= A_N + \left(2\omega_e\sin\varphi_C + \frac{V_{CE}}{R}\tan\varphi_C\right)\cdot V_{CE} + \alpha g + \Delta A_N\end{aligned} \tag{6.2.24}$$

$$\begin{aligned}\dot{\varphi}_C &= -\omega_{CE} \\ \dot{\lambda}_C &= \frac{V_{CE}}{R}\sec\varphi_C\end{aligned} \tag{6.2.25}$$

從上述方程組可見,用兩組坐標系或用三組坐標系描述的慣導系統基本方程式,主要差別在于描述平臺姿態角的方程式不同。而以 ψ 方程爲主的方程式組,由于 $\boldsymbol{\psi}$ 角、$\delta\boldsymbol{\theta}$ 角的鮮明物理意義,得到了廣泛的應用。應該注意,除了上述差别之外,其它方程式組都是一致的。而且,當將 $\boldsymbol{\psi}$ 、$\delta\boldsymbol{\theta}$ 的值代入式(6.2.21) 后,經過整理,所得姿態角的表達式,兩種推導方法均是一致的。

6.3　單通道慣導系統的分析

一、方程式的選擇

以北向水平回路爲例來分析單通道慣導系統的情況，我們從慣導系統基本方程式中提取北向水平回路的方程式，參看方程式(6.1.11)、(6.1.17)、(6.1.19)、(6.1.20)各式，在忽略交叉耦合項之後，可得方程組

$$\begin{aligned}
\dot{\alpha} &= \omega_{CE} - \omega_E + \varepsilon_E \\
\omega_{CE} &= -\frac{V_{CN}}{R} \\
\dot{V}_{CN} &= A_N - \left(2\omega_e \sin\varphi_C + \frac{V_{CE}}{R}\tan\varphi_C\right)\cdot V_{CE} + \alpha g + \Delta A_N \\
\dot{\varphi}_C &= -\omega_{CE}
\end{aligned} \tag{6.3.1}$$

設

$$\omega_{CE} - \omega_E = -\delta\omega_E = -\left(\frac{V_{CN}}{R} - \frac{V_N}{R}\right)$$

所以有

$$\dot{\alpha} = -\delta\omega_E + \varepsilon_E \tag{6.3.2}$$

按式(6.3.1)、(6.3.2)做北向水平回路信息流程圖，如圖6.4所示。

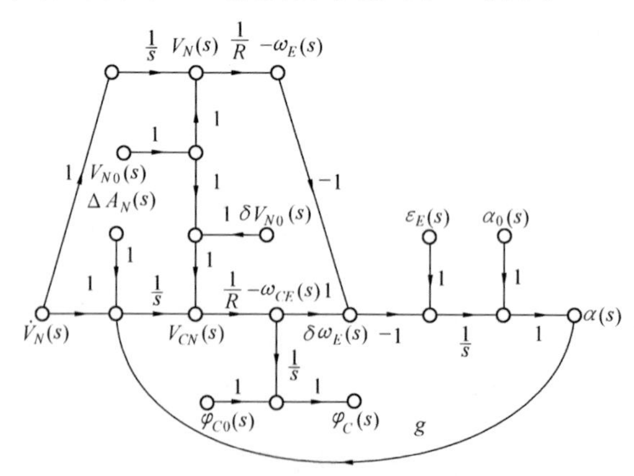

圖6.4　北向水平回路信息流程圖

在圖6.4中，設 $\dot{V}_N = A_N - \left(2\omega_e \sin\varphi + \frac{V_{CE}}{R}\tan\varphi\right)\cdot V_{CE}$ 爲載體相對地球運動的真實加速度，它表明有害加速度項已得到了完全補償，這種假設使分析工作簡化，且不影響單回路慣導

系統的基本特征。V_{N0} 爲真實的初始速度，δV_{N0} 爲初始速度的誤差值，V_N 爲真實速度，α_0 爲平臺的初始偏角，φ_{C0} 爲初始緯度。

在圖 6.4 的信息流程圖中，系統的輸出量爲 α、V_{CN}、φ_C。

系統的輸入量，這里可分爲兩類：

① 設備本身的干擾量，有 ΔA_N、ε_E 及 α_0；

② 與運動有關的量，有 $\dot{V}_N$、V_{N0}、δV_{N0}。

下面推導輸入量對輸出量的影響。利用梅森增益公式，首先求出系統的特征式。

系統只有一個環路，即

$$L_1 = -\frac{g}{Rs^2} \tag{6.3.3}$$

令

$$\omega_s^2 = \frac{g}{R} \tag{6.3.4}$$

則 ω_s 爲舒拉角頻率。

則得

$$L_1 = -\frac{\omega_s^2}{s^2}$$

因此，信息流程圖的特征式爲

$$\Delta = 1 - L_1 = 1 + \frac{\omega_s^2}{s^2} = \frac{s^2 + \omega_s^2}{s^2} \tag{6.3.5}$$

可得單通道慣導系統的特征方程式爲

$$\Delta = s^2 + \omega_s^2 = 0 \tag{6.3.6}$$

此即表示系統具有角頻率爲 ω_s 的振蕩，亦即系統具有 84.4 min 的振蕩周期。因此，如果系統中的參數滿足了第五章給出的舒拉調整條件，則系統的北向水平回路單通道的信息流程圖將如圖 6.4 所示。此時系統將具有 84.4 min 的舒拉振蕩周期，亦即平臺具有舒拉周期的振蕩運動，因而可避免加速度對它的干擾。

二、單通道慣導系統的分析

首先求 $\dot{V}_N$ 加速度對 α 的影響。

根據梅森增益公式，$\dot{V}_N(s)$ 和輸出量 $\alpha(s)$ 之間有兩條信息通道，而每條前向流程均與環路相接觸，因此余因子式 Δ_1 均爲 1。

故有

$$\alpha_1(s) = \frac{s^2}{s^2 + \omega_s^2}\left[\frac{1}{Rs^2} - \frac{1}{Rs^2}\right] \cdot \dot{V}_N(s) = 0 \tag{6.3.7}$$

可見加速度 $\dot{V}_N(s)$ 對平臺水平傾角 $\alpha(s)$ 并無影響，亦即避免了加速度對平臺的干擾。由

圖 6.4 也可以看出由加速度 $\dot{V}_N(s)$ 輸入量至 $\alpha(s)$ 之間的兩條信息通道是互相抵消的。上邊的通道實際上代表地理坐標系的角速度分量 ω_E，相當于標準值，下邊的通道代表由實際系統結構實現的通道，因此只要對系統中的參數進行適當選擇，就實現了上述互相抵消的目的。

初始速度的影響爲

$$\alpha_2(s) = \frac{s^2}{s^2 + \omega_s^2}\left[\frac{1}{Rs} - \frac{1}{Rs}\right] \cdot V_{N0}(s) = 0 \tag{6.3.8}$$

由 V_{N0} 至 $\alpha(s)$ 的兩條信息通道也是互相抵消的，可見載體的運動速度對平臺水平傾角也是無影響的。

初始速度偏差的影響爲

$$\alpha_3(s) = \frac{s^2}{s^2 + \omega_s^2}\left[-\frac{1}{Rs}\right] \cdot \delta V_{N0}(s) = \frac{s}{R(s^2 + \omega_s^2)} \cdot \delta V_{N0}(s) \tag{6.3.9}$$

如果初始速度有常值誤差 δV_{N0}，則可將 $\delta V_{N0}(s) = \delta V_{N0}/s$ 代入上式，并進行拉氏反變換可得

$$\alpha_3(t) = -\frac{\delta V_{N0}}{R\omega_s}\sin \omega_s t \tag{6.3.10}$$

這時將産生具有 84.4 min 振蕩周期的誤差，其誤差特性曲綫如圖 6.5 所示。

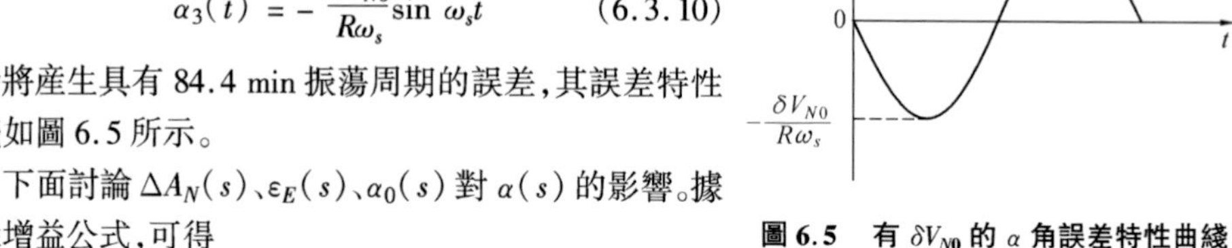

圖 6.5　有 δV_{N0} 的 α 角誤差特性曲綫

下面討論 $\Delta A_N(s)$、$\varepsilon_E(s)$、$\alpha_0(s)$ 對 $\alpha(s)$ 的影響。據梅森增益公式，可得

$$\alpha_4(s) = \frac{s^2}{s^2 + \omega_s^2}\left[-\frac{1}{Rs^2}\right] \cdot \Delta A_N(s) = -\frac{1}{R(s^2 + \omega_s^2)} \cdot \Delta A_N(s) \tag{6.3.11}$$

$$\alpha_5(s) = \frac{s^2}{s^2 + \omega_s^2}\frac{1}{s} \cdot \varepsilon_E(s) = \frac{s}{s^2 + \omega_s^2} \cdot \varepsilon_E(s) \tag{6.3.12}$$

$$\alpha_6(s) = \frac{s^2}{s^2 + \omega_s^2} \cdot \alpha_0(s) \tag{6.3.13}$$

假設 ΔA_N、ε_E、α_0 均爲常值誤差，對以上各式進行拉氏反變換，可得

$$\alpha_4(t) = \frac{\Delta A_N}{g}(\cos \omega_s t - 1) \tag{6.3.14}$$

$$\alpha_5(t) = \frac{\varepsilon_E}{\omega_s}\sin \omega_s t \tag{6.3.15}$$

$$\alpha_6(t) = \alpha_0 \cos \omega_s t \tag{6.3.16}$$

可見，ΔA_N、ε_E、α_0 這些常值誤差將使平臺傾角産生以 84.4 min 爲周期的振蕩誤差，這時的誤差特性曲綫如圖 6.6 所示。

在各種常值干擾的情況下，平臺水平傾角 $\alpha(t)$ 將爲以上各項誤差之總和。其中由加速度

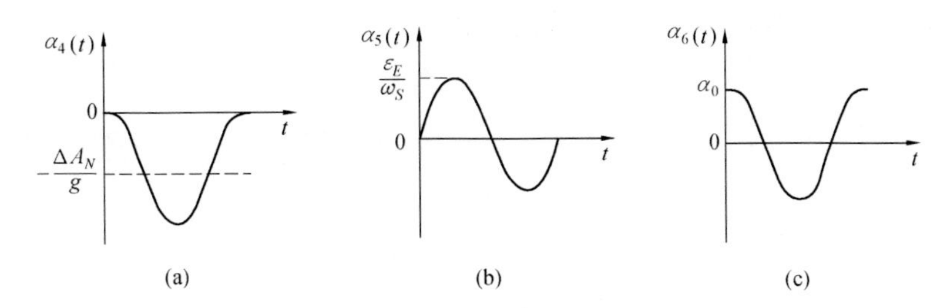

圖 6.6　有 ΔA_N、ε_E、α_0 的 α 角誤差特性曲綫

計誤差引起的誤差 ΔA_N 將存在常值分量。

按照上述的同樣方法,可以討論各項輸入量及干擾量對輸出速度 V_{CN} 的影響。

利用梅森增益公式可得到

$$V_{CN1}(s) = \frac{1}{s}\dot{V}_N(s) \tag{6.3.17}$$

$$V_{CN2}(s) = V_{N0}(s) \tag{6.3.18}$$

$$V_{CN3}(s) = \frac{s^2}{s^2 + \omega_s^2} \cdot \delta V_{N0}(s) \tag{6.3.19}$$

$$V_{CN4}(s) = \frac{s}{s^2 + \omega_s^2} \cdot \Delta A_N(s) \tag{6.3.20}$$

$$V_{CN5}(s) = \frac{g}{s^2 + \omega_s^2} \cdot \varepsilon_E(s) \tag{6.3.21}$$

$$V_{CN6}(s) = \frac{gs}{s^2 + \omega_s^2} \cdot \alpha_0(s) \tag{6.3.22}$$

式(6.3.17)、(6.3.18) 即爲需要獲得的真正速度量。如果所有這些干擾量都假定是常值量,則將這些常值干擾的拉氏變换代入公式,然后進行拉氏反變換后得到

$$V_{CN1}(t) = V_N \tag{6.3.23}$$

$$V_{CN2}(t) = V_{N0} \tag{6.3.24}$$

$$V_{CN3}(t) = \delta V_{N0} \cdot \cos \omega_s t \tag{6.3.25}$$

$$V_{CN4}(t) = \frac{\Delta A_N}{\omega_s} \cdot \sin \omega_s t \tag{6.3.26}$$

$$V_{CN5}(t) = R \cdot \varepsilon_E(1 - \cos \omega_s t) \tag{6.3.27}$$

$$V_{CN6}(t) = \frac{g\alpha_0}{\omega_s} \cdot \sin \omega_s t \tag{6.3.28}$$

由以上各式可見,式(6.3.23)、(6.3.24) 所表示的爲運動加速度及速度所産生的真正速度值,各干擾量所産生的速度誤差均有 84.4 min 周期振蕩的性質。此外,常值陀螺漂移還將産生

常值速度誤差分量,速度誤差的特性曲綫示于圖 6.7 中。

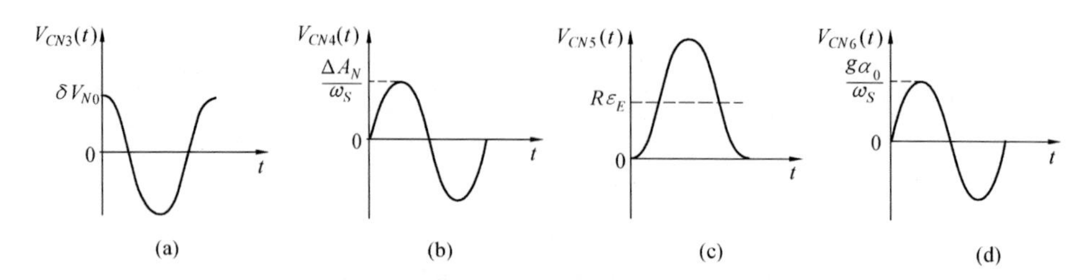

圖 6.7　速度誤差特性曲綫

最后,我們再研究各輸入量及干擾量對輸出量緯度 φ_C 的影響。利用梅森增益公式可得

$$\varphi_{C1}(s) = \frac{1}{Rs^2} \cdot \dot{V}_N(s) \tag{6.3.29}$$

$$\varphi_{C2}(s) = \frac{1}{Rs} \cdot V_{N0}(s) \tag{6.3.30}$$

$$\varphi_{C3}(S) = \frac{s}{R(s^2 + \omega_s^2)} \cdot \delta V_{N0}(s) \tag{6.3.31}$$

$$\varphi_{C4}(s) = \frac{1}{R(s^2 + \omega_s^2)} \cdot \Delta A_N(s) \tag{6.3.32}$$

$$\varphi_{C5}(s) = \frac{\omega_s^2}{s(s^2 + \omega_s^2)} \cdot \varepsilon_E(s) \tag{6.3.33}$$

$$\varphi_{C6}(s) = \frac{\omega_s^2}{s^2 + \omega_s^2} \cdot \alpha_0(s) \tag{6.3.34}$$

$$\varphi_{C7}(s) = \varphi_{C0}(s) \tag{6.3.35}$$

在式(6.3.35)中,爲初始給定緯度值的拉氏變换式。

在仍然假設以上各式中的輸入量及干擾量均爲常值時,則經拉氏反變换可得

$$\varphi_{C1}(t) = \frac{1}{2R} \cdot \dot{V}_N \cdot t^2 \tag{6.3.36}$$

$$\varphi_{C2}(t) = \frac{1}{R} \cdot V_{N0} \cdot t \tag{6.3.37}$$

$$\varphi_{C3}(t) = \frac{\delta V_{N0}}{R\omega_s} \sin \omega_s t \tag{6.3.38}$$

$$\varphi_{C4}(t) = \frac{\Delta A_N}{g} \cdot (1 - \cos \omega_s t) \tag{6.3.39}$$

$$\varphi_{C5}(t) = \varepsilon_E\left(t - \frac{1}{\omega_s} \sin \omega_s t\right) \tag{6.3.40}$$

$$\varphi_{C6}(t) = \alpha_0(1 - \cos \omega_s t) \tag{6.3.41}$$

$$\varphi_{C7}(t) = \varphi_{C0} \tag{6.3.42}$$

在上式中,式(6.3.36) 及式(6.3.37) 爲載體的加速度及速度產生的真正緯度量,而式(6.3.42)爲初始緯度的給定量,這里包含真正的初始緯度和初始緯度誤差 $\delta\varphi_{C0}$,式(6.3.38) 至式(6.3.41) 爲各輸入量對緯度產生的誤差。各輸入量都產生 84.4 min 振蕩周期的誤差,加速度計誤差及平臺水平傾角誤差還將產生緯度的常值誤差分量,由式(6.3.40) 可知,常值陀螺漂移還將產生隨時間而增長的緯度誤差。在這里所研究的單通道,對緯度來説是開環的,以后我們將會看到,在組成三通道系統時,緯度信息將構成閉環,常值陀螺漂移所產生的緯度誤差將具有 24 h 長周期振蕩的特征。

以上各輸入量所產生的誤差特性曲綫示于圖 6.8 中。

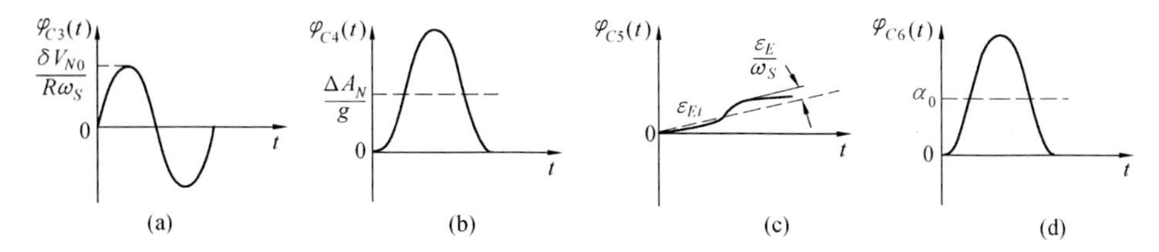

圖 6.8　緯度誤差特性曲綫

這一小節,對單通道慣導系統的特性進行了分析,所得的各個公式,基本上反映了導航的參數計算及各輸入量所產生誤差的基本特征,因此,各公式可以用于對導航系統的誤差估計。

提示 *

一、信號流圖

書中采用信號流圖法表達系統內各變量間的關系,可以根據梅森增益公式很方便地求出系統的傳遞函數,對復雜的控制系統分析有一定的優越性。

信號流圖中的主要術語

節點:表示變量的點,用符號"O" 來表示。

傳輸:兩個節點之間的增益稱爲傳輸。

支路:連接兩個節點的定向綫段,支路的增益便是傳輸。

源點:只有輸出支路,沒有輸入支路的節點稱爲源點,對應系統的自變量,或稱爲輸入節點。

阱點:只有輸入支路,沒有輸出支路的節點稱爲阱點,對應系統的因變量,或稱爲輸出節點。

混合節點:既有輸入支路,也有輸出支路的節點稱爲混合節點。

---

* 选自李友善.自动控制原理.上册.北京:国防工业出版社,1980,47 ~ 49.

通路:沿支路箭頭方向而穿過各相連支路的途徑,稱爲通路。如果通路與任一節點相交不多于一次,就稱爲開通路。如果通路的終點就是通路的起點,并且與其它節點相交的次數不多于一,稱爲閉通路。如果通路通過某一節點多于一次,但是終點和起點又在不同的節點上,這個通路既不是開通路,又不是閉通路。所謂回路就是閉通路。

回路增益:回路中各支路傳輸的乘積。

自回路:只與一個節點相交的回路稱爲自回路。

前向通路:如果在從源點到阱點的通路上,通過任何節點不多于一次,則該通路成爲前向通路。前向通路中各支路傳輸的乘積,稱爲前向通路增益。

圖 6.9 給出以上部分術語的表現形式。

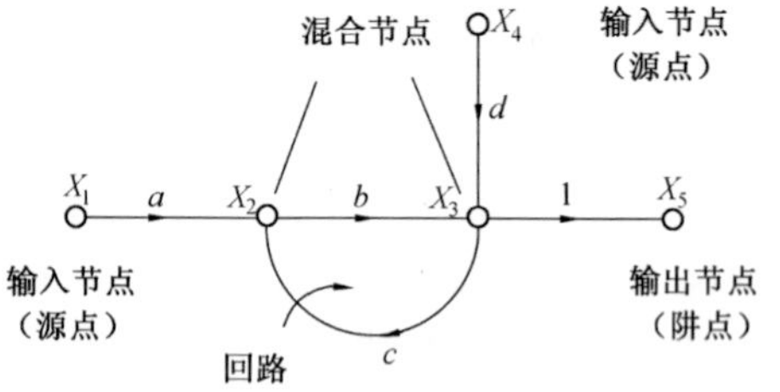

圖 6.9　信號流圖

二、信號流圖的梅森增益公式

梅森增益公式可以給出信號流圖中輸入變量與輸出變量之間的關系,即輸入節點與輸出節點之間的傳播,等于這兩個節點之間的總增益(見圖 6.10)。

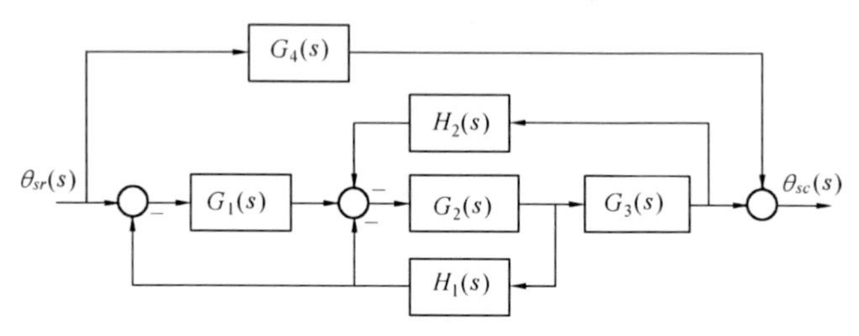

圖 6.10　控制系統方塊圖

梅森增益公式爲

$$P = \frac{1}{\Delta}\sum_{k=1}^{n} P_k \Delta_k$$

式中　P—— 總增益;

P_k—— 第 k 條前行通路的通路增益;

Δ—— 信號流圖的特征式;

Δ_k—— 在 Δ 中除去與第 k 條前向通路相接觸的回路后的特征式,稱爲第 k 條前向通路特征式的余因子。

Δ 的表達式爲

$$\Delta = 1 - \sum_{a} L_a + \sum_{bc} L_b L_c - \sum_{def} L_d L_e L_f + \cdots$$

式中 $\sum_{a} L_a$—— 所有不同回路的增益之和；

$\sum_{bc} L_b L_c$—— 每兩個互不接觸回路增益乘積之和；

$\sum_{def} L_d L_e L_f$—— 每三個互不接觸回路增益乘積之和。

公式 $\Delta = 0$ 則爲系統的特征方程式。

三、梅森增益公式的應用

求如下系統的傳遞函數：

從圖 6.11 求前向通路的通路增益，有

$$P_1 = G_1 G_2 G_3 \quad P_2 = G_4$$

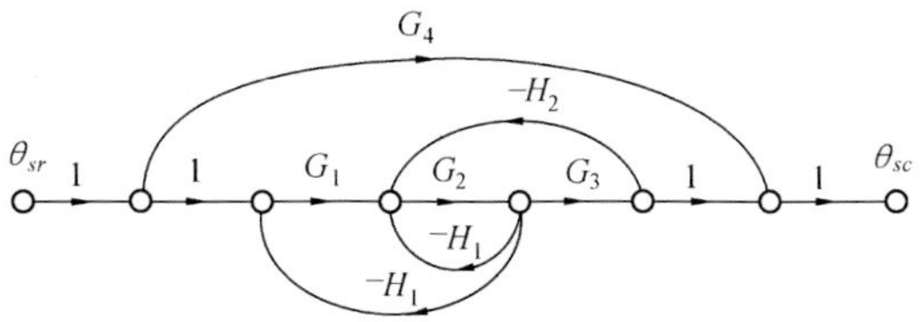

圖 6.11 控制系統信號流圖

各回路的增益爲

$$L_1 = -G_2 H_1 \quad L_2 = -G_1 G_2 H_1 \quad L_3 = -G_2 G_3 H_2$$

系統信號流圖的特征式

$$\Delta = 1 - (L_1 + L_2 + L_3)$$

求特征式的余因子式

$$\Delta_1 = 1 \qquad \Delta_2 = 1 - (L_1 + L_2 + L_3)$$

得控制系統的閉環傳遞函數爲

$$\frac{\theta_{sc}(s)}{\theta_{sr}(s)} = \frac{P_1 \Delta_1 + P_2 \Delta_2}{\Delta} = \frac{G_1 G_2 G_3 + G_4[1 + G_2 H_1 + G_1 G_2 H_1 + G_2 G_3 H_2]}{1 + G_2 H_1 + G_1 G_2 H_1 + G_2 G_3 H_2}$$

6.4 慣導系統誤差方程式的建立

在 6.1 節和 6.2 節，分別以兩組坐標系和三組坐標系的方法對慣導系統的動態特性建立了運動方程式，包括了導航系統的正常導航參數的方程式和誤差方程式。分析得出，兩種方法建立運動方程式的主要區別是在對平臺運動的描述上，而最終的結果是等效的。在 6.3 節，通過對單通道慣導系統的分析可以得出，當回路的參數進行了舒拉調諧之后，導航參數的計算值，不再含有加速度誤差項，而由各種誤差源引起的導航誤差，也具有 84.4 min 的振蕩周期。當考慮三個通道之間的相互耦合時，系統的誤差特性不只是有 84.4 min 振蕩周期的特性，還有付科

周期及地球周期的振蕩特性。而導航參數 V_{CN1}、V_{CN2}、φ_{C1}、φ_{C2}、φ_{C7} 等參數的計算,將和單通道時的計算結果是一致的。所以,本節僅就慣導系統的誤差做一分析,給出誤差方程。

實際上,在 6.1、6.2 節的討論中,我們已經建立了慣導系統的誤差方程,爲了方便,本節將把有關變量合并,寫出半解析式慣導系統誤差方程的表達式。慣導系統誤差方程式由平臺姿態角方程式、速度誤差方程式、位置誤差方程式組成。下邊分别討論之。

一、平臺誤差角方程式

方程式(6.1.19) 給出了平臺(平臺坐標系) 相對地理坐標系的偏差角方程式,即

$$\begin{aligned}\dot{\alpha} &= \omega_{CE} - \omega_E - \gamma\omega_N + \beta\omega_\zeta + \varepsilon_E \\ \dot{\beta} &= \omega_{CN} - \omega_N - \alpha\omega_\zeta + \gamma\omega_E + \varepsilon_N \\ \dot{\gamma} &= \omega_{C\zeta} - \omega_\zeta - \beta\omega_E + \alpha\omega_N + \varepsilon_\zeta\end{aligned} \tag{6.4.1}$$

式中的 ω_{CE}、ω_{CN}、$\omega_{C\zeta}$ 由式(6.1.17) 給定,即

$$\begin{aligned}\omega_{CE} &= -\frac{V_{CN}}{R} \\ \omega_{CN} &= \frac{V_{CE}}{R} + \omega_e\cos\varphi_c \\ \omega_{C\zeta} &= \frac{V_{CE}}{R}\tan\varphi_C + \omega_e\sin\varphi_C\end{aligned} \tag{6.4.2}$$

將式(6.4.2) 代入式(6.4.1),并考慮關系式

$$\begin{aligned}\sin\varphi_C &= \sin\varphi + \delta\varphi\cos\varphi \\ \cos\varphi_C &= \cos\varphi - \delta\varphi\sin\varphi \\ \tan\varphi_C &= \tan\varphi + \delta\varphi\sec^2\varphi\end{aligned} \tag{6.4.3}$$

有

$$\begin{aligned}\dot{\alpha} &= -\frac{V_{CN}}{R} + \frac{V_N}{R} - \gamma\omega_N + \beta\omega_\zeta + \varepsilon_E \\ \dot{\beta} &= \frac{V_{CE}}{R} - \frac{V_E}{R} + \omega_e\cos\varphi_c - \omega_e\cos\varphi - \alpha\omega_\zeta + \gamma\omega_E + \varepsilon_N \\ \dot{\gamma} &= \frac{V_{CE}}{R}\tan\varphi_C - \frac{V_E}{R}\tan\varphi + \omega_e\sin\varphi_C - \omega_e\sin\varphi - \beta\omega_E + \alpha\omega_N + \varepsilon_\zeta\end{aligned} \tag{6.4.4}$$

經整理,爲

$$\begin{aligned}\dot{\alpha} &= -\frac{\delta V_N}{R} - \gamma\omega_N + \beta\omega_\zeta + \varepsilon_E \\ \dot{\beta} &= \frac{\delta V_E}{R} - \delta\varphi\omega_e\sin\varphi - \alpha\omega_\zeta + \gamma\omega_E + \varepsilon_N \\ \dot{\gamma} &= \frac{\tan\varphi}{R}\delta V_E + \delta\varphi(\omega_e\cos\varphi + \omega_{N1}\sec^2\varphi) - \beta\omega_E + \alpha\omega_N + \varepsilon_\zeta\end{aligned} \tag{6.4.5}$$

式中

$$\omega_{N1} = \frac{V_E}{R}$$
$$\delta V_E = V_{CE} - V_E$$
$$\delta V_N = V_{CN} - V_N$$

且忽略二階小量$\frac{\delta V_E}{R} \cdot \delta\varphi \cdot \sec^2\varphi$。

式(6.4.5) 即爲平臺姿態角方程式,從方程式可以看出,平臺誤差角的大小是受三類因素制約的:第一類是由于導航參數有誤差而引起的;第二類是由于平臺誤差角之間的交叉耦合項而引入的誤差;第三類,也是最主要的原因,是由平臺漂移項引起的,也就是陀螺漂移誤差項。方程式中 α、β、γ、δV_E、δV_N、$\delta\varphi$ 爲變量,是待求的誤差項,其它各項爲已知的量。

二、速度誤差方程式

取方程(6.1.11) 和式(6.1.7) 如下

$$\begin{aligned}\dot{V}_{CE} &= A_E + \left(2\omega_e \sin\varphi_C + \frac{V_{CE}}{R}\tan\varphi_C\right) \cdot V_{CN} - \beta g + \Delta A_E \\ \dot{V}_{CN} &= A_N - \left(2\omega_e \sin\varphi_C + \frac{V_{CE}}{R}\tan\varphi_C\right) \cdot V_{CE} + \alpha g + \Delta A_N\end{aligned} \tag{6.4.6}$$

$$\begin{aligned}\dot{V}_E &= A_E + \left(2\omega_e \sin\varphi + \frac{V_E}{R}\tan\varphi\right) \cdot V_N \\ \dot{V}_N &= A_N - \left(2\omega_e \sin\varphi + \frac{V_E}{R}\tan\varphi\right) \cdot V_E\end{aligned} \tag{6.4.7}$$

將式(6.4.6) 和式(6.4.7) 相減,考慮式(6.4.3) 的關系,并忽略二階小量,有

$$\begin{aligned}\delta\dot{V}_E &= \frac{V_N}{R}\tan\varphi \cdot \delta V_E + \left(2\omega_e \sin\varphi + \frac{V_E}{R}\tan\varphi\right) \cdot \delta V_N + \left(2\omega_e \cos\varphi \cdot V_N + \frac{V_E V_N}{R}\sec^2\varphi\right) \cdot \delta\varphi - \beta g + \Delta A_E \\ \delta\dot{V}_N &= -\left(2\omega_e \sin\varphi + \frac{2V_E}{R}\tan\varphi\right) \cdot \delta V_E - \left(2\omega_e \cos\varphi \cdot V_E + \frac{V_E^2}{R}\sec^2\varphi\right) \cdot \delta\varphi + \alpha g + \Delta A_N\end{aligned} \tag{6.4.8}$$

方程式(6.4.8) 是在假定條件 $A_\zeta = g$,且在方程式(6.1.10) 中,忽略 γA_N 和 γA_E 兩項交叉影響后得到的速度誤差方程式。

當 $A_\zeta = g$ 的條件不能滿足,且 γA_N、γA_E 不能忽略時,式(6.4.6) 便應改寫爲

$$\begin{aligned}\dot{V}_{CE} &= A_E + \left(2\omega_e \sin\varphi_C + \frac{V_{CE}}{R}\tan\varphi_C\right) \cdot V_{CN} - \beta A_\zeta + \gamma A_N + \Delta A_E \\ \dot{V}_{CN} &= A_N - \left(2\omega_e \sin\varphi_C + \frac{V_{CE}}{R}\tan\varphi_C\right) \cdot V_{CE} + \alpha A_\zeta - \gamma A_E + \Delta A_N\end{aligned} \tag{6.4.9}$$

與式(6.4.9) 對應的式(6.4.7),則應改爲其完整的表達式(2.2.19),即

$$A_E = \dot{V}_E - \frac{V_E V_N}{R}\tan\varphi + \left(\frac{V_E}{R} + 2\omega_e\cos\varphi\right)\cdot V_\zeta - 2V_N\omega_e\sin\varphi$$

$$A_N = \dot{V}_N + 2V_E\omega_e\sin\varphi + \frac{V_E^2}{R}\tan\varphi + \frac{V_N V_\zeta}{R} \tag{6.4.10}$$

$$A_\zeta = \dot{V}_\zeta - 2V_E\omega_e\cos\varphi - \frac{V_E^2 + V_N^2}{R} + g$$

將式(6.4.10)代入式(6.4.9),進行如上同樣演算過程,可得速度誤差較爲完整的方程式

$$\delta\dot{V}_E = \frac{V_N}{R}\tan\varphi\cdot\delta V_E + \left(2\omega_e\sin\varphi + \frac{V_E}{R}\tan\varphi\right)\cdot\delta V_N + \left(2\omega_e\cos\varphi\cdot V_N + \frac{V_E V_N}{R}\sec^2\varphi\right)\cdot\delta\varphi -$$
$$\beta\left(\dot{V}_\zeta - 2V_E\omega_e\cos\varphi - \frac{V_E^2 + V_N^2}{R} + g\right) + \gamma\left(\dot{V}_N + 2V_E\omega_e\sin\varphi + \frac{V_E^2}{R}\tan\varphi + \frac{V_N V_\zeta}{R}\right) + \Delta A_E$$

$$\delta\dot{V}_N = -\left(2\omega_e\sin\varphi + \frac{2V_E}{R}\tan\varphi\right)\cdot\delta V_E - \left(2\omega_e\cos\varphi\cdot V_E + \frac{V_E^2}{R}\sec^2\varphi\right)\cdot\delta\varphi +$$
$$\alpha\left(\dot{V}_\zeta - 2V_E\omega_e\cos\varphi - \frac{V_E^2 + V_N^2}{R} + g\right) -$$
$$\gamma\left[\dot{V}_E - \frac{V_E V_N}{R}\tan\varphi + \left(\frac{V_E}{R} + 2\omega_e\cos\varphi\right)\cdot V_\zeta - 2V_N\omega_e\sin\varphi\right] + \Delta A_N \tag{6.4.11}$$

從方程式(6.4.11)可以看出,速度誤差的大小是受三類因素制約的:第一類是由于導航參數有誤差而引起的;第二類是由于平臺偏離當地水平面引入了 g 分量;第三類則是加速度計零偏引起的。

三、位置誤差方程式

導航系統計算位置方程式由式(6.2.25)得到

$$\dot{\varphi}_C = -\omega_{CE}$$
$$\dot{\lambda}_C = \frac{V_{CE}}{R}\sec\varphi_C \tag{6.4.12}$$

顯而易見,位置誤差方程式應爲

$$\delta\dot{\varphi} = \omega_{CE} - \omega_E$$
$$\delta\dot{\lambda} = \frac{V_{CE}}{R}\sec\varphi_C - \frac{V_E}{R}\sec\varphi \tag{6.4.13}$$

利用一階近似等式

$$\sec\varphi_C = \sec(\varphi + \delta\varphi) \approx \sec\varphi + \delta\varphi\tan\varphi\sec\varphi$$

在忽略二階小量后,得

$$\begin{aligned} \delta\dot{\varphi} &= -\frac{\delta V_N}{R} \\ \delta\dot{\lambda} &= \frac{\delta V_E}{R}\sec\varphi + \frac{\delta\varphi}{R}V_E\tan\varphi\sec\varphi \end{aligned} \tag{6.4.14}$$

式(6.4.14)就是位置誤差方程式,他們分別是由北向速度誤差和東向速度誤差及緯度誤差引起的。從平臺誤差角方程式和速度誤差方程式以及 $\delta\dot{\varphi}$ 方程式可以看出,在式(6.4.14)等式的右邊没有 $\delta\lambda$ 變量,只要 δV_E、$\delta\varphi$ 大小已知,$\delta\dot{\lambda}$ 的狀況也就確定了,因此,可認爲經度誤差方程式是開環運算的。在討論慣導系統的誤差動態特性時,可以不考慮經度誤差方程式。

四、系統誤差方程式

方程式(6.4.5)、(6.4.11)或方程式(6.4.8)、緯度誤差方程式等6個方程式組成了半解析式慣導系統的誤差方程式組。

爲了分析慣導系統的基本特性,假定載體處于地面静止狀態,即有 $V_E = V_N = V_\zeta = 0$, $\dot{V}_E = \dot{V}_N = 0, \dot{V}_\zeta = g$,于是慣性導航系統誤差方程式可簡化爲

$$\begin{aligned} \delta\dot{V}_E &= 2\omega_e\sin\varphi\cdot\delta V_N - \beta g + \Delta A_E \\ \delta\dot{V}_N &= -2\omega_e\sin\varphi\cdot\delta V_E + \alpha g + \Delta A_N \\ \delta\dot{\varphi} &= -\frac{1}{R}\delta V_N \\ \dot{\alpha} &= -\frac{\delta V_N}{R} - \gamma\omega_e\cos\varphi + \beta\omega_e\sin\varphi + \varepsilon_E \\ \dot{\beta} &= \frac{\delta V_E}{R} - \delta\varphi\omega_e\sin\varphi - \alpha\omega_e\sin\varphi + \varepsilon_N \\ \dot{\gamma} &= \frac{\tan\varphi}{R}\delta V_E + \delta\varphi\omega_e\cos\varphi + \alpha\omega_e\cos\varphi + \varepsilon_\zeta \end{aligned} \tag{6.4.15}$$

或表示爲

$$\begin{bmatrix} \delta\dot{V}_E \\ \delta\dot{V}_N \\ \delta\dot{\varphi} \\ \dot{\alpha} \\ \dot{\beta} \\ \dot{\gamma} \end{bmatrix} = \begin{bmatrix} 0 & 2\omega_e\sin\varphi & 0 & 0 & -g & 0 \\ -2\omega_e\sin\varphi & 0 & 0 & g & 0 & 0 \\ 0 & -\frac{1}{R} & 0 & 0 & 0 & 0 \\ 0 & -\frac{1}{R} & 0 & 0 & \omega_e\sin\varphi & -\omega_e\cos\varphi \\ \frac{1}{R} & 0 & -\omega_e\sin\varphi & -\omega_e\sin\varphi & 0 & 0 \\ \frac{1}{R}\tan\varphi & 0 & \omega_e\cos\varphi & \omega_e\cos\varphi & 0 & 0 \end{bmatrix}\cdot$$

$$\begin{bmatrix} \delta V_E \\ \delta V_N \\ \delta\varphi \\ \alpha \\ \beta \\ \gamma \end{bmatrix} + \begin{bmatrix} \Delta A_E \\ \Delta A_N \\ 0 \\ \varepsilon_E \\ \varepsilon_N \\ \varepsilon_\zeta \end{bmatrix} \tag{6.4.16}$$

上式可簡寫爲

$$\dot{\boldsymbol{x}}(t) = \boldsymbol{F}\boldsymbol{x}(t) + \boldsymbol{W}(t) \tag{6.4.17}$$

得系統的特征行列式

$$\Delta(s) = |s\boldsymbol{I} - \boldsymbol{F}| = \begin{bmatrix} s & -2\omega_e\sin\varphi & 0 & 0 & g & 0 \\ 2\omega_e\sin\varphi & s & 0 & -g & 0 & 0 \\ 0 & \frac{1}{R} & s & 0 & 0 & 0 \\ 0 & \frac{1}{R} & 0 & s & -\omega_e\sin\varphi & \omega_e\cos\varphi \\ -\frac{1}{R} & 0 & \omega_e\sin\varphi & \omega_e\sin\varphi & s & 0 \\ -\frac{1}{R}\tan\varphi & 0 & -\omega_e\cos\varphi & -\omega_e\cos\varphi & 0 & s \end{bmatrix} =$$

$$(s^2 + \omega_e^2)[(s^2 + \omega_s^2)^2 + 4s^2\omega_e^2\sin^2\varphi] \tag{6.4.18}$$

式中

$$\omega_s^2 = \frac{g}{R}$$

ω_s 稱爲舒拉頻率。系統的特征方程式爲

$$(s^2 + \omega_e^2)[(s^2 + \omega_s^2)^2 + 4s^2\omega_e^2\sin^2\varphi] = 0 \tag{6.4.19}$$

由

$$s^2 + \omega_e^2 = 0 \tag{6.4.20}$$

得系統的一組特征根爲

$$s = \pm j\omega_e \tag{6.4.21}$$

ω_e 爲地球自轉角速度,與其相應的周期爲 $T = \dfrac{2\pi}{\omega_e} \approx 24$ h,爲此,稱其爲地球振蕩周期。由

$$(s^2 + \omega_s^2)^2 + 4s^2\omega_e^2\sin^2\varphi = 0 \tag{6.4.22}$$

又可解得一組特征根。

展開式(6.4.22),得

$$s^4 + 2s^2(\omega_s^2 + 2\omega_e^2\sin^2\varphi) + \omega_s^4 = 0 \tag{6.4.23}$$

因爲

$$\omega_s \approx 1.24 \times 10^{-3}/\text{s}$$

$$\omega_e \approx 0.729 \times 10^{-4}/\text{s}$$

所以可認爲 $\omega_s^2 \gg \omega_e^2$,從而將等式(6.4.23)寫成

$$[s^2 + (\omega_s + \omega_e \sin\varphi)^2][s^2 + (\omega_s - \omega_e \sin\varphi)^2] = 0 \tag{6.4.24}$$

由此得系統的特征根還有

$$\begin{aligned} s_{3、4} &= \pm j(\omega_s + \omega_e \sin\varphi) \\ s_{5、6} &= \pm j(\omega_s - \omega_e \sin\varphi) \end{aligned} \tag{6.4.25}$$

此即表示系統包含兩個角頻率($\omega_s + \omega_e \sin\varphi$)和($\omega_s - \omega_e \sin\varphi$)的振蕩。由于 $\omega_e \sin\varphi \ll \omega_s$,因此一個角頻率比 ω_s 稍高一些,另一個比 ω_s 稍低一些,亦即系統振蕩包含兩個頻率相近的正弦分量,他們合在一起就產生差拍,如以下兩個正弦分量之和,即

$$\alpha = \alpha_0 \sin(\omega_s + \omega_e \sin\varphi)t + \alpha_0 \sin(\omega_s - \omega_e \sin\varphi)t = 2\alpha_0 \cos(\omega_e \sin\varphi)t \cdot \sin\omega_s t$$

上式表示頻率相近的兩個正弦分量合成之後形成的差拍,產生了 $\sin\omega_s t$ 的正弦振蕩,其幅值爲$[2\alpha_0 \cos(\omega_e \sin\varphi)t]$,亦即其幅值也是隨 $\cos(\omega_e \sin\varphi)t$ 而變化的,因此,新形成的正弦振蕩具有調制波的性質。

這里 ω_s 對應的振蕩周期爲舒拉周期

$$T_s = \frac{2\pi}{\omega_s} = 2\pi\sqrt{\frac{R}{g}} \tag{6.4.26}$$

而 $\omega_e \sin\varphi$ 所對應的調制周期爲付科周期

$$T_f = \frac{2\pi}{\omega_e \sin\varphi} \tag{6.4.27}$$

這種現象與付科擺效應相似,付科擺是在一個平面内運動,它相對于慣性空間在擺動,在無干擾狀態下,運動的單擺要保持自己的慣性。由于地球自轉,單擺擺動平面繞垂綫以 $\omega_e \sin\varphi$ 的角速度旋轉。因此,如果在地平面上觀測此擺,則其振動在地平面 x 軸和 y 軸上投影呈差拍的形式,其短周期爲

$$T_L = 2\pi\sqrt{\frac{L}{g}}$$

式中 L 爲擺長,而其長周期即爲付科周期

$$T_f = \frac{2\pi}{\omega_e \sin\varphi}$$

如果 $\varphi = 30°$,則 $T_f \approx 48$ h。

在慣性導航系統中,付科周期是由于未能全部補償有害加速度而帶來的交叉耦合速度誤差造成的,對舒拉周期起調制作用。從式(6.4.15)可以清楚看出,在固定基座上,不存在哥氏加速度項,本來不必補償,由于速度誤差的存在和系統的結構安排,出現了補償哥氏加速度的作用,從而導致付科周期的振蕩。如果忽略速度的交叉耦合影響,付科周期將不出現,慣導系統的特征方程式變爲

$$(s^2 + \omega_e^2)(s^2 + \omega_s^2)^2 = 0 \tag{6.4.28}$$

通過以上的分析可以看出,在系統的兩個水平回路參數進行舒拉調整之後,由于系統三個

通道之間的交叉影響,系統的特征方程式共有三對共軛虛根。因此,在外來擾動作用下,系統的輸出呈振蕩特性,其周期不僅有舒拉周期,還有地球周期和付科周期。

6.5 慣導系統誤差傳播特性

一、系統誤差傳播特性

誤差方程式組(6.4.15) 的解析解,稱其爲慣導系統的誤差傳播特性。

對式(6.4.16) 進行拉氏變換,有

$$
\begin{bmatrix} s\delta V_E(s) \\ s\delta V_N(s) \\ s\delta\varphi(s) \\ s\alpha(s) \\ s\beta(s) \\ s\gamma(s) \end{bmatrix}
=
\begin{bmatrix}
0 & 2\omega_e \sin\varphi & 0 & 0 & -g & 0 \\
-2\omega_e \sin\varphi & 0 & 0 & g & 0 & 0 \\
0 & -\frac{1}{R} & 0 & 0 & 0 & 0 \\
0 & -\frac{1}{R} & 0 & 0 & \omega_e \sin\varphi & -\omega_e\cos\varphi \\
\frac{1}{R} & 0 & -\omega_e\sin\varphi & -\omega_e\sin\varphi & 0 & 0 \\
\frac{1}{R}\tan\varphi & 0 & \omega_e\cos\varphi & \omega_e\cos\varphi & 0 & 0
\end{bmatrix}
\cdot
\begin{bmatrix} \delta V_E(s) \\ \delta V_N(s) \\ \delta\varphi(s) \\ \alpha(s) \\ \beta(s) \\ \gamma(s) \end{bmatrix}
+
\begin{bmatrix} \delta V_{E0} \\ \delta V_{N0} \\ \delta\varphi_0 \\ \alpha_0 \\ \beta_0 \\ \gamma_0 \end{bmatrix}
+
\begin{bmatrix} \Delta A_E(s) \\ \Delta A_N(s) \\ 0 \\ \varepsilon_E(s) \\ \varepsilon_N(s) \\ \varepsilon_\zeta(s) \end{bmatrix}
\tag{6.5.1}
$$

或寫成解的形式,即

$$
\begin{bmatrix} \delta V_E(s) \\ \delta V_N(s) \\ \delta\varphi(s) \\ \alpha(s) \\ \beta(s) \\ \gamma(s) \end{bmatrix}
=
\begin{bmatrix}
s & -2\omega_e \sin\varphi & 0 & 0 & g & 0 \\
2\omega_e \sin\varphi & s & 0 & -g & 0 & 0 \\
0 & \frac{1}{R} & s & 0 & 0 & 0 \\
0 & \frac{1}{R} & 0 & s & -\omega_e \sin\varphi & \omega_e\cos\varphi \\
-\frac{1}{R} & 0 & \omega_e\sin\varphi & \omega_e\sin\varphi & s & 0 \\
-\frac{1}{R}\tan\varphi & 0 & -\omega_e\cos\varphi & -\omega_e\cos\varphi & 0 & s
\end{bmatrix}^{-1}
\cdot
$$

$$\begin{bmatrix} \delta V_{E0} + \Delta A_E(s) \\ \delta V_{N0} + \Delta A_N(s) \\ \delta\varphi_0 \\ \alpha_0 + \varepsilon_E(s) \\ \beta_0 + \varepsilon_N(s) \\ \gamma_0 + \varepsilon_\zeta(s) \end{bmatrix} \tag{6.5.2}$$

或寫成

$$\boldsymbol{x}(s) = (s\boldsymbol{I} - \boldsymbol{F})^{-1}[\boldsymbol{x}(0) + \boldsymbol{w}(s)] \tag{6.5.3}$$

在忽略付科周期影響的情況下,對式(6.5.3)求解,結果見表6.1和表6.2。

表6.1　系統誤差與主要誤差源之間的傳遞關系之一

誤差源 / 傳遞函數 / 系統誤差	$\varepsilon_E(s),(\alpha_0)$	$\varepsilon_N(s),(\beta_0)$	$\varepsilon_\zeta(s),(\gamma_0)$
$\delta V_E(s)$	$\dfrac{s\omega_e g\sin\varphi}{(s^2+\omega_e^2)(s^2+\omega_s^2)}$	$\dfrac{-g(s^2+\omega_e^2\cos^2\varphi)}{(s^2+\omega_e^2)(s^2+\omega_s^2)}$	$\dfrac{-g\omega_e^2\cos\varphi\sin\varphi}{(s^2+\omega_e^2)(s^2+\omega_s^2)}$
$\delta V_N(s)$	$\dfrac{s^2 g}{(s^2+\omega_e^2)(s^2+\omega_s^2)}$	$\dfrac{s\omega_e g\sin\varphi}{(s^2+\omega_e^2)(s^2+\omega_s^2)}$	$\dfrac{-s\omega_e g\cos\varphi}{(s^2+\omega_e^2)(s^2+\omega_s^2)}$
$\delta\varphi(s)$	$\dfrac{s\omega_s^2}{(s^2+\omega_e^2)(s^2+\omega_s^2)}$	$\dfrac{\omega_e\omega_s^2\sin\varphi}{(s^2+\omega_e^2)(s^2+\omega_s^2)}$	$\dfrac{-\omega_e\omega_s^2\cos\varphi}{(s^2+\omega_e^2)(s^2+\omega_s^2)}$
$\delta\lambda(s)$	$\dfrac{\omega_e\omega_s^2\tan\varphi}{(s^2+\omega_e^2)(s^2+\omega_s^2)}$	$\dfrac{(s^2+\omega_e^2\cos^2\varphi)\omega_s^2\sec\varphi}{s(s^2+\omega_e^2)(s^2+\omega_s^2)}$	$\dfrac{-\omega_e^2\omega_s^2\sin\varphi}{s(s^2+\omega_e^2)(s^2+\omega_s^2)}$
$\alpha(s)$	$\dfrac{s^3}{(s^2+\omega_e^2)(s^2+\omega_s^2)}$	$\dfrac{s^2\omega_e\sin\varphi}{(s^2+\omega_e^2)(s^2+\omega_s^2)}$	$\dfrac{-s^2\omega_e\cos\varphi}{(s^2+\omega_e^2)(s^2+\omega_s^2)}$
$\beta(s)$	$\dfrac{-s^2\omega_e\sin\varphi}{(s^2+\omega_e^2)(s^2+\omega_s^2)}$	$\dfrac{s(s^2+\omega_e^2\cos^2\varphi)}{(s^2+\omega_e^2)(s^2+\omega_s^2)}$	$\dfrac{s\omega_e^2\sin\varphi\cos\varphi}{(s^2+\omega_e^2)(s^2+\omega_s^2)}$
$\gamma(s)$	$\dfrac{(s^2+\omega_e^2\sec^2\varphi)\omega_e\cos\varphi}{(s^2+\omega_e^2)(s^2+\omega_s^2)}$	$\dfrac{s(\omega_e^2\sin\varphi\cos\varphi-\omega_s^3\tan\varphi)}{(s^2+\omega_e^2)(s^2+\omega_s^2)}$	$\dfrac{s(s^2+\omega_s^2+\omega_e^2\sin^2\varphi)}{(s^2+\omega_e^2)(s^2+\omega_s^2)}$

表 6.2　系統誤差與主要誤差源之間的傳遞關係之二

傳遞函數 誤差源 / 系統誤差	$\Delta A_E(s),(\delta V_{E0})$	$\Delta A_N(s),(\delta V_{N0})$	$\delta\varphi_0$	$\delta\lambda_0$
$\delta V_E(s)$	$\frac{s}{s^2+\omega_s^2}$		$\frac{s\omega_e g\sin\varphi}{(s^2+\omega_e^2)(s^2+\omega_s^2)}$	
$\delta V_N(s)$		$\frac{s}{s^2+\omega_s^2}$	$\frac{-g\omega_e^2}{(s^2+\omega_e^2)(s^2+\omega_s^2)}$	
$\delta\varphi(s)$		$\frac{1}{R(s^2+\omega_s^2)}$	$\frac{s(s^2+\omega_e^2+\omega_s^2)}{(s^2+\omega_e^2)(s^2+\omega_s^2)}$	
$\delta\lambda(s)$	$\frac{\sec\varphi}{R(s^2+\omega_s^2)}$		$\frac{\omega_s^2\omega_e\tan\varphi}{(s^2+\omega_e^2)(s^2+\omega_s^2)}$	1
$\alpha(s)$		$\frac{-1}{R(s^2+\omega_s^2)}$	$\frac{-s\omega_e^2}{(s^2+\omega_e^2)(s^2+\omega_s^2)}$	
$\beta(s)$	$\frac{1}{R(s^2+\omega_s^2)}$		$\frac{-s^2\omega_e\sin\varphi}{(s^2+\omega_e^2)(s^2+\omega_s^2)}$	
$\gamma(s)$	$\frac{\tan\varphi}{R(s^2+\omega_s^2)}$		$\frac{(s^2+\omega_s\sec^2\varphi)\omega_e\cos\varphi}{(s^2+\omega_e^2)(s^2+\omega_s^2)}$	

* 表 6.1、6.2 取自書后參考文獻 9 中的 34 ~ 35。

表 6.1 主要描述陀螺漂移 $\varepsilon_E(s)$、$\varepsilon_N(s)$、$\varepsilon_\zeta(s)$ 和系統誤差之間的拉氏變換解，平臺初始偏差角 α_0、β_0、γ_0 對系統誤差的作用等效于陀螺漂移角速度拉氏變換值的作用。

表 6.2 主要描述加速度計誤差 $\Delta A_E(s)$、$\Delta A_N(s)$ 和經、緯度初始誤差角 $\delta\varphi_0$、$\delta\lambda_0$ 和系統誤差之間的拉氏變換解，初始速度誤差 δV_{E0}、δV_{N0} 分別等效于 $\Delta A_E(s)$ 和 $\Delta A_N(s)$ 的作用。

表 6.1 和表 6.2 中的有關 $\delta\lambda(s)$ 項，不是從方程式(6.5.3)直接計算得到，而是另做開環計算得到的(參看式(6.4.14))。

二、系統誤差分析

引起系統誤差的主要因素有如下幾種，可從表 6.1 和表 6.2 中的拉氏變換解得出，并將其轉換爲時間域的表達式。

1. 陀螺漂移引起的系統誤差

設陀螺漂移爲常值誤差，可有

$$\delta V_E(t)=\frac{g\sin\varphi}{\omega_s^2-\omega_e^2}\left(\sin\omega_e t-\frac{\omega_e}{\omega_s}\sin\omega_s t\right)\cdot\varepsilon_E+\left(\frac{\omega_s^2-\omega_e^2\cos\varphi}{\omega_s^2-\omega_e^2}\cos\omega_s t-\frac{\omega_s^2\sin^2\varphi}{\omega_s^2-\omega_e^2}\cos\omega_e t-\cos^2\varphi\right)\cdot$$

$$\varepsilon_N+R\sin\varphi\cos\varphi\left(\frac{\omega_s^2}{\omega_s^2-\omega_e^2}\cos\omega_e t-\frac{\omega_e^2}{\omega_s^2-\omega_e^2}\cos\omega_s t-1\right)\cdot\varepsilon_\zeta \quad (6.5.4)$$

$$\delta V_N(t) = \frac{g}{\omega_s^2 - \omega_e^2}(\cos\omega_e t - \cos\omega_s t)\cdot\varepsilon_E + \frac{g\sin\varphi}{\omega_s^2 - \omega_e^2}\left(\sin\omega_e t - \frac{\omega_e}{\omega_s}\sin\omega_s t\right)\cdot\varepsilon_N +$$

$$\frac{g\cos\varphi}{\omega_s^2 - \omega_e^2}\left(\sin\omega_e t - \frac{\omega_e}{\omega_s}\sin\omega_s t\right)\cdot\varepsilon_\zeta \tag{6.5.5}$$

$$\delta\varphi(t) = \frac{\omega_s^2}{\omega_s^2 - \omega_e^2}\left(\frac{1}{\omega_e}\sin\omega_e t - \frac{1}{\omega_s}\sin\omega_s t\right)\cdot\varepsilon_E + \left[\frac{\omega_s^2\omega_e\sin\varphi}{\omega_s^2 - \omega_e^2}\left(\frac{1}{\omega_s^2}\cos\omega_s t - \frac{1}{\omega_e^2}\cos\omega_e t\right) + \frac{\sin\varphi}{\omega_e}\right]\cdot$$

$$\varepsilon_N + \left[\frac{\omega_s^2\cos\varphi}{\omega_e(\omega_s^2 - \omega_e^2)}\cos\omega_e t - \frac{\omega_e\cos\varphi}{\omega_s^2 - \omega_e^2}\cos\omega_s t - \frac{\cos\varphi}{\omega_e}\right]\cdot\varepsilon_\zeta \tag{6.5.6}$$

$$\delta\lambda(t) = \left[\frac{\tan\varphi}{\omega_e}(1 - \cos\omega_e t) - \frac{\omega_e\tan\varphi}{\omega_s^2 - \omega_e^2}(\cos\omega_e t - \cos\omega_s t)\right]\cdot\varepsilon_E +$$

$$\left[\frac{\sec\varphi(\omega_s^2 - \omega_e^2\cos^2\varphi)}{\omega_s(\omega_s^2 - \omega_e^2)}\sin\omega_s t - \frac{\omega_s^2\tan\varphi\sin\varphi}{\omega_e(\omega_s^2 - \omega_e^2)}\sin\omega_e t - t\cos\varphi\right]\cdot\varepsilon_N +$$

$$\left[\frac{\omega_s^2\sin\varphi}{\omega_e(\omega_s^2 - \omega_e^2)}\sin\omega_e t - \frac{\omega_e^2\sin\varphi}{\omega_s(\omega_s^2 - \omega_e^2)}\sin\omega_s t - t\sin\varphi\right]\cdot\varepsilon_\zeta \tag{6.5.7}$$

$$\alpha(t) = \frac{1}{\omega_s^2 - \omega_e^2}(\omega_s\sin\omega_s t - \omega_e\sin\omega_e t)\cdot\varepsilon_E +$$

$$\frac{\omega_e\sin\varphi}{\omega_s^2 - \omega_e^2}(\cos\omega_e t - \cos\omega_s t)\cdot\varepsilon_N + \frac{\omega_e\cos\varphi}{\omega_s^2 - \omega_e^2}(\cos\omega_s t - \cos\omega_e t)\cdot\varepsilon_\zeta \tag{6.5.8}$$

$$\beta(t) = \frac{\omega_e\sin\varphi}{\omega_s^2 - \omega_e^2}(\cos\omega_s t - \cos\omega_e t)\cdot\varepsilon_E + \left[\frac{\omega_s^2 - \omega_e^2\cos^2\varphi}{\omega_s(\omega_s^2 - \omega_e^2)}\sin\omega_s t - \frac{\omega_e\sin^2\varphi}{\omega_s^2 - \omega_e^2}\sin\omega_e t\right]\cdot$$

$$\varepsilon_N + \frac{\omega_e\sin\varphi\cos\varphi}{\omega_s^2 - \omega_e^2}\left(\sin\omega_e t - \frac{\omega_e}{\omega_s}\sin\omega_s t\right)\cdot\varepsilon_\zeta \tag{6.5.9}$$

$$\gamma(t) = \left[\frac{\sec\varphi}{\omega_e}(1 - \cos\omega_e t) + \frac{\omega_e\sin\varphi\tan\varphi}{\omega_s^2 - \omega_e^2}(\cos\omega_s t - \cos\omega_e t)\right]\cdot\varepsilon_E +$$

$$\frac{\omega_e^2\cos\varphi\sin\varphi - \omega_s^2\tan\varphi}{\omega_s^2 - \omega_e^2}\left(\frac{1}{\omega_e}\sin\omega_e t - \frac{1}{\omega_s}\sin\omega_s t\right)\cdot\varepsilon_N +$$

$$\left[\frac{\omega_s^2 - \omega_e^2\cos^2\varphi}{\omega_e(\omega_s^2 - \omega_e^2)}\sin\omega_e t - \frac{\omega_e^2\sin^2\varphi}{\omega_s(\omega_s^2 - \omega_e^2)}\sin\omega_s t\right]\cdot\varepsilon_\zeta \tag{6.5.10}$$

從以上各式可以看出,由常值陀螺漂移引起的系統誤差大都是振蕩傳播性質的,但對某些導航參數(速度,位置)及平臺姿態角產生常值偏差,最爲嚴重的是陀螺漂移引起隨時間積累的定位誤差項,即在 $\delta\lambda(t)$ 中的 $t\cos\varphi\cdot\varepsilon_N$ 和 $t\sin\varphi\cdot\varepsilon_\zeta$ 項。

2. 加速度計零位誤差引起的系統誤差

設該項誤差爲常值,可有

$$\delta V_E(t) = \frac{\Delta A_E}{\omega_s}\sin\omega_s t \tag{6.5.11}$$

$$\delta V_N(t) = \frac{\Delta A_N}{\omega_s}\sin \omega_s t \tag{6.5.12}$$

$$\delta\varphi(t) = \frac{\Delta A_N}{g}(1 - \cos \omega_s t) \tag{6.5.13}$$

$$\delta\lambda(t) = \frac{\Delta A_E}{g}\sec \varphi(1 - \cos \omega_s t) \tag{6.5.14}$$

$$\alpha(t) = -\frac{\Delta A_N}{g}(1 - \cos \omega_s t) \tag{6.5.15}$$

$$\beta(t) = \frac{\Delta A_E}{g}(1 - \cos \omega_s t) \tag{6.5.16}$$

$$\gamma(t) = \frac{\Delta A_E}{g}\tan \varphi(1 - \cos \omega_s t) \tag{6.5.17}$$

從以上各式可以看出,由加速度計零位常值誤差引起的系統誤差均爲振蕩特性,但對導航定位和平臺姿態角有常值分量誤差。可以認爲平臺姿態角精度取决于加速度計零位誤差。

3. 初始誤差引起的系統誤差

從表 6.1 和表 6.2 可見,初始誤差項 α_0、β_0、γ_0、δV_{E0}、δV_{N0}、$\delta\varphi_0$ 等引起的系統誤差,由表中的拉氏變换式直接變换即可求其誤差傳播公式,與相同位置陀螺漂移及加速度計誤差引起的系統誤差拉氏變换表達式相差$\frac{1}{s}$ 因子,因此,由初始誤差項引起的系統誤差拉氏變换,主要由 $\frac{1}{s^2 + \omega_e^2}$ 和$\frac{1}{s^2 + \omega_s^2}$ 組成,反映了系統主要由振蕩周期項組成,其圓頻率分别爲 ω_e 和 ω_s,僅僅在 $\delta\lambda(s)$ 的誤差項中含有$\frac{1}{s}$ 因子項,反映在時間域中有常值誤差。具體誤差傳播公式不再一一給出。

從以上分析可得出如下結論:北向陀螺和方位陀螺的漂移 ε_N 和 ε_ζ,將要引起經度誤差隨着時間而積累的,東向陀螺漂移只對緯度及平臺方位誤差産生常值偏差,加速度計主要産生平臺姿態角的常值誤差,除上述情况,大部分誤差均爲振蕩性質。

思　考　題

1. 用兩組坐標系描述的慣導系統的基本方程式是什么?
2. 用 φ 方程描述的慣導系統基本方程式的特點是什么?
3. 對于單通道慣導系統有哪些輸出變量和輸入變量?
4. 如何建立慣導系統誤差方程式?
5. 陀螺漂移、加速度計誤差、初始對準誤差等對系統誤差有何影響?

第七章　捷聯式慣性導航系統基本算法和系統誤差傳播特性

在第二章，已對捷聯式慣性導航系統做了一般性的介紹。由于捷聯式慣性導航系統在技術上有其獨特的優點，得到了廣泛的應用。爲了便于進一步了解捷聯式慣性導航系統的實質，本章將進一步闡述有關捷聯式慣性導航系統的基本算法和系統誤差傳播特性。

7.1　捷聯式慣導算法概述

捷聯式慣導算法是指從慣性儀表的輸出到給出需要的導航與控制信息所必須進行的全部計算問題的計算方法，計算的内容和要求根據捷聯式慣導的應用或功能要求的不同有很大的差別。

一般來説，有以下幾個方面的内容。

一、系統的初始化

系統的初始化包括 3 項任務。

1) 給定飛行器的初始位置和初始速度等初始信息。

2) 數學平臺的初始對準，確定姿態矩陣的初始值，是在計算機中用對準程序來完成的。在物理概念上就是把“數學平臺”的平臺坐標系和導航坐標系相重合，稱其爲對準。

3) 慣性儀表的校準，對陀螺的標度因數進行標定，對陀螺的漂移進行標定，對加速度計的標度因數標定。

二、慣性儀表的誤差補償

對于捷聯式慣性導航系統，慣性元件的輸出首先必須經過誤差補償后，才能將其輸出值作爲姿態和導航計算信息。其補償原理如圖 7.1 所示。

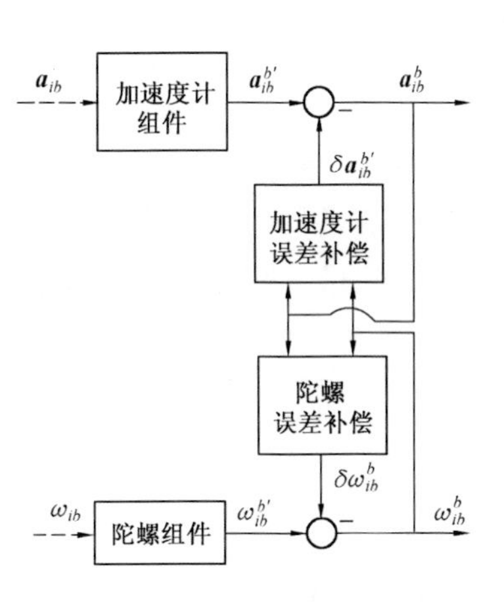

圖 7.1　慣性元件誤差補償原理圖

圖中 $\boldsymbol{\omega}_{ib}$、$\boldsymbol{a}_{ib}$ 爲飛行器相對慣性空間運動的角速度及加速度矢量；$\boldsymbol{\omega}_{ib}^{b'}$、$\boldsymbol{a}_{ib}^{b'}$ 爲沿飛行器坐標系表示的陀螺及加速度計輸出的原始測量值；$\boldsymbol{\omega}_{ib}^{b}$、$\boldsymbol{a}_{ib}^{b}$ 爲沿飛行器坐標系表示的誤差補償后

的陀螺及加速度計的輸出值；$\delta\boldsymbol{\omega}_{ib}^{b}$、$\delta\boldsymbol{a}_{ib}^{b}$ 爲由誤差模型給出的陀螺及加速度計的估計誤差(包括静態和動態誤差項)。

三、姿態矩陣計算

不管捷聯式慣性導航應用和要求如何,姿態矩陣的計算都是不可少的,可以給出飛行器的姿態和爲導航參數的計算提供必要的數據,是捷聯式慣導算法中的最重要的一部分。

四、導航計算

將加速度計的輸出,變换到導航坐標系,計算出飛行器的速度、位置等導航參數。

五、導航和控制信息的提取

包括飛行器的姿態信息、飛行器的角速度和綫加速度等信息。本章將重點介紹姿態矩陣的計算,圖7.2給出捷聯式慣性導航系統算法流程圖。

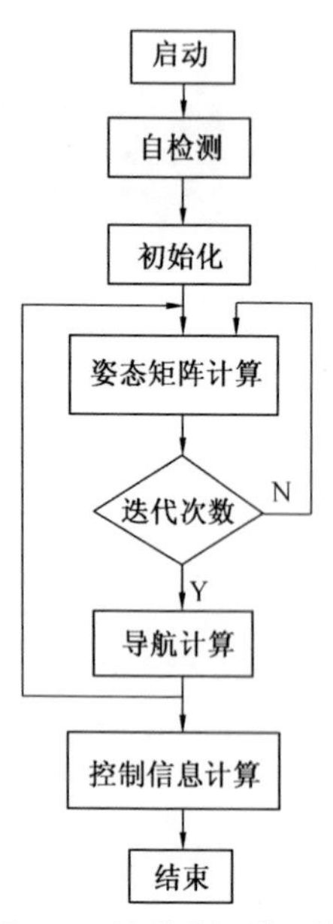

圖7.2　捷聯式慣導系統算法流程

7.2　姿態矩陣的計算

爲了便于和半解析式慣性導航系統的一些結論相比較,假定我們所討論的捷聯系統"數學平臺"模擬的既是地理坐標系,也是導航坐標系。因此,要確定飛行器的姿態矩陣,只要研究飛行器坐標系(b)和地理坐標系(E)之間的關系就可以了。用飛行器坐標系相對地理坐標系的三次轉動角確定,習慣上,俯仰角和滚動角分别用 θ 和 γ 表示,航向角用 ψ 表示,和第六章平臺相對地理坐標系偏差角 α、β、γ 對應,下邊討論三種方法。

一、歐拉角微分方程式

圖7.3給出用航向角 ψ、俯仰角 θ、滚動角 γ 表示的飛行器坐標系與地理坐標系之間關系的圖示。

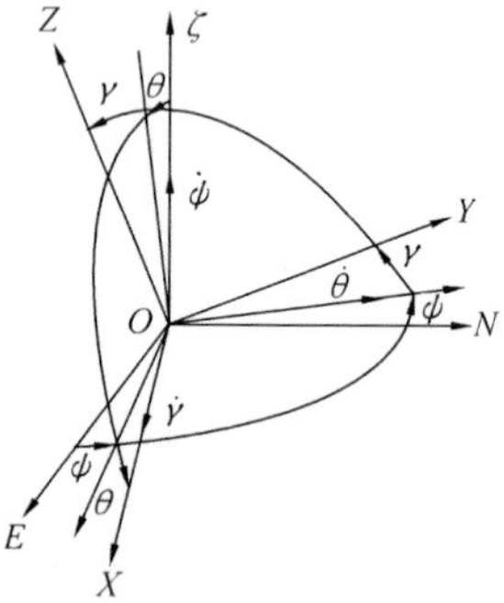

圖7.3　飛行器坐標系與地理坐標系關系

從地理坐標系到飛行器坐標系三次旋轉順序爲 $\dot{\psi}\rightarrow\dot{\theta}\rightarrow\dot{\gamma}$,其方向余弦矩陣表達式爲

$$
C_E^b = C_\gamma \cdot C_\theta \cdot C_\psi = \begin{bmatrix} \cos\psi\cos\theta & \sin\psi\cos\theta & -\sin\theta \\ \cos\psi\sin\theta\sin\gamma - \sin\psi\cos\gamma & \sin\psi\sin\theta\sin\gamma + \cos\psi\cos\gamma & \cos\theta\sin\gamma \\ \cos\psi\sin\theta\cos\gamma + \sin\psi\sin\gamma & \sin\psi\sin\theta\cos\gamma - \cos\psi\sin\gamma & \cos\theta\cos\gamma \end{bmatrix} \tag{7.2.1}
$$

坐標系 $OXYZ$ 表示飛行器坐標系的最終位置。公式(7.2.1) 中的 ψ、θ、γ 稱其爲歐拉角。

我們用 $\boldsymbol{\omega}_{Eb}^b$ 表示飛行器坐標系相對地理坐標系的角速度矢量在飛行器坐標系軸向分量構成的列矩陣,從圖 7.3 可有

$$
\boldsymbol{\omega}_{Eb}^b = [\omega_{EbX}^b \quad \omega_{EbY}^b \quad \omega_{EbZ}^b]^{\mathrm{T}} = C_\gamma C_\theta \begin{bmatrix} 0 \\ 0 \\ \dot{\psi} \end{bmatrix} + C_\gamma \begin{bmatrix} 0 \\ \dot{\theta} \\ 0 \end{bmatrix} + \begin{bmatrix} \dot{\gamma} \\ 0 \\ 0 \end{bmatrix} =
$$

$$
\begin{bmatrix} 1 & 0 & -\sin\theta \\ 0 & \cos\gamma & \sin\gamma\cos\theta \\ 0 & -\sin\gamma & \cos\gamma\cos\theta \end{bmatrix} \cdot \begin{bmatrix} \dot{\gamma} \\ \dot{\theta} \\ \dot{\psi} \end{bmatrix} \tag{7.2.2}
$$

由式(7.2.2) 可得

$$
\begin{bmatrix} \dot{\gamma} \\ \dot{\theta} \\ \dot{\psi} \end{bmatrix} = \begin{bmatrix} 1 & 0 & -\sin\theta \\ 0 & \cos\gamma & \sin\gamma\cos\theta \\ 0 & -\sin\gamma & \cos\gamma\cos\theta \end{bmatrix}^{-1} \begin{bmatrix} \omega_{EbX}^b \\ \omega_{EbY}^b \\ \omega_{EbZ}^b \end{bmatrix} =
$$

$$
\frac{1}{\cos\theta} \begin{bmatrix} \cos\theta & \sin\gamma\sin\theta & \cos\gamma\sin\theta \\ 0 & \cos\theta\cos\gamma & -\sin\gamma\cos\theta \\ 0 & \sin\gamma & \cos\gamma \end{bmatrix} \cdot \begin{bmatrix} \omega_{EbX}^b \\ \omega_{EbY}^b \\ \omega_{EbZ}^b \end{bmatrix} \tag{7.2.3}
$$

式(7.2.3) 爲歐拉角微分方程式,式中的 ω_{EbX}^b、ω_{EbY}^b、ω_{EbZ}^b 三個角速度分量可由直接安裝在飛行器上的三個角速度陀螺測量值 $\boldsymbol{\omega}_{ib}^b$ 與導航參數計算值 $\boldsymbol{\omega}_{iE}^b$ 綜合得到,可認爲是已知量。因此,求解這個微分方程式,可以直接得到飛行器航向角 ψ 和姿態角 θ 和 γ,也就是可以直接確定飛行器坐標系的姿態矩陣式(7.2.1)。用此法得到的姿態矩陣永遠是正交的,因此,用于加速度計信息的坐標變換時,變換后的信息中不存在非正交誤差,從而使得到的姿態矩陣不需要進行正交化處理。

但在使用時應該注意,由于在方程式中存在三角函數,給實時計算帶來困難,且當 θ 等于 90° 時,方程中出現奇點,這種現象等效于三環式平臺的閉鎖現象,因此,用歐拉角微分方程確定姿態角的方法不能用于全姿態飛行器上。

二、方向余弦矩陣微分方程及其解

根據第二章的推導,有方向余弦矩陣微分方程式 $\dot{C} = C\boldsymbol{\Omega}$ 成立,可進一步寫爲

$$
\dot{C}_b^E = C_b^E \boldsymbol{\Omega}_{Eb}^b \tag{7.2.4}
$$

式中

$$\boldsymbol{\Omega}_{Eb}^{b} = \begin{bmatrix} 0 & -\omega_Z & \omega_Y \\ \omega_Z & 0 & -\omega_X \\ -\omega_Y & \omega_X & 0 \end{bmatrix} \tag{7.2.5}$$

爲飛行器坐標系相對地理坐標系旋轉角速度的斜對稱矩陣表達式。由于陀螺儀是固定在飛行器上,測得的是飛行器相對慣性空間的旋轉角速度 $\boldsymbol{\Omega}_{ib}^{b}$,所以,還必須經過適當的數據轉換才能得到 $\boldsymbol{\Omega}_{Eb}^{b}$。即

$$\boldsymbol{\Omega}_{Eb}^{b} = \boldsymbol{\Omega}_{ib}^{b} - \boldsymbol{\Omega}_{iE}^{b} \tag{7.2.6}$$

式中　$\boldsymbol{\Omega}_{ib}^{b}$——陀螺測量值。

而在導航參數計算中,可得到地理坐標系相對慣性空間旋轉角速度斜對稱矩陣表達式 $\boldsymbol{\Omega}_{iE}^{E}$,$\boldsymbol{\Omega}_{iE}^{b}$ 和 $\boldsymbol{\Omega}_{iE}^{E}$ 是同一個角速度在兩個不同直角坐標系的表達式,因此,它們之間的關系滿足于相似變換定理,有相似變換等式

$$\boldsymbol{\Omega}_{iE}^{b} = \boldsymbol{C}_{E}^{b}\boldsymbol{\Omega}_{iE}^{E}\boldsymbol{C}_{b}^{E} \tag{7.2.7}$$

并代入式(7.2.6),得

$$\boldsymbol{\Omega}_{Eb}^{b} = \boldsymbol{\Omega}_{ib}^{b} - \boldsymbol{C}_{E}^{b}\boldsymbol{\Omega}_{iE}^{E}\boldsymbol{C}_{b}^{E} \tag{7.2.8}$$

將式(7.2.8) 代入式(7.2.4),有

$$\dot{\boldsymbol{C}}_{b}^{E} = \boldsymbol{C}_{b}^{E}\boldsymbol{\Omega}_{ib}^{b} - \boldsymbol{\Omega}_{iE}^{E}\boldsymbol{C}_{b}^{E} \tag{7.2.9}$$

這就是當"數學平臺"模擬地理坐標系時,矩陣微分方程式的表達式。式中 $\boldsymbol{\Omega}_{ib}^{b}$ 表明飛行器相對慣性空間的變化角速度,含姿態角的變化,其數值很大,可達 400 °/s,$\boldsymbol{\Omega}_{iE}^{E}$ 表明地理坐標系相對于慣性空間的旋轉角速度,其數值很小,最大值可達每小時十幾度。因此,在計算時,第一項計算速度要快,如用迭代算法,迭代頻率要高,而第二項用較低頻率迭代,可以看成是對第一項的修正。

爲了推導矩陣微分方程式的精確解,我們采用典型形式 $\dot{\boldsymbol{C}} = \boldsymbol{C}\boldsymbol{\Omega}$,用畢卡(Peano – Baker)逼近法求解。

積分 $\dot{\boldsymbol{C}} = \boldsymbol{C}\boldsymbol{\Omega}$,有

$$\boldsymbol{C}(t) = \boldsymbol{C}(0) + \int_0^t \boldsymbol{C}(t)\boldsymbol{\Omega}(t)\mathrm{d}t \tag{7.2.10}$$

將 $\boldsymbol{C}(t)$ 表達式代入式(7.2.10) 進行迭代運算,有

$$\boldsymbol{C}(t) = \boldsymbol{C}(0)\left[\boldsymbol{I} + \int_0^t \boldsymbol{\Omega}(t)\mathrm{d}t + \int_0^t\int_0^t \boldsymbol{\Omega}(t)\mathrm{d}t\boldsymbol{\Omega}(t)\mathrm{d}t + \int_0^t\int_0^t\int_0^t \boldsymbol{\Omega}(t)\mathrm{d}t\boldsymbol{\Omega}(t)\mathrm{d}t\boldsymbol{\Omega}(t)\mathrm{d}t + \cdots\right] \tag{7.2.11}$$

式中　$\int_0^t\int_0^t \boldsymbol{\Omega}(t)\mathrm{d}t\boldsymbol{\Omega}(t)\mathrm{d}t = \int_0^t\left[\int_0^t \boldsymbol{\Omega}(t)\mathrm{d}t\right]\mathrm{d}\left[\int_0^t \boldsymbol{\Omega}(t)\mathrm{d}t\right] = \frac{1}{2}\left[\int_0^t \boldsymbol{\Omega}(t)\mathrm{d}t\right]^2$

$$\int_0^t\int_0^t\int_0^t \boldsymbol{\Omega}(t)\mathrm{d}t\boldsymbol{\Omega}(t)\mathrm{d}t\boldsymbol{\Omega}(t)\mathrm{d}t = \frac{1}{6}\left[\int_0^t \boldsymbol{\Omega}(t)\mathrm{d}t\right]^3$$

故 $C(t) = C(0)\left\{I + \int_0^t \boldsymbol{\Omega}(t)\mathrm{d}t + \frac{1}{2}\left[\int_0^t \boldsymbol{\Omega}(t)\mathrm{d}t\right]^2 + \frac{1}{3!}\left[\int_0^t \boldsymbol{\Omega}(t)\mathrm{d}t\right]^3 + \cdots\right\} = C(0)\mathrm{e}^{\int_0^t \boldsymbol{\Omega}(t)\mathrm{d}t}$

$$(7.2.12)$$

即

$$\boldsymbol{C}_b^E(t) = \boldsymbol{C}_b^E(0)\mathrm{e}^{\int_0^t \boldsymbol{\Omega}_{Eb}^b(t)\mathrm{d}t}$$

或

$$\boldsymbol{C}_b^E(t + \Delta t) = \boldsymbol{C}_b^E(t)\mathrm{e}^{\int_{t_n}^{t_{n+1}} \boldsymbol{\Omega}_{Eb}^b(t)\mathrm{d}t} \tag{7.2.13}$$

表示

$$\int_{t_n}^{t_{n+1}} \Omega_{Eb}^b(t)\mathrm{d}t = \Delta\theta_{Eb}^b$$

所以,有

$$\boldsymbol{C}_b^E(t + \Delta t) = \boldsymbol{C}_b^E(t)\mathrm{e}^{\Delta\theta_{Eb}^b} \tag{7.2.14}$$

式中

$$\Delta\boldsymbol{\theta}_{Eb}^b = \begin{bmatrix} 0 & -\Delta\theta_{EbZ}^b & \Delta\theta_{EbY}^b \\ \Delta\theta_{EbZ}^b & 0 & -\Delta\theta_{EbX}^b \\ -\Delta\theta_{EbY}^b & \Delta\theta_{EbX}^b & 0 \end{bmatrix}$$

根據矩陣指數性質,將 $\mathrm{e}^{\Delta\boldsymbol{\theta}_{Eb}^b}$ 展開爲

$$\mathrm{e}^{\Delta\boldsymbol{\theta}_{Eb}^b} = K_1\boldsymbol{I} + K_2\Delta\boldsymbol{\theta}_{Eb}^b + K_3(\Delta\boldsymbol{\theta}_{Eb}^b)^2 \tag{7.2.15}$$

式中　$\boldsymbol{I}$—— 單位陣,K_1、K_2、K_3 爲待定系數。

解式(7.2.15),首先求出 $\Delta\boldsymbol{\theta}_{Eb}^b$ 的特征值,即

$$\det(\lambda\boldsymbol{I} - \Delta\boldsymbol{\theta}_{Eb}^b) = \begin{bmatrix} \lambda & \Delta\theta_{EbZ}^b & -\Delta\theta_{EbY}^b \\ -\Delta\theta_{EbZ}^b & \lambda & \Delta\theta_{EbX}^b \\ \Delta\theta_{EbY}^b & -\Delta\theta_{EbX}^b & \lambda \end{bmatrix} = 0$$

則有

$$\lambda^3 + \Delta\theta_0^2\lambda = 0 \tag{7.2.16}$$

式中

$$\Delta\theta_0^2 = (\Delta\theta_{EbX}^b)^2 + (\Delta\theta_{EbY}^b)^2 + (\Delta\theta_{EbZ}^b)^2$$

所以,有解

$$\lambda_1 = 0 \qquad \lambda_{2,3} = \pm \mathrm{j}\Delta\theta_0$$

將 λ 值代入式(7.2.15),有

$$K_1 = 1$$

$$K_2 = \frac{\sin\Delta\theta_0}{\Delta\theta_0}$$

$$K_3 = \frac{1 - \cos\Delta\theta_0}{(\Delta\theta_0)^2}$$

$$\mathrm{e}^{\Delta\theta_{Eb}^b} = 1 + \frac{\sin\Delta\theta_0}{\Delta\theta_0}\Delta\theta_{Eb}^b + \frac{1 - \cos\Delta\theta_0}{\Delta\theta_0^2}(\Delta\theta_{Eb}^b)^2$$

所以

$$C_b^E(t+\Delta t) = C_b^E(t)\left[I + \frac{\sin\Delta\theta_0}{\Delta\theta_0}\Delta\boldsymbol{\theta}_{Eb}^b + \frac{1-\cos\Delta\theta_0}{\Delta\theta_0^2}(\Delta\boldsymbol{\theta}_{Eb}^b)^2\right] \tag{7.2.17}$$

式(7.2.17) 即爲矩陣微分方程式的精確解,其前提條件是假定$\int_{t_n}^{t_{n+1}}\boldsymbol{\Omega}_{Eb}^b \mathrm{d}t = \Delta\boldsymbol{\theta}_{Eb}^b$ 等式成立,即要求在$\Delta t = t_{n+1} - t_n$ 的計算時間内,其對應的角速度矢量 $\boldsymbol{\omega}_{Eb}$ 的方向不變,否則,當 $\boldsymbol{\omega}_{Eb}$ 方向隨時間變化時,角速度的積分是無意義的。

用方向余弦法求解姿態矩陣避免了歐拉方程退化的現象,可以全姿態工作。但同時要解 9 個一階微分方程式,所以,計算量大。

三、四元數微分方程式及其解

從第一章可知,四元數微分方程式的表達式爲

$$\dot{\boldsymbol{q}} = \boldsymbol{\Omega}_b\boldsymbol{q} \tag{7.2.18}$$

式中 $\boldsymbol{\Omega}_b$—— 飛行器坐標系相對地理坐標系的旋轉角速度的斜對稱矩陣。

$\boldsymbol{\Omega}_b$ 的表達式爲式(1.5.36)。在求解四元數微分方程式時,對 $\boldsymbol{\Omega}_b$ 的處理應該類似于上節中對 $\boldsymbol{\Omega}_{Eb}^b$ 的處理。本節僅給出方程式的表達式及其精確解。式(7.2.18) 可展開爲

$$\begin{bmatrix}\dot{\lambda}\\ \dot{P}_1\\ \dot{P}_2\\ \dot{P}_3\end{bmatrix} = \begin{bmatrix}0 & -\frac{\omega_X}{2} & -\frac{\omega_Y}{2} & -\frac{\omega_Z}{2}\\ \frac{\omega_X}{2} & 0 & \frac{\omega_Z}{2} & -\frac{\omega_Y}{2}\\ \frac{\omega_Y}{2} & -\frac{\omega_Z}{2} & 0 & \frac{\omega_X}{2}\\ \frac{\omega_Z}{2} & \frac{\omega_Y}{2} & -\frac{\omega_X}{2} & 0\end{bmatrix}\begin{bmatrix}\lambda_1\\ P_1\\ P_2\\ P_3\end{bmatrix} \tag{7.2.19}$$

采用和矩陣微分方程式求解相似的方法,有

$$\boldsymbol{q}(t) = \left\{\cos\frac{\Delta\theta_0}{2}\boldsymbol{I} + \frac{\sin\frac{\Delta\theta_0}{2}}{\Delta\theta_0}[\Delta\boldsymbol{\theta}]\right\}\boldsymbol{q}(0) \tag{7.2.20}$$

式中 $\boldsymbol{I}$—— 單位四元數。

且有

$$[\Delta\boldsymbol{\theta}] = \int_{t_1}^{t_2}\boldsymbol{\Omega}_b \mathrm{d}t = \begin{bmatrix}0 & -\Delta\theta_X & -\Delta\theta_Y & -\Delta\theta_Z\\ \Delta\theta_X & 0 & \Delta\theta_Z & -\Delta\theta_Y\\ \Delta\theta_Y & -\Delta\theta_Z & 0 & \Delta\theta_X\\ \Delta\theta_Z & \Delta\theta_Y & -\Delta\theta_X & 0\end{bmatrix} \tag{7.2.21}$$

四、姿態角和航向角的計算

采用矩陣法確定飛行器的姿態和航向時,從飛行器坐標系和地理坐標系之間的方向余弦矩陣就可以確定姿態角 θ、γ 和航向角 ψ,將式(7.2.1) 重寫如下

$$C_E^b = \begin{bmatrix} \cos\psi\cos\theta & \sin\psi\cos\theta & -\sin\theta \\ \cos\psi\sin\theta\sin\gamma - \sin\psi\cos\gamma & \sin\psi\sin\theta\sin\gamma + \cos\psi\cos\gamma & \cos\theta\sin\gamma \\ \cos\psi\sin\theta\cos\gamma + \sin\psi\sin\gamma & \sin\psi\sin\theta\cos\gamma - \cos\psi\sin\gamma & \cos\theta\cos\gamma \end{bmatrix} \tag{7.2.22}$$

可表示爲

$$C_E^b = \begin{bmatrix} T_{11} & T_{12} & T_{13} \\ T_{21} & T_{22} & T_{23} \\ T_{31} & T_{32} & T_{33} \end{bmatrix} \tag{7.2.23}$$

由式(7.2.22) 和式(7.2.23) 可得

$$\begin{aligned} \theta &= -\sin^{-1}(T_{13}) \\ \gamma &= \tan^{-1}\left(\frac{T_{23}}{T_{33}}\right) \\ \psi &= \tan^{-1}\left(\frac{T_{12}}{T_{11}}\right) \end{aligned} \tag{7.2.24}$$

由于俯仰角 θ 定義在[+90°, -90°]區間,因此,和反正弦函數主值一致,不存在多值問題。滾轉角 γ 定義在[-180°, +180°]區間,航向角定義在[0°,360°]區間,都存在多值問題。可根據表 7.1 和表 7.2 判斷 γ 和 ψ 的真值,以確定飛行器的 γ 和 ψ 是落在哪一個象限内。

表 7.1　$\gamma_{真}$ 的判斷

T_{33}	T_{23}	$\gamma_{真}$	象　限
→0	+	$\frac{\pi}{2}$	
→0	-	$-\frac{\pi}{2}$	
+	+	$\gamma_{主}$	[0°,90°]
+	-	$\gamma_{主}$	[0°, -90°]
-	+	$\gamma_{主}$ + 180°	[90°,180°]
-	-	$\gamma_{主}$ - 180°	[180°,270°]

表 7.2　$\psi_{真}$ 的判斷

T_{11}	T_{12}	$\psi_{真}$	象　限
→0	+	90°	
→0	-	270°	
+	+	$\psi_{主}$	[0°,90°]
+	-	360° + $\psi_{主}$	[-90°,0°]
-	+	180° + $\psi_{主}$	[90°,180°]
-	-	180° + $\psi_{主}$	[180°,270°]

采用四元數矩陣微分方程式求解姿態角和航向角的思路是,當由四元數微分方程求解得到四元數的 4 個分量后,將其值代入式(1.5.23),可求得

$$\begin{aligned} T_{11} &= \lambda^2 + P_1^2 - P_2^2 - P_3^2 \\ T_{12} &= 2(P_1P_2 + \lambda P_3) \\ T_{23} &= 2(P_2P_3 + \lambda P_1) \\ T_{33} &= \lambda^2 + P_3^2 - P_1^2 - P_2^2 \\ T_{13} &= 2(P_1P_3 - \lambda P_2) \end{aligned} \tag{7.2.25}$$

再代入式(7.2.24),求得相應的 θ、γ 和 ψ 值。同樣,利用表 7.1 和表 7.2 則可以判斷函數的真值。

7.3　姿態矩陣的實時計算

姿態矩陣的實時計算是捷聯慣性導航系統的主要計算內容,有代表性。因此,我們僅就計算機如何實現對姿態矩陣的實時計算做一介紹。在我們所討論的情況中,假定"數學平臺"模擬地理坐標系,因此,在姿態矩陣微分方程和姿態四元數微分方程中,都用到飛行器坐標系相對地理坐標系的角速度 $\boldsymbol{\omega}_{Eb}^b$,而 $\boldsymbol{\omega}_{Eb}^b = \boldsymbol{\omega}_{ib}^b - \boldsymbol{\omega}_{iE}^b$,所以有上節的式(7.2.9)

$$\dot{\boldsymbol{C}}_b^E = \boldsymbol{C}_b^E\boldsymbol{\Omega}_{ib}^b - \boldsymbol{\Omega}_{iE}^E\boldsymbol{C}_b^E \tag{7.3.1}$$

類似地,可有

$$\dot{\boldsymbol{q}}(t) = (\boldsymbol{\Omega}_{ib}^b - \boldsymbol{\Omega}_{iE}^b)\boldsymbol{q}(t) \tag{7.3.2}$$

應該注意,上兩式中的角速度表達式是不一致的,在計算時,由于第二項比較小,所以,其計算速度可低一些,可以做到周期地對第一項進行修正,下面介紹姿態矩陣的兩種實時計算方法。

一、增量算法

在捷聯系統中,陀螺儀的輸出是數字量,由一系列脉冲表示,每一個脉冲代表一個角增量,在一個采樣周期内,用陀螺輸出的脉冲數乘以標度因數,即成爲一個角增量 $\Delta\boldsymbol{\theta} = \int_t^{t+\Delta t}\boldsymbol{\omega}_{ib}\mathrm{d}t$,用這個角增量直接計算姿態矩陣或姿態四元數,則稱爲增量算法。

1. 矩陣微分方程計算

矩陣微分方程式 $\dot{C}_b^E = C_b^E\Omega_{ib}^b$ 的精確解的表達式(7.2.17)改寫如下

$$\boldsymbol{C}_b^E(t + \Delta t) = \boldsymbol{C}_b^E(t)\left[\boldsymbol{I} + \frac{\sin\Delta\theta_0}{\Delta\theta_0}\Delta\boldsymbol{\theta}_{ib}^b + \frac{1 - \cos\Delta\theta_0}{\Delta\theta_0^2}(\Delta\boldsymbol{\theta}_{ib}^b)^2\right] \tag{7.3.3}$$

在式(7.3.3)中,將角度增量寫爲 $\Delta\boldsymbol{\theta}_{ib}^b$,表明在解式(7.3.1)的第一項。展開和合并式(7.3.3),有

$$
C_b^E(t+\Delta t) = C_b^E(t)\begin{bmatrix} 1-(\Delta\theta_Y^2+\Delta\theta_Z^2)C & \Delta\theta_X\Delta\theta_Y C-\Delta\theta_Z S & \Delta\theta_Z\Delta\theta_X C+\Delta\theta_Y S \\ \Delta\theta_X\Delta\theta_Y C+\Delta\theta_Z S & 1-(\Delta\theta_Z^2+\Delta\theta_X^2)C & \Delta\theta_Y\Delta\theta_Z C-\Delta\theta_X S \\ \Delta\theta_Z\Delta\theta_X C-\Delta\theta_Y S & \Delta\theta_Y\Delta\theta_Z C+\Delta\theta_X S & 1-(\Delta\theta_X^2+\Delta\theta_Y^2)C \end{bmatrix} \tag{7.3.4}
$$

式中

$$
C = \frac{1-\cos\Delta\theta_0}{\Delta\theta_0^2} \qquad S = \frac{\sin\Delta\theta_0}{\Delta\theta_0}
$$

將 C、S 中的三角函數展開成級數,分別取其前 1 ~ 4 項整理,用符號 C_n、S_n 表示,作爲 C、S 的近似值表達式,見表 7.3。

表 7.3 C、S 前 4 項表達式

n	1	2	3	4
C_n	0	$\frac{1}{2}$	$\frac{1}{2}$	$\frac{1}{2}-\frac{\Delta\theta_0^2}{24}$
S_n	1	1	$1-\frac{\Delta\theta_0^2}{6}$	$1-\frac{\Delta\theta_0^2}{6}$

將式(7.3.4)簡寫爲如下形式

$$
C_b^E(t+\Delta t) = C_b^E(t)\Delta C \tag{7.3.5}
$$

寫成適合計算機運算的離散表達式形式

$$
C_b^E(n+1) = C_b^E(n)\Delta C \tag{7.3.6}
$$

ΔC 按表 7.3 取不同的近似值,代入式(7.3.6),則形成了不同的一階、二階、三階、四階算法。

一階算法的計算式求解方法如下。

將表 7.3 中,對應 $n=1$ 的 C_n 和 S_n 值代入式(7.3.4),有

$$
C_b^E(n+1) = C_b^E(n)[I+\Delta\theta_{ib}^b] = C_b^E(n)\begin{bmatrix} 1 & -\Delta\theta_Z & \Delta\theta_Y \\ \Delta\theta_Z & 1 & -\Delta\theta_X \\ -\Delta\theta_Y & \Delta\theta_X & 1 \end{bmatrix} \tag{7.3.7}
$$

由式(7.2.23)可得

$$
C_b^E = \begin{bmatrix} T_{11} & T_{21} & T_{31} \\ T_{12} & T_{22} & T_{32} \\ T_{13} & T_{23} & T_{33} \end{bmatrix} \tag{7.3.8}
$$

將式(7.3.8)代入式(7.3.7),有

$$
T_{11}(n+1) = T_{11}(n) + T_{21}(n)\Delta\theta_Z - T_{31}(n)\Delta\theta_Y
$$

$$
T_{21}(n+1) = T_{21}(n) + T_{31}(n)\Delta\theta_X - T_{11}(n)\Delta\theta_Z
$$

$$
\begin{aligned}
T_{31}(n+1) &= T_{31}(n) + T_{11}(n)\Delta\theta_Y - T_{21}(n)\Delta\theta_X \\
T_{12}(n+1) &= T_{12}(n) + T_{22}(n)\Delta\theta_Z - T_{32}(n)\Delta\theta_Y \\
T_{22}(n+1) &= T_{22}(n) + T_{32}(n)\Delta\theta_X - T_{12}(n)\Delta\theta_Z \\
T_{32}(n+1) &= T_{32}(n) + T_{12}(n)\Delta\theta_Y - T_{22}(n)\Delta\theta_X \\
T_{13}(n+1) &= T_{13}(n) + T_{23}(n)\Delta\theta_Z - T_{33}(n)\Delta\theta_Y \\
T_{23}(n+1) &= T_{23}(n) + T_{33}(n)\Delta\theta_X - T_{13}(n)\Delta\theta_Z \\
T_{33}(n+1) &= T_{33}(n) + T_{13}(n)\Delta\theta_Y - T_{23}(n)\Delta\theta_X
\end{aligned}
\tag{7.3.9}
$$

按式(7.3.9)編制程序,則可在計算機上實時完成姿態矩陣的計算,稱其爲一階增量算法。將表 7.3 中,對應 $n = 2、3、4$ 的 C_n 和 S_n 各值分別代入式(7.3.4),則得二階算法計算式爲

$$
\boldsymbol{C}_b^E(n+1) = \boldsymbol{C}_b^E(n)\left[\boldsymbol{I} + \Delta\boldsymbol{\theta}_{ib}^b + \frac{1}{2}(\Delta\boldsymbol{\theta}_{ib}^b)^2\right] \tag{7.3.10}
$$

三階算法計算式爲

$$
\boldsymbol{C}_b^E(n+1) = \boldsymbol{C}_b^E(n)\left[\boldsymbol{I} + (1 - \frac{\Delta\theta_0^2}{6})\Delta\theta_{ib}^b + \frac{1}{2}(\Delta\theta_{ib}^b)^2\right] \tag{7.3.11}
$$

四階算法計算式爲

$$
\boldsymbol{C}_b^E(n+1) = \boldsymbol{C}_b^E(n)\left[\boldsymbol{I} + (1 - \frac{\Delta\theta_0^2}{6})\Delta\theta_{ib}^b + (\frac{1}{2} - \frac{\Delta\theta_0^2}{24})(\Delta\theta_{ib}^b)^2\right] \tag{7.3.12}
$$

按照式(7.3.7)的同樣處理方法,以上各式也可分別列出相應元素的代數方程式,按各方程組編制程序,在計算機上完成不同階次的姿態矩陣的算法。

2. 四元數微分方程的計算

四元數微分方程的精確解爲

$$
\boldsymbol{q}(t) = \left\{\cos\frac{\Delta\theta_0}{2}\cdot\boldsymbol{I} + \frac{\sin\frac{\Delta\theta_0}{2}}{\Delta\theta_0}[\Delta\boldsymbol{\theta}]\right\}\boldsymbol{q}(0) \tag{7.3.13}
$$

式中　$\boldsymbol{I}$—— 單位四元數,$[\Delta\boldsymbol{\theta}]$ 如式(7.2.21)所示。

將上式寫成迭代形式,即

$$
\boldsymbol{q}(n+1) = \left\{\cos\frac{\Delta\theta_0}{2}\cdot I + \frac{\sin\frac{\Delta\theta_0}{2}}{\Delta\theta_0}[\Delta\boldsymbol{\theta}]\right\}\boldsymbol{q}(n) \tag{7.3.14}
$$

設

$$
C = \cos\frac{\Delta\theta_0}{2} \qquad S = \frac{\sin\frac{\Delta\theta_0}{2}}{\Delta\theta_0}
$$

將 C、S 中的三角函數展開成級數,分別取前 1 ~ 4 項整理,用符號 C_n、S_n 表示,作爲 C、S 的近似值,見表 7.4。

表 7.4　C、S 的近似表達式

n	1	2	3	4
C_n	1	$1-\frac{\Delta\theta_0^2}{8}$	$1-\frac{\Delta\theta_0^2}{8}$	$1-\frac{\Delta\theta_0^2}{8}+\frac{\Delta\theta_0^4}{384}$
S_n	$\frac{1}{2}$	$\frac{1}{2}$	$\frac{1}{2}-\frac{\Delta\theta_0^2}{48}$	$\frac{1}{2}-\frac{\Delta\theta_0^2}{48}$

類似的算法，可求得一階算法爲

$$q(n+1)=\left\{I+\frac{1}{2}[\Delta\theta]\right\}q(n)=\begin{bmatrix} 1 & -\frac{1}{2}\Delta\theta_X & -\frac{1}{2}\Delta\theta_Y & -\frac{1}{2}\Delta\theta_Z \\ \frac{1}{2}\Delta\theta_X & 1 & \frac{1}{2}\Delta\theta_Z & -\frac{1}{2}\Delta\theta_Y \\ \frac{1}{2}\Delta\theta_Y & -\frac{1}{2}\Delta\theta_Z & 1 & \frac{1}{2}\Delta\theta_X \\ \frac{1}{2}\Delta\theta_Z & \frac{1}{2}\Delta\theta_Y & -\frac{1}{2}\Delta\theta_X & 1 \end{bmatrix}q(n) \tag{7.3.15}$$

將式(7.3.15)展開，得

$$\begin{aligned} \lambda(n+1) &= \lambda(n)-\frac{1}{2}\Delta\theta_X P_1(n)-\frac{1}{2}\Delta\theta_Y P_2(n)-\frac{1}{2}\Delta\theta_Z P_3(n) \\ P_1(n+1) &= P_1(n)+\frac{1}{2}\Delta\theta_X\lambda(n)+\frac{1}{2}\Delta\theta_Z P_2(n)-\frac{1}{2}\Delta\theta_Y P_3(n) \\ P_2(n+1) &= P_2(n)+\frac{1}{2}\Delta\theta_Y\lambda(n)-\frac{1}{2}\Delta\theta_Z P_1(n)+\frac{1}{2}\Delta\theta_X P_3(n) \\ P_3(n+1) &= P_3(n)+\frac{1}{2}\Delta\theta_Z\lambda(n)+\frac{1}{2}\Delta\theta_Y P_1(n)-\frac{1}{2}\Delta\theta_X P_2(n) \end{aligned} \tag{7.3.16}$$

可見，一組方程式只有 4 個代數方程式，比矩陣微分方程式組的解簡單多了，計算量大爲減少。同理，可得二階算法計算式爲

$$q(n+1)=\left\{(1-\frac{\Delta\theta_0^2}{8})I+\frac{1}{2}[\Delta\theta]\right\}q(n) \tag{7.3.17}$$

三階算法計算式爲

$$q(n+1)=\left\{(1-\frac{\Delta\theta_0^2}{8})I+(\frac{1}{2}-\frac{\Delta\theta_0^2}{48})[\Delta\theta]\right\}q(n) \tag{7.3.18}$$

四階算法計算式爲

$$q(n+1)=\left\{(1-\frac{\Delta\theta_0^2}{8}+\frac{\Delta\theta_0^4}{384})I+(\frac{1}{2}-\frac{\Delta\theta_0^2}{48})[\Delta\theta]\right\}q(n) \tag{7.3.19}$$

二、數值積分法

在姿態矩陣求解的算法中,人們更樂于用數值積分方法求解矩陣和四元數微分方程,尤以龍格 - 庫塔法(Runge - Kutta)得到了廣泛的應用。根據對計算精度的不同要求,又可分爲一階、二階、四階龍格 - 庫塔法。

1. 一階龍格 - 庫塔法

如果一個微分方程式爲

$$\dot{\boldsymbol{X}}(t) = f[\boldsymbol{X}(t), \boldsymbol{\omega}(t)] \tag{7.3.20}$$

在初始條件已知的情況下,則方程式的解爲

$$\boldsymbol{X}(t + T) = \boldsymbol{X}(t) + Tf[\boldsymbol{X}(t), \boldsymbol{\omega}(t)] \tag{7.3.21}$$

式中　T—— 采樣周期。

方程式的解爲初始值加上以初始點斜率爲斜率的一個增量,時間間隔爲 T。圖 7.4 給出式(7.3.21) 的説明,可見斜率 K 的準確度不同,解的精確度也不同。

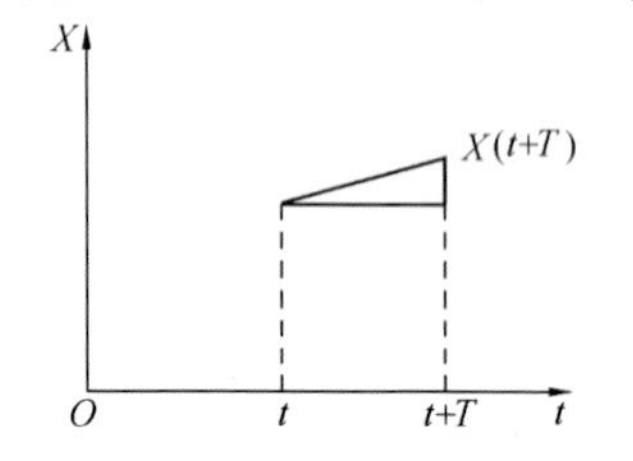

圖 7.4　一階龍格 - 庫塔法的幾何意義

對姿態矩陣微分方程式(7.3.1),可簡化爲解如下矩陣微分方程式

$$\dot{\boldsymbol{C}}(t) = \boldsymbol{C}(t)\boldsymbol{\Omega}(t) \tag{7.3.22}$$

其一階龍格 - 庫塔法的解的形式爲

$$\boldsymbol{C}(t + T) = \boldsymbol{C}(t) + T\boldsymbol{C}(t)\boldsymbol{\Omega}(t) \tag{7.3.23}$$

將方程式(7.3.23) 展開爲

$$\begin{aligned}
T_{11}(t + T) &= T_{11}(t) + T[T_{21}(t)\omega_Z(t) - T_{31}(t)\omega_Y(t)] \\
T_{21}(t + T) &= T_{21}(t) + T[T_{31}(t)\omega_X(t) - T_{11}(t)\omega_Z(t)] \\
T_{31}(t + T) &= T_{31}(t) + T[T_{11}(t)\omega_Y(t) - T_{21}(t)\omega_X(t)] \\
T_{12}(t + T) &= T_{12}(t) + T[T_{22}(t)\omega_Z(t) - T_{32}(t)\omega_Y(t)] \\
T_{22}(t + T) &= T_{22}(t) + T[T_{32}(t)\omega_X(t) - T_{12}(t)\omega_Z(t)] \\
T_{32}(t + T) &= T_{32}(t) + T[T_{12}(t)\omega_Y(t) - T_{22}(t)\omega_X(t)] \\
T_{13}(t + T) &= T_{13}(t) + T[T_{23}(t)\omega_Z(t) - T_{33}(t)\omega_Y(t)] \\
T_{23}(t + T) &= T_{23}(t) + T[T_{33}(t)\omega_X(t) - T_{13}(t)\omega_Z(t)] \\
T_{33}(t + T) &= T_{33}(t) + T[T_{13}(t)\omega_Y(t) - T_{23}(t)\omega_X(t)]
\end{aligned} \tag{7.3.24}$$

在展開的過程中,式(7.3.23) 中的 $\boldsymbol{C}(t)$ 采用了式(7.3.8) 的表達式。與式(7.3.9) 比較,可發現一階龍格 - 庫塔法計算式與一階增量算法計算式是一樣的。

對于四元數微分方程式

$$\dot{\boldsymbol{q}} = \boldsymbol{\Omega}_b\boldsymbol{q}$$

其一階龍格 - 庫塔法計算式爲

$$\boldsymbol{q}(t+T)=\boldsymbol{q}(t)+T\boldsymbol{\Omega}_b(t)\boldsymbol{q}(t) \tag{7.3.25}$$

式中的 $\boldsymbol{\Omega}_b(t)$ 如式(7.2.19) 所示。

將式(7.3.25) 展開成元素的表達式,有

$$\begin{aligned}
\lambda(t+T) &= \lambda(t)+\frac{T}{2}[-\omega_X(t)P_1(t)-\omega_Y(t)P_2(t)-\omega_Z(t)P_3(t)]\\
P_1(t+T) &= P_1(t)+\frac{T}{2}[\omega_X(t)\lambda(t)+\omega_Z(t)P_2(t)-\omega_Y(t)P_3(t)]\\
P_2(t+T) &= P_2(t)+\frac{T}{2}[\omega_Y(t)\lambda(t)-\omega_Z(t)P_1(t)+\omega_X(t)P_3(t)]\\
P_3(t+T) &= P_3(t)+\frac{T}{2}[\omega_Z(t)\lambda(t)+\omega_Y(t)P_1(t)-\omega_X(t)P_2(t)]
\end{aligned} \tag{7.3.26}$$

2.二階龍格 - 庫塔法

對于一階算法做進一步改進,使平均斜率更準確一些,可得二階龍格 - 庫塔算法。設

$$\begin{aligned}
\boldsymbol{K}_1 &= f[\boldsymbol{X}(t),\boldsymbol{\omega}(t)]\\
\boldsymbol{Y} &= \boldsymbol{X}(t)+T\boldsymbol{K}_1\\
\boldsymbol{K}_2 &= f[\boldsymbol{Y},\boldsymbol{\omega}(t+T)]
\end{aligned}$$

則有方程式解爲

$$\boldsymbol{X}(t+T)=\boldsymbol{X}(t)+\frac{T}{2}[\boldsymbol{K}_1+\boldsymbol{K}_2] \tag{7.3.27}$$

對于方向余弦矩陣微分方程式

$$\dot{\boldsymbol{C}}=\boldsymbol{C}(t)\boldsymbol{\Omega}(t) \tag{7.3.28}$$

設

$$\begin{aligned}
\boldsymbol{K}_1 &= \boldsymbol{C}(t)\boldsymbol{\Omega}(t)\\
\boldsymbol{Y} &= \boldsymbol{C}(t)+T\boldsymbol{C}(t)\boldsymbol{\Omega}(t)\\
\boldsymbol{K}_2 &= [\boldsymbol{C}(t)+T\boldsymbol{C}(t)\boldsymbol{\Omega}(t)]\boldsymbol{\Omega}(t+T)
\end{aligned}$$

則

$$\boldsymbol{C}(t+T)=\boldsymbol{C}(t)+\frac{T}{2}[\boldsymbol{K}_1+\boldsymbol{K}_2] \tag{7.3.29}$$

上式中,$\boldsymbol{K}_2$ 含有 $\boldsymbol{Y}$,其表達式爲

$$\boldsymbol{Y}=\begin{bmatrix} Y_{11} & Y_{21} & Y_{31}\\ Y_{12} & Y_{22} & Y_{32}\\ Y_{13} & Y_{23} & Y_{33}\end{bmatrix}$$

實際上,它就是一階龍格 - 庫塔算法的解,即

$$\begin{aligned}
Y_{11} &= T_{11}(t)+T[T_{21}(t)\omega_Z(t)-T_{31}(t)\omega_Y(t)]\\
Y_{21} &= T_{21}(t)+T[T_{31}(t)\omega_X(t)-T_{11}(t)\omega_Z(t)]\\
Y_{31} &= T_{31}(t)+T[T_{11}(t)\omega_Y(t)-T_{21}(t)\omega_X(t)]
\end{aligned}$$

$$
\begin{aligned}
Y_{12} &= T_{12}(t) + T[T_{22}(t)\omega_Z(t) - T_{32}(t)\omega_Y(t)] \\
Y_{22} &= T_{22}(t) + T[T_{32}(t)\omega_X(t) - T_{12}(t)\omega_Z(t)] \\
Y_{32} &= T_{32}(t) + T[T_{12}(t)\omega_Y(t) - T_{22}(t)\omega_X(t)] \\
Y_{13} &= T_{13}(t) + T[T_{23}(t)\omega_Z(t) - T_{33}(t)\omega_Y(t)] \\
Y_{23} &= T_{23}(t) + T[T_{33}(t)\omega_X(t) - T_{13}(t)\omega_Z(t)] \\
Y_{33} &= T_{33}(t) + T[T_{13}(t)\omega_Y(t) - T_{23}(t)\omega_X(t)]
\end{aligned} \tag{7.3.30}
$$

將上式代入 $\boldsymbol{K}_2$,再將 $\boldsymbol{K}_1$、$\boldsymbol{K}_2$ 代入式(7.3.29),可得解的表達式爲

$$
\begin{aligned}
T_{11}(t+T) &= T_{11}(t) + \frac{T}{2}[T_{21}(t)\omega_Z(t) - T_{31}(t)\omega_Y(t) + Y_{21}\omega_Z(t+T) - Y_{31}\omega_Y(t+T)] \\
T_{21}(t+T) &= T_{21}(t) + \frac{T}{2}[T_{31}(t)\omega_X(t) - T_{11}(t)\omega_Z(t) + Y_{31}\omega_X(t+T) - Y_{11}\omega_Z(t+T)] \\
T_{31}(t+T) &= T_{31}(t) + \frac{T}{2}[T_{11}(t)\omega_Y(t) - T_{21}(t)\omega_X(t) + Y_{11}\omega_Y(t+T) - Y_{21}\omega_X(t+T)] \\
T_{12}(t+T) &= T_{12}(t) + \frac{T}{2}[T_{22}(t)\omega_Z(t) - T_{32}(t)\omega_Y(t) + Y_{22}\omega_Z(t+T) - Y_{32}\omega_Y(t+T)] \\
T_{22}(t+T) &= T_{22}(t) + \frac{T}{2}[T_{32}(t)\omega_X(t) - T_{12}(t)\omega_Z(t) + Y_{32}\omega_X(t+T) - Y_{12}\omega_Z(t+T)] \\
T_{32}(t+T) &= T_{32}(t) + \frac{T}{2}[T_{12}(t)\omega_Y(t) - T_{22}(t)\omega_X(t) + Y_{12}\omega_Y(t+T) - Y_{22}\omega_X(t+T)] \\
T_{13}(t+T) &= T_{13}(t) + \frac{T}{2}[T_{23}(t)\omega_Z(t) - T_{33}(t)\omega_Y(t) + Y_{23}\omega_Z(t+T) - Y_{33}\omega_Y(t+T)] \\
T_{23}(t+T) &= T_{23}(t) + \frac{T}{2}[T_{33}(t)\omega_X(t) - T_{13}(t)\omega_Z(t) + Y_{33}\omega_X(t+T) - Y_{13}\omega_Z(t+T)] \\
T_{33}(t+T) &= T_{33}(t) + \frac{T}{2}[T_{13}(t)\omega_Y(t) - T_{23}(t)\omega_X(t) + Y_{13}\omega_Y(t+T) - Y_{23}\omega_X(t+T)]
\end{aligned} \tag{7.3.31}
$$

從解的表達式(7.3.31)可以看出,二階龍格 - 庫塔法不僅需要 t 時刻的角速度 $\boldsymbol{\omega}_i(t)(i = X、Y、Z)$,而且還需要知道 $t+T$ 時刻的角速度 $\boldsymbol{\omega}_i(t+T)$。

用二階龍格 - 庫塔算法解四元數微分方程式,有如下表達式

$$
\begin{aligned}
\boldsymbol{K}_1 &= \boldsymbol{\Omega}_b(t)\boldsymbol{q}(t) \\
\boldsymbol{Y} &= \boldsymbol{q}(t) + T\boldsymbol{\Omega}_b(t)\boldsymbol{q}(t) \\
\boldsymbol{K}_2 &= \boldsymbol{\Omega}_b(t+T)\boldsymbol{Y}
\end{aligned}
$$

則有

$$
\boldsymbol{q}(t+T) = \boldsymbol{q}(t) + \frac{T}{2}(\boldsymbol{K}_1 + \boldsymbol{K}_2) \tag{7.3.32}
$$

式中的 $\boldsymbol{\Omega}_b(t)$ 如式(7.2.19)所示,展開以上各式,有

$$K_{10} = \frac{1}{2}[-\omega_X(t)P_1(t) - \omega_Y(t)P_2(t) - \omega_Z(t)P_3(t)]$$

$$K_{11} = \frac{1}{2}[\omega_X(t)\lambda(t) + \omega_Z(t)P_2(t) - \omega_Y(t)P_3(t)]$$

$$K_{12} = \frac{1}{2}[\omega_Y(t)\lambda(t) - \omega_Z(t)P_1(t) - \omega_X(t)P_3(t)]$$

$$K_{13} = \frac{1}{2}[\omega_Z(t)\lambda(t) + \omega_Y(t)P_1(t) - \omega_X(t)P_2(t)]$$

$$\begin{aligned} Y_0 &= \lambda(t) + TK_{10} \\ Y_1 &= P_1(t) + TK_{11} \\ Y_2 &= P_2(t) + TK_{12} \\ Y_3 &= P_3(t) + TK_{13} \end{aligned} \tag{7.3.33}$$

$$K_{20} = \frac{1}{2}[-\omega_X(t+T)Y_1 - \omega_Y(t+T)Y_2 - \omega_Z(t+T)Y_3]$$

$$K_{21} = \frac{1}{2}[\omega_X(t+T)Y_0 + \omega_Z(t+T)Y_2 - \omega_Y(t+T)Y_3]$$

$$K_{22} = \frac{1}{2}[\omega_Y(t+T)Y_0 - \omega_Z(t+T)Y_1 - \omega_X(t+T)Y_3]$$

$$K_{23} = \frac{1}{2}[\omega_Z(t+T)Y_0 + \omega_Y(t+T)Y_1 - \omega_X(t+T)Y_2]$$

$$\begin{aligned} \lambda(t+T) &= \lambda(t) + \frac{T}{2}(K_{10} + K_{20}) \\ P_1(t+T) &= P_1(t) + \frac{T}{2}(K_{11} + K_{21}) \\ P_2(t+T) &= P_2(t) + \frac{T}{2}(K_{12} + K_{22}) \\ P_3(t+T) &= P_3(t) + \frac{T}{2}(K_{13} + K_{23}) \end{aligned} \tag{7.3.34}$$

3. 四階龍格 – 庫塔算法

四階龍格 – 庫塔算法表達式爲

$$\dot{\boldsymbol{X}}(t) = f[\boldsymbol{X}(t), \boldsymbol{\omega}(t)]$$

設

$$\begin{aligned} \boldsymbol{K}_1 &= f[\boldsymbol{X}(t), \boldsymbol{\omega}(t)] \\ \boldsymbol{K}_2 &= f\left[\boldsymbol{X}(t) + \frac{\boldsymbol{K}_1}{2}, \boldsymbol{\omega}(t + \frac{T}{2})\right] \\ \boldsymbol{K}_3 &= f\left[\boldsymbol{X}(t) + \frac{\boldsymbol{K}_2}{2}, \boldsymbol{\omega}(t + \frac{T}{2})\right] \\ \boldsymbol{K}_4 &= f[\boldsymbol{X}(t) + \boldsymbol{K}_3, \boldsymbol{\omega}(t + T)] \end{aligned} \tag{7.3.35}$$

則

$$\boldsymbol{X}(t+T) = \boldsymbol{X}(t) + \frac{T}{6}[\boldsymbol{K}_1 + 2\boldsymbol{K}_2 + 2\boldsymbol{K}_3 + \boldsymbol{K}_4] \tag{7.3.36}$$

把以上各式用于解姿態矩陣微分方程式，則有方向余弦矩陣微分方程式

$$\dot{\boldsymbol{C}}(t) = \boldsymbol{C}(t)\boldsymbol{\Omega}(t)$$

設

$$\begin{aligned}
\boldsymbol{K}_1 &= \boldsymbol{C}(t)\boldsymbol{\Omega}(t) \\
\boldsymbol{K}_2 &= \left\{\left[\boldsymbol{C}(t) + \frac{\boldsymbol{K}_1}{2}\right]\boldsymbol{\Omega}(T + \frac{T}{2})\right\} \\
\boldsymbol{K}_3 &= \left\{\left[\boldsymbol{C}(t) + \frac{\boldsymbol{K}_2}{2}\right]\boldsymbol{\Omega}(t + \frac{T}{2})\right\} \\
\boldsymbol{K}_4 &= \{[\boldsymbol{C}(t) + \boldsymbol{K}_3]\boldsymbol{\Omega}(t + T)\}
\end{aligned} \tag{7.3.37}$$

則

$$\boldsymbol{C}(t + T) = \boldsymbol{C}(t) + \frac{T}{6}[\boldsymbol{K}_1 + 2\boldsymbol{K}_2 + 2\boldsymbol{K}_3 + \boldsymbol{K}_4] \tag{7.3.38}$$

式(7.3.37)、(7.3.38) 兩組方程式，如寫成元素的形式，共爲 45 個等式。在捷聯慣性系統中，姿態矩陣的計算多采用四元數微分方程式，其四階龍格 - 庫塔算法表達式如下。

四元數微分方程式爲

$$\dot{\boldsymbol{q}} = \boldsymbol{\Omega}_b(t)\boldsymbol{q}$$

式中的 $\boldsymbol{\Omega}_b(t)$ 如式(7.2.19) 所示。

依據式(7.3.35)，有

$$\begin{aligned}
\boldsymbol{K}_1 &= \boldsymbol{\Omega}_b(t)\boldsymbol{q}(t) \\
\boldsymbol{K}_2 &= [\boldsymbol{\Omega}_b(t + \frac{T}{2})][\boldsymbol{q}(t) + \frac{\boldsymbol{K}_1}{2}] \\
\boldsymbol{K}_3 &= [\boldsymbol{\Omega}_b(t + \frac{T}{2})][\boldsymbol{q}(t) + \frac{\boldsymbol{K}_2}{2}] \\
\boldsymbol{K}_4 &= [\boldsymbol{\Omega}_b(t + T)][\boldsymbol{q}(t) + \boldsymbol{K}_3] \\
\boldsymbol{q}(t + T) &= \boldsymbol{q}(t) + \frac{T}{6}(\boldsymbol{K}_1 + 2\boldsymbol{K}_2 + 2\boldsymbol{K}_3 + \boldsymbol{K}_4)
\end{aligned} \tag{7.3.39}$$

寫成元素的形式爲

$$\begin{aligned}
K_{10} &= \frac{1}{2}[-\omega_X(t)P_1(t) - \omega_Y(t)P_2(t) - \omega_Z(t)P_3(t)] \\
K_{11} &= \frac{1}{2}[\omega_X(t)\lambda(t) + \omega_Z(t)P_2(t) - \omega_Y(t)P_3(t)] \\
K_{12} &= \frac{1}{2}[\omega_Y(t)\lambda(t) - \omega_Z(t)P_1(t) - \omega_X(t)P_3(t)] \\
K_{13} &= \frac{1}{2}[\omega_Z(t)\lambda(t) + \omega_Y(t)P_1(t) - \omega_X(t)P_2(t)]
\end{aligned} \tag{7.3.40}$$

$$A_0 = \lambda(t) + \frac{K_{10}}{2}$$

$$A_1 = P_1(t) + \frac{K_{11}}{2}$$

$$A_2 = P_2(t) + \frac{K_{12}}{2} \qquad (7.3.41)$$

$$A_3 = P_3(t) + \frac{K_{13}}{2}$$

$$K_{20} = \frac{1}{2}\left[-\omega_X(t+\frac{T}{2})A_1 - \omega_Y(t+\frac{T}{2})A_2 - \omega_Z(t+\frac{T}{2})A_3\right]$$

$$K_{21} = \frac{1}{2}\left[\omega_X(t+\frac{T}{2})A_0 + \omega_Z(t+\frac{T}{2})A_2 - \omega_Y(t+\frac{T}{2})A_3\right]$$

$$K_{22} = \frac{1}{2}\left[\omega_Y(t+\frac{T}{2})A_0 - \omega_Z(t+\frac{T}{2})A_1 - \omega_X(t+\frac{T}{2})A_3\right] \qquad (7.3.42)$$

$$K_{23} = \frac{1}{2}\left[\omega_Z(t+\frac{T}{2})A_0 + \omega_Y(t+\frac{T}{2})A_1 - \omega_X(t+\frac{T}{2})A_2\right]$$

$$B_0 = \lambda(t) + \frac{K_{20}}{2}$$

$$B_1 = P_1(t) + \frac{K_{21}}{2}$$

$$B_2 = P_2(t) + \frac{K_{22}}{2} \qquad (7.3.43)$$

$$B_3 = P_3(t) + \frac{K_{23}}{2}$$

$$K_{30} = \frac{1}{2}\left[-\omega_X(t+\frac{T}{2})B_1 - \omega_Y(t+\frac{T}{2})B_2 - \omega_Z(t+\frac{T}{2})B_3\right]$$

$$K_{31} = \frac{1}{2}\left[\omega_X(t+\frac{T}{2})B_0 + \omega_Z(t+\frac{T}{2})B_2 - \omega_Y(t+\frac{T}{2})B_3\right]$$

$$K_{32} = \frac{1}{2}\left[\omega_Y(t+\frac{T}{2})B_0 - \omega_Z(t+\frac{T}{2})B_1 - \omega_X(t+\frac{T}{2})B_3\right] \qquad (7.3.44)$$

$$K_{33} = \frac{1}{2}\left[\omega_Z(t+\frac{T}{2})B_0 + \omega_Y(t+\frac{T}{2})B_1 - \omega_X(t+\frac{T}{2})B_2\right]$$

$$C_0 = \lambda(t) + K_{30}$$

$$C_1 = P_1(t) + K_{31}$$

$$C_2 = P_2(t) + K_{32} \qquad (7.3.45)$$

$$C_3 = P_3(t) + K_{33}$$

$$
\begin{aligned}
K_{40} &= \frac{1}{2}[-\omega_X(t+T)C_1 - \omega_Y(t+T)C_2 - \omega_Z(t+T)C_3] \\
K_{41} &= \frac{1}{2}[\omega_X(t+T)C_0 + \omega_Z(t+T)C_2 - \omega_Y(t+T)C_3] \\
K_{42} &= \frac{1}{2}[\omega_Y(t+T)C_0 - \omega_Z(t+T)C_1 - \omega_X(t+T)C_3] \\
K_{43} &= \frac{1}{2}[\omega_Z(t+T)C_0 + \omega_Y(t+T)C_1 - \omega_X(t+T)C_2]
\end{aligned}
\tag{7.3.46}
$$

則有

$$
\begin{aligned}
\lambda(t+T) &= \lambda(t) + \frac{T}{6}(K_{10} + 2K_{20} + 2K_{30} + K_{40}) \\
P_1(t+T) &= P_1(t) + \frac{T}{6}(K_{11} + 2K_{21} + 2K_{31} + K_{41}) \\
P_2(t+T) &= P_2(t) + \frac{T}{6}(K_{12} + 2K_{22} + 2K_{32} + K_{42}) \\
P_3(t+T) &= P_3(t) + \frac{T}{6}(K_{13} + 2K_{23} + 2K_{33} + K_{43})
\end{aligned}
\tag{7.3.47}
$$

在按上述各式求出四元數的各元素之後，將其代入式(1.5.23)，可得方向余弦矩陣，再利用式(7.2.24)和式(7.2.25)，則可求得飛行器的方位角、俯仰角和滚轉角。

三、角速度信息提取

從上節的分析可以看出，在計算公式中，需要3種角速度信息，即$\boldsymbol{\omega}(t)$，$\boldsymbol{\omega}(t+\frac{T}{2})$，$\boldsymbol{\omega}(t+T)$。由于陀螺工作在力反饋狀態，以數字量的形式輸出，相當于給出角增量，因此，必須求出角增量和角速度之間關系。由于在姿態矩陣的計算中，采樣周期 T 很小(如 $T = 0.025$ s)。故可把角速度看做是綫性變化的或者是常值。如果在采樣周期内，把角速度看做是常值，則有

$$
\boldsymbol{\omega}(t) = \frac{\Delta\boldsymbol{\theta}(t, t+T)}{T} \tag{7.3.48}
$$

式(7.3.48)稱爲一階角速率提取。

如果在采樣周期 T 内，認爲 $\boldsymbol{\omega}$ 是綫性變化的，則有

$$
\boldsymbol{\omega}(t_1+\xi) = \boldsymbol{\alpha} + \boldsymbol{\beta}\xi \tag{7.3.49}
$$

所以

$$
\Delta\boldsymbol{\theta}_i(t_i, t_i+\xi) = \int_{t_i}^{t_i+\xi}\boldsymbol{\omega}(t_i+\xi)\mathrm{d}\xi = \int_{t_i}^{t_i+\xi}(\boldsymbol{\alpha}+\boldsymbol{\beta}\xi)\mathrm{d}\xi = \boldsymbol{\alpha}\xi + \frac{1}{2}\boldsymbol{\beta}\xi^2 \tag{7.3.50}
$$

若陀螺從 t_i 到 $t_i + \frac{T}{2}$ 時的輸出角增量爲 $\Delta\boldsymbol{\theta}_{i1}$，從 t_i 到 $t_i + T$ 時的輸出角增量爲 $\Delta\boldsymbol{\theta}_{i2}$，則

$$
\begin{aligned}
\Delta\boldsymbol{\theta}_{i1} &= \frac{1}{2}\boldsymbol{\alpha}T + \frac{1}{8}\boldsymbol{\beta}T^2 \\
\Delta\boldsymbol{\theta}_{i2} &= \boldsymbol{\alpha}T + \frac{1}{2}\boldsymbol{\beta}T^2
\end{aligned}
\tag{7.3.51}
$$

假設 $\Delta\boldsymbol{\theta}_i(t)$ 復位到零,從式(7.3.51)可得

$$
\begin{aligned}
\boldsymbol{\alpha} &= \frac{1}{T}(4\Delta\boldsymbol{\theta}_{i1} - \Delta\boldsymbol{\theta}_{i2}) \\
\boldsymbol{\beta} &= \frac{1}{T^2}(4\Delta\boldsymbol{\theta}_{i2} - 8\Delta\boldsymbol{\theta}_{i1})
\end{aligned}
\tag{7.3.52}
$$

將式(7.3.52)代入式(7.3.49),得

$$
\begin{aligned}
\boldsymbol{\omega}(t_i) &= \frac{1}{T}(4\Delta\boldsymbol{\theta}_{i1} - \Delta\boldsymbol{\theta}_{i2}) \\
\boldsymbol{\omega}\left(t_i + \frac{T}{2}\right) &= \frac{1}{T}\Delta\boldsymbol{\theta}_{i2} \\
\boldsymbol{\omega}(t_i + T) &= \frac{1}{T}(3\Delta\boldsymbol{\theta}_{i2} - 4\Delta\boldsymbol{\theta}_{i1})
\end{aligned}
\tag{7.3.53}
$$

若陀螺從 t_i 到 $t_i + \frac{T}{2}$ 時的輸出角增量爲 $\Delta\boldsymbol{\theta}_{i1}'$,從 $t_i + \frac{T}{2}$ 到 T 時的輸出爲 $\Delta\boldsymbol{\theta}_{i2}'$,將角增量在 $t_i + \frac{T}{2}$ 時置零,此時有

$$
\begin{aligned}
\Delta\boldsymbol{\theta}_{i1}' &= \Delta\boldsymbol{\theta}_{i1} \\
\Delta\boldsymbol{\theta}_{i2} &= \Delta\boldsymbol{\theta}_{i1}' + \Delta\boldsymbol{\theta}_{i2}'
\end{aligned}
\tag{7.3.54}
$$

將式(7.3.54)代入式(7.3.53),有

$$
\begin{aligned}
\boldsymbol{\omega}(t_i) &= \frac{1}{T}(3\Delta\boldsymbol{\theta}_{i1}' - \Delta\boldsymbol{\theta}_{i2}') \\
\boldsymbol{\omega}_i\left(t_i + \frac{T}{2}\right) &= \frac{1}{T}(\Delta\boldsymbol{\theta}_{i1}' + \Delta\boldsymbol{\theta}_{i2}') \\
\boldsymbol{\omega}_i(t_i + T) &= \frac{1}{T}(3\Delta\boldsymbol{\theta}_{i2}' - \Delta\boldsymbol{\theta}_{i1}')
\end{aligned}
\tag{7.3.55}
$$

式(7.3.53)、(7.3.55)叫做二階角速度提取,在采用四階龍格-庫塔法進行姿態矩陣的數值計算時,常用式(7.3.55)。

7.4 旋轉矢量法

一、剛體有限轉動的不可交換性

在第一章,講述了剛體的有限轉動是不可交換的概念。下面通過圖示來說明,剛體的有限

轉動不是矢量,其轉動具有不可交換性。

如圖 7.5 所示,用 $OXYZ$ 代表一個剛體,剛體的初始位置如(a) 所示,設剛體從位置(a) 起始分別繞 OX 軸正向及 OY 軸正向各轉 90°。如果先繞 OX 軸轉,再繞 OY 軸轉,則剛體經過位置(b) 最后到達位置(c);反之,如果先繞 OY 軸轉,再繞 OX 軸轉,則剛體經過位置(d) 最后到達位置(e)。顯然,位置(c) 與位置(e) 并不重合,說明兩個相同的轉動僅僅由于先后次序不同就可導致不同的結果。因此,有限轉動的合成不符合向量相加的交換法則。換而言之,在定點轉動中,有限轉動不是向量。也就是說剛體的有限轉動具有不可交換性。

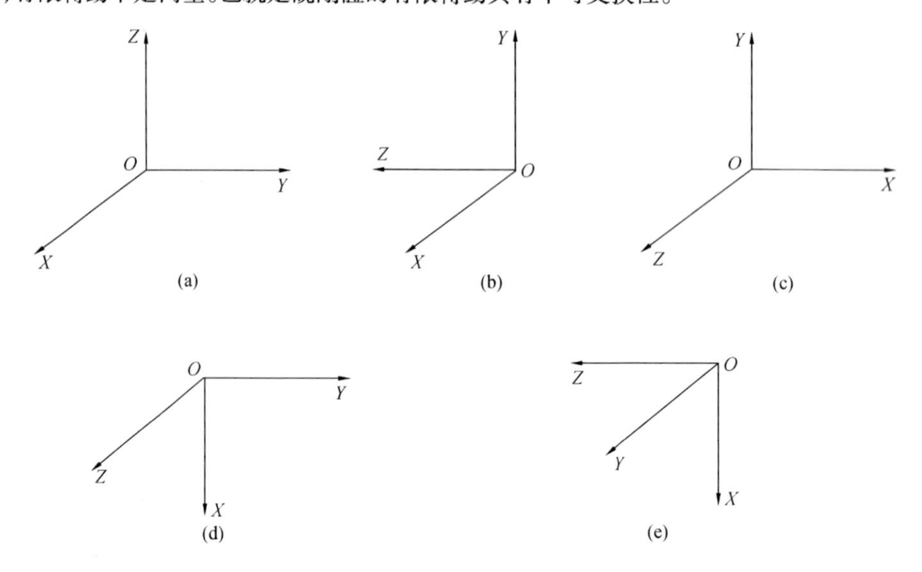

圖 7.5　剛體有限轉動的不可交換性

二、旋轉矢量微分方程

旋轉矢量是描述剛體相對慣性空間轉動的一種數學方法,它和方向余弦矩陣、四元數等一樣可以描述剛體的轉動運動,其定義爲:剛體從 $t=0$ 時刻起繞固定點進行轉動,則剛體在 t 時刻的相對初始位置的空間位置可以用一個旋轉矢量 $\boldsymbol{\Phi}(t)$ 表示,即當剛體以旋轉矢量 $\boldsymbol{\Phi}(t)$ 爲瞬時轉軸,轉動大小等于旋轉矢量 $\boldsymbol{\Phi}(t)$ 的幅值的角度時,此時剛體的位置即爲剛體在 t 時刻的位置。剛體在 t 時刻的位置與旋轉矢量 $\boldsymbol{\Phi}(t)$ 形成一一對應的關系,因此可用在 t 時刻的旋轉矢量 $\boldsymbol{\Phi}(t)$ 來表示此時剛體的位置。

根據歐拉理論,等效轉動矢量是姿態矩陣的特征向量,即

$$(\boldsymbol{C}-\boldsymbol{I})\boldsymbol{\Phi}=0 \tag{7.4.1}$$

式中　$\boldsymbol{\Phi}$—— 旋轉矢量,其分量表達式爲 $\phi=[\phi_x,\phi_y,\phi_z]^{\mathrm{T}}$;

$\boldsymbol{C}$—— 載體坐標系 b 與參考坐標系 s 之間的方向余弦矩陣;

$\boldsymbol{I}$—— 單位陣。

旋轉矢量 $\boldsymbol{\Phi}$ 可惟一確定飛行器在給定時間間隔内的位置變化,即飛行器以 $\boldsymbol{\Phi}$ 爲軸,轉動角度大小等于旋轉矢量 $\boldsymbol{\Phi}$ 的幅值(圖 7.6)。由于旋轉矢量的這種特性,因此在理論上,采用旋轉矢量法可有效消除不可交換性誤差。在采用方向余弦或四元數法描述剛體的旋轉運動時,必須采用積分 $\int_0^T \boldsymbol{\omega}\mathrm{d}t$ 給出在采樣間隔内的角度增量,這一積分過程没有體現角度的轉動順序,必然引入不可交換性誤差。

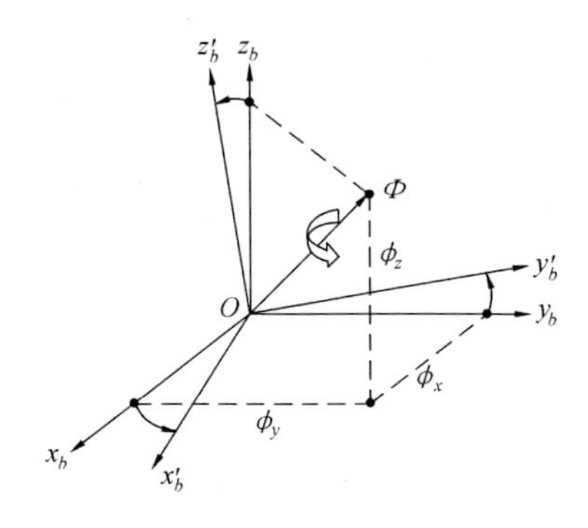

圖 7.6　旋轉矢量描述圖

通過推導,可以給出旋轉矢量微分方程爲

$$\begin{aligned}\dot{\boldsymbol{\Phi}} &= \left\{\boldsymbol{I} + \frac{1}{2}[\boldsymbol{\phi}\times] + \frac{1}{\phi^2}\left(1 - \frac{\phi\sin\phi}{2(1-\cos\phi)}\right)[\boldsymbol{\phi}\times]^2\right\}\boldsymbol{\omega} \approx \\ &\boldsymbol{\omega} + \frac{1}{2}\boldsymbol{\Phi}\times\boldsymbol{\omega} + \frac{1}{\phi^2}\cdot\left[1 - \frac{\phi\sin\phi}{2(1-\cos\phi)}\right]\boldsymbol{\Phi}\times(\boldsymbol{\Phi}\times\boldsymbol{\omega}) \approx \\ &\boldsymbol{\omega} + \frac{1}{2}\boldsymbol{\Phi}\times\boldsymbol{\omega} + \frac{1}{12}\boldsymbol{\Phi}\times(\boldsymbol{\Phi}\times\boldsymbol{\omega})\end{aligned} \tag{7.4.2}$$

式中　ϕ—— 旋轉矢量幅值,$\phi = [\boldsymbol{\Phi}^{\mathrm{T}}\times\boldsymbol{\Phi}]^{1/2}$;

$[\boldsymbol{\phi}\times]$—— 等效旋轉矢量反對稱矩陣,$[\boldsymbol{\phi}\times] = \begin{bmatrix} 0 & -\phi_z & \phi_y \\ \phi_z & 0 & -\phi_x \\ -\phi_y & \phi_x & 0 \end{bmatrix}$。

式(7.4.2) 中后二項就代表由剛體轉動的不可交換性引入的不可交換性誤差。在實際工程中,爲保證實時性,對上式做進一步簡化,取

$$\dot{\boldsymbol{\Phi}} = \boldsymbol{\omega} + \frac{1}{2}\boldsymbol{\Phi}\times\boldsymbol{\omega} \tag{7.4.3}$$

式中的第二項是不可交換性誤差。

三、圓錐運動

圓錐效應(圓錐運動) 是剛體運動的一種幾何現象,當剛體受到環境振動或本身具有的角運動時,即剛體在兩個正交軸方向存在頻率相同而相位不同的角振動速率時,將導致剛體的第三個正交軸在空間繞其平均位置做錐面或近似錐面的運動,稱爲剛體的圓錐效應。

按圓錐運動的定義,剛體定軸轉動可用旋轉矢量表示爲

$$\boldsymbol{\Phi} = [0 \quad \alpha\cos(\psi t) \quad \alpha\sin\psi t]^{\mathrm{T}} = [\phi_x \quad \phi_y \quad \phi_z]^{\mathrm{T}} \tag{7.4.4}$$

可以將圓錐運動的參數作爲已知量代入式(7.4.2),并以 $\boldsymbol{\omega}$ 爲未知量求解方程式,有

$$\boldsymbol{\omega} = \begin{bmatrix} \omega_x \\ \omega_y \\ \omega_z \end{bmatrix} = \begin{bmatrix} -2\dot{\psi}\sin^2\frac{\alpha}{2} \\ -\dot{\psi}\sin\alpha\sin\dot{\psi}t \\ \dot{\psi}\sin\alpha\cos\dot{\psi}t \end{bmatrix} \tag{7.4.5}$$

式(7.4.5)説明,盡管環境對剛體在 x 軸方向無角振動干擾,但由于在 y 軸和 z 軸方向存在同頻不同相位的角振動干擾驅動,導致沿 x 軸方向有常值角速度輸出,輸出值的大小和干擾振動頻率、幅值以及相位差有關。在以上的説明中,給出兩軸角振動 ω_y 和 ω_z 的相位差爲 90°。當相位差爲 φ 時,可得

$$\omega_x = -2\dot{\psi}\sin^2\frac{\alpha}{2}\sin\varphi \tag{7.4.6}$$

從式(7.4.4)和式(7.4.5)可以看出 $\boldsymbol{\Phi}^{\mathrm{T}}\boldsymbol{\omega} = \boldsymbol{0}$,即 $\boldsymbol{\Phi}$ 和 $\boldsymbol{\omega}$ 相互正交,使其叉乘積達最大值,從式(7.4.3)可以看出圓錐運動對姿態算法産生嚴重的影響。

四、旋轉矢量算法

在實際應用中,爲保證實時性并考慮運算方便,僅取式(7.4.3)爲計算公式。

如果在一個角速率計算周期内,認爲 $\boldsymbol{\omega}$ 是隨時間綫性變化的,定義

$$\omega(t+\xi) = A + B\cdot\xi \tag{7.4.7}$$

假定系統在一個角速率計算周期内僅采樣兩次,得到兩個角增量

即

$$\begin{aligned} \Delta\theta_1 &= \int_t^{t+T/2}\omega(t+\xi)\mathrm{d}\xi = A\cdot\left(\frac{T}{2}\right) + \frac{1}{2}B\cdot\left(\frac{T}{2}\right)^2 \\ \Delta\theta_2 &= \int_{t+T/2}^{t+T}\omega(t+\xi)\mathrm{d}\xi = A\cdot\left(\frac{T}{2}\right) + \frac{3}{2}B\cdot\left(\frac{T}{2}\right)^2 \end{aligned} \tag{7.4.8}$$

可推導出等效旋轉矢量雙子樣計算公式

$$\Delta\Phi = \Delta\theta_1 + \Delta\theta_2 + \frac{2}{3}\Delta\theta_1\times\Delta\theta_2 = \Delta\theta + \frac{2}{3}\Delta\theta_1\times\Delta\theta_2 \tag{7.4.9}$$

此時旋轉矢量誤差爲

$$\phi_\varepsilon = \frac{1}{960}\alpha^2(\dot{\psi}h)^5 \tag{7.4.10}$$

式中　h——計算周期。

同樣,在一個角速率計算周期内,認爲 ω 是隨時間二次曲綫變化的,定義

$$\omega(t+\xi) = A + B\xi + C\xi^2 \tag{7.4.11}$$

則可推導出等效旋轉矢量三子樣計算公式

$$\Delta\Phi = \Delta\theta + 0.45\cdot(\Delta\theta_1\times\Delta\theta_3) + 0.675\cdot\Delta\theta_2\times(\Delta\theta_3 - \Delta\theta_1) \tag{7.4.12}$$

式中　$\Delta\theta_3$——一個角速率計算周期内,第三次采樣的角增量。

此時旋轉矢量誤差爲

$$\phi_{\varepsilon} = \frac{1}{204\ 120}\alpha^2(\psi h)^7 \tag{7.4.13}$$

同樣,在一個角速率計算周期内,認爲 ω 是隨時間三次曲綫變化的,定義

$$\omega(t+\xi) = A + B\xi + C\xi^2 + D\xi^3 \tag{7.4.14}$$

則可推導出等效旋轉矢量四子樣計算公式

$$\begin{aligned}\Delta\Phi = \Delta\theta &+ K_1\cdot(\Delta\theta_1\times\Delta\theta_2+\Delta\theta_3\times\Delta\theta_4) + K_2\cdot(\Delta\theta_1\times\Delta\theta_3+\Delta\theta_2\times\Delta\theta_4) + \\ &K_3\cdot(\Delta\theta_1\times\Delta\theta_4) + K_4\cdot(\Delta\theta_2\times\Delta\theta_3)\end{aligned} \tag{7.4.15}$$

式中 $K_1 = 736/945, K_2 = 334/945, K_3 = 526/945, K_4 = 654/945$。

$\Delta\theta_4$ 爲一個角速率計算周期内,第四次采樣的角增量。

此時旋轉矢量誤差爲

$$\phi_{\varepsilon} = \frac{1}{8\ 257\ 360}\alpha^2(\psi h)^9 \tag{7.4.16}$$

上述三個公式(7.4.9)、(7.4.12)、(7.4.15) 成立的前提條件分别是式(7.4.7)、(7.4.11)、(7.4.14) 成立。慣性元件的輸出值爲角增量。

五、姿態矩陣的更新

由旋轉矢量的定義和姿態矩陣的定義,等效旋轉矢量與姿態矩陣存在如下的關系。設定 b 爲動坐標系,S 爲參考坐標系,則

$$\boldsymbol{C}_S^b = \boldsymbol{I} + \frac{\sin\phi}{\phi}[\boldsymbol{\phi}\times] + \frac{1-\cos\phi}{\phi}[\boldsymbol{\phi}\times]^2 \tag{7.4.17}$$

用矩陣表示爲

$$\boldsymbol{C}_S^b = \begin{bmatrix} \cos\phi + \frac{1-\cos\phi}{\phi^2}\phi_x^2 & \frac{-\sin\phi}{\phi}\phi_z + \frac{1-\cos\phi}{\phi^2}\phi_x\phi_y & \frac{\sin\phi}{\phi}\phi_z + \frac{1-\cos\phi}{\phi^2}\phi_x\phi_y \\ \frac{\sin\phi}{\phi}\phi_z - \frac{1-\cos\phi}{\phi^2}\phi_x\phi_y & \cos\phi + \frac{1-\cos\phi}{\phi^2}\phi_y^2 & \frac{-\sin\phi}{\phi}\phi_x + \frac{1-\cos\phi}{\phi^2}\phi_y\phi_z \\ \frac{-\sin\phi}{\phi}\phi_y + \frac{1-\cos\phi}{\phi^2}\phi_x\phi_z & \frac{-\sin\phi}{\phi}\phi_x + \frac{1-\cos\phi}{\phi^2}\phi_y\phi_z & \cos\phi + \frac{1-\cos\phi}{\phi^2}\phi_z^2 \end{bmatrix} \tag{7.4.18}$$

六、旋轉矢量修正四元數

在上一節四元數法中,我們介紹了四元數法的優點,爲了利用四元數,我們通常通過旋轉矢量來修正四元數的方法來計算飛行器的航姿。

用旋轉矢量來修正四元數的四元數遞推公式爲

$$Q(T+h) = Q(T) * q(h) \tag{7.4.19}$$

式中　$q(h)$—— 四元數遞推算子。

由四元數以及旋轉矢量的定義,我們可得

$$q(h) = [s_1 \quad s_2\phi_x \quad s_2\phi_y \quad s_2\phi_z]^{\mathrm{T}} \tag{7.4.20}$$

式中

$$s_1 = \cos\left(\frac{1}{2}\phi\right)$$

$$s_2 = \frac{1}{\phi}\sin\left(\frac{1}{2}\phi\right)$$

當采樣周期足够小時,$\sin\frac{\phi}{2} \approx \frac{\phi}{2}$,有表達式

$$q(h) = \left[\cos\frac{\phi}{2} \quad \frac{\phi_x}{2} \quad \frac{\phi_y}{2} \quad \frac{\phi_z}{2}\right]^{\mathrm{T}} \tag{7.4.21}$$

然后再利用四元數與姿態矩陣的關系求得系統航姿。

七、角速率輸入下航姿算法的討論

上述幾種旋轉矢量航姿算法采用的都是角增量輸入,在實際工程中,陀螺儀給出的信號有可能是速率信號。這時就需要我們利用陀螺輸出的速率信號提取增量角信號。

對于雙子樣法,如式(7.4.9) 所示,可采用如下公式提取角增量,即

$$\begin{aligned}
\Delta\theta_1 &= [\omega(t) + \omega(t + T_2/2)] \cdot T_2/4 \\
\Delta\theta_2 &= [\omega(t + T_2/2) + \omega(t + T_2)] \cdot T_2/4 \\
\Delta\theta &= [\omega(t) + 4\omega(t + T_2/2) + \omega(t + T_2)] \cdot T_2/6
\end{aligned} \tag{7.4.22}$$

式中　T_2—— 雙子樣法計算周期;

$\omega(t)$—— 速率陀螺的輸出。

對于三子樣法,如式(7.4.12) 所示,可采用如下公式提取角增量,即

$$\begin{aligned}
\Delta\theta_1 &= [5\omega(t) + 8\omega(t + T_3/3) - \omega(t + 2T_3/3)] \cdot T_3/36 \\
\Delta\theta_2 &= [-\omega(t) + 8\omega(t + T_3/3) + 5\omega(t + 2T_3/3)] \cdot T_3/36 \\
\Delta\theta_3 &= [-\omega(t + T_3/3) + 8\omega(t + 2T_3/3) + 5\omega(t + T_3)] \cdot T_3/36 \\
\Delta\theta &= [\omega(t) + 3\omega(t + T_3/3) + 3\omega(t + 2T_3/3) + \omega(t + T_3)] \cdot T_3/6
\end{aligned} \tag{7.4.23}$$

式中　T_3—— 三子樣法計算周期。

經推導可知,上述算法的圓錐誤差分别爲:

二子樣法

$$\phi_\varepsilon = \frac{13}{2\ 280}\alpha^2(\psi h)^5 \tag{7.4.24}$$

三子樣法

$$\phi_\varepsilon = \frac{1}{2\ 592}\alpha^2(\psi h)^5 \tag{7.4.25}$$

通過誤差分析可知,當采用四階龍格 – 庫塔法進行數值積分時,四元數航姿算法的圓錐誤差

可表示爲

$$\phi_{\varepsilon} = -\frac{1}{1\,440}\alpha^{2}(\psi h)^{5} - \frac{\alpha^{4}(\psi h)^{3}}{48} + O(h^{7}) \tag{7.4.26}$$

比較式(7.4.24)、(7.4.25) 和式(7.4.26),可以看出當旋轉矢量算法直接獲取速率信號時,算法的誤差明顯增加。而四元數算法的輸入本來就要求速率信號,當輸入是角增量信號時反而需要進行速率提取,使計算誤差增大。

7.5 捷聯慣導系統誤差傳播特性

捷聯式慣性導航系統和平臺式慣性導航系統在基本工作原理上是一致的,因此,在靜基座上或等速直綫飛行時捷聯式系統的基本特性,應和平臺式慣導系統基本一致。本節將對捷聯慣導系統誤差方程式建立的方法及誤差傳播特性做一些介紹。

一、系統誤差方程式的建立

1. 數學平臺的誤差方程

采用四元數法推導數學平臺的誤差方程式。四元數微分方程式采用如下形式

$$\dot{\boldsymbol{q}} = \frac{1}{2}\boldsymbol{q}\boldsymbol{\omega}_{Eb}^{b} \tag{7.5.1}$$

式中　$\boldsymbol{\omega}_{Eb}^{b}$—— 飛行器坐標系相對地理坐標系的旋轉角速度矢量的四元數表達形式。

上式爲四元數相乘。根據數學平臺模擬地理坐標系的假定,可有

$$\boldsymbol{\omega}_{Eb}^{b} = \boldsymbol{\omega}_{ib}^{b} - \boldsymbol{\omega}_{iE}^{b} \tag{7.5.2}$$

所以

$$\dot{\boldsymbol{q}} = \frac{1}{2}\boldsymbol{q}(\boldsymbol{\omega}_{ib}^{b} - \boldsymbol{\omega}_{iE}^{b}) \tag{7.5.3}$$

式(7.5.3) 是在理想情況下,求解四元數的微分方程組。在實際系統中,$\boldsymbol{\omega}_{ib}^{b}$ 是用固定在飛行器上的陀螺儀輸出$\boldsymbol{\omega}_{ibm}^{b}$ 來實現的,而 $\boldsymbol{\omega}_{iE}^{b}$ 是在導航計算機中,通過計算機計算的,用 $\boldsymbol{\omega}_{iEC}^{b}$ 來代替。所以,可得系統實際計算的四元數微分方程式

$$\dot{\boldsymbol{q}}_{C} = \frac{1}{2}\boldsymbol{q}_{C}(\boldsymbol{\omega}_{ibm}^{b} - \boldsymbol{\omega}_{iEC}^{b}) \tag{7.5.4}$$

式中　$\boldsymbol{q}_{C}$—— 計算用的四元數。

下邊考慮四元數計算誤差表達式。

在轉動四元數計算時,地理坐標系是參考坐標系,可認爲矢量 $\boldsymbol{R}$ 相對地理坐標系是靜止的。在飛行器坐標系内用 $\boldsymbol{R}_{b}$ 表示矢量$\boldsymbol{R}$,在地理坐標系内用 $\boldsymbol{R}_{E}$ 表示矢量$\boldsymbol{R}$,用 $\boldsymbol{q}$ 表示飛行器坐標系相對地理坐標系的轉動四元數。由于符合式(1.5.20) 的轉動條件,則有

$$\boldsymbol{R}_{E} = \boldsymbol{q}\boldsymbol{R}_{b}\boldsymbol{q}^{-1} \tag{7.5.5}$$

或 $$\boldsymbol{R}_b = \boldsymbol{q}^{-1}\boldsymbol{R}_E\boldsymbol{q} \tag{7.5.6}$$

考慮四元數有計算誤差,在 $\boldsymbol{R}_b$ 是準確的值時,則上兩式可寫爲

$$\boldsymbol{R}_E' = \boldsymbol{q}_C\boldsymbol{R}_b\boldsymbol{q}_C^{-1} \tag{7.5.7}$$

$$\boldsymbol{R}_b = \boldsymbol{q}_C^{-1}\boldsymbol{R}_E'\boldsymbol{q}_C \tag{7.5.8}$$

上式説明由于轉動四元數存在誤差項,導致矢量 $\boldsymbol{R}_E$ 畸變爲 $\boldsymbol{R}_E'$。

將式(7.5.8) 代入式(7.5.5),有

$$\boldsymbol{R}_E = \boldsymbol{q}\boldsymbol{q}_C^{-1}\boldsymbol{R}_E'\boldsymbol{q}_C\boldsymbol{q}^{-1} \tag{7.5.9}$$

定義 $$\delta\boldsymbol{q} = \boldsymbol{q}\boldsymbol{q}_C^{-1} \tag{7.5.10}$$

即 $\boldsymbol{R}_E$ 和 $\boldsymbol{R}_E'$ 之間的轉動四元數爲 $\delta\boldsymbol{q}$,可認爲計算的地理坐標系相對實際的地理坐標系有一個等效轉動,用 ϕ 表示其轉角,即爲兩坐標系間的誤差角,因其值較小,有

$$\delta\boldsymbol{q} = \cos\frac{\phi}{2} + \sin\frac{\phi}{2}\frac{\boldsymbol{\Phi}}{\varphi} = 1 + \frac{\boldsymbol{\Phi}}{2} \tag{7.5.11}$$

即 $$\boldsymbol{\Phi} = 2(\boldsymbol{q}\boldsymbol{q}_C^{-1} - 1) \tag{7.5.12}$$

對誤差四元數 $\delta\boldsymbol{q}$ 求導,有

$$\delta\dot{\boldsymbol{q}} = \dot{\boldsymbol{q}}\boldsymbol{q}_C^{-1} + \boldsymbol{q}\dot{\boldsymbol{q}}_C^{-1} \tag{7.5.13}$$

注意以上各式,均是四元數相乘。

將式(7.5.3) 及式(7.5.4) 代入式(7.5.13),有

$$\begin{aligned}\delta\dot{\boldsymbol{q}} = &\frac{1}{2}\boldsymbol{q}(\boldsymbol{\omega}_{ib}^b - \boldsymbol{\omega}_{iE}^b)\boldsymbol{q}_C^{-1} + \frac{1}{2}\boldsymbol{q}(-\boldsymbol{\omega}_{ibm}^b + \boldsymbol{\omega}_{iEC}^b)\boldsymbol{q}_C^{-1} = \\ &\frac{1}{2}\boldsymbol{q}(\boldsymbol{\omega}_{ib}^b - \boldsymbol{\omega}_{ibm}^b)\boldsymbol{q}_C^{-1} - \frac{1}{2}\boldsymbol{q}\boldsymbol{\omega}_{iE}^b\boldsymbol{q}_C^{-1} + \frac{1}{2}\boldsymbol{q}\boldsymbol{\omega}_{iEC}^b\boldsymbol{q}_C^{-1}\end{aligned} \tag{7.5.14}$$

考慮到

$$\boldsymbol{\omega}_{iE}^b = \boldsymbol{q}^{-1}\boldsymbol{\omega}_{iE}^E\boldsymbol{q}$$

$$\boldsymbol{\omega}_{iEC}^b = \boldsymbol{q}_C^{-1}\boldsymbol{\omega}_{iEC}^E\boldsymbol{q}_C$$

$$\delta\boldsymbol{\omega}_{ib}^b = \boldsymbol{\omega}_{ib}^b - \boldsymbol{\omega}_{ibm}^b$$

$$\delta\boldsymbol{\omega}_{iE}^b = \boldsymbol{q}^{-1}\boldsymbol{\omega}_{iE}^E\boldsymbol{q}$$

將其代入式(7.5.14),有

$$\begin{aligned}\delta\dot{\boldsymbol{q}} = &\frac{1}{2}\boldsymbol{q}\delta\boldsymbol{\omega}_{ib}^b\boldsymbol{q}_C^{-1} - \frac{1}{2}\boldsymbol{q}\boldsymbol{q}^{-1}\boldsymbol{\omega}_{iE}^E\boldsymbol{q}\boldsymbol{q}_C^{-1} + \frac{1}{2}\boldsymbol{q}\boldsymbol{q}_C^{-1}\boldsymbol{\omega}_{iEC}^b\boldsymbol{q}_C\boldsymbol{q}_C^{-1} = \\ &\frac{1}{2}\delta\boldsymbol{\omega}_{ib}^b\delta\boldsymbol{q} - \frac{1}{2}\boldsymbol{\omega}_{iE}^E\delta\boldsymbol{q} + \frac{1}{2}\delta\boldsymbol{q}\boldsymbol{\omega}_{iEC}^E\end{aligned} \tag{7.5.15}$$

將 $\delta\boldsymbol{q} = 1 + \dfrac{\boldsymbol{\Phi}}{2}$ 和 $\delta\dot{\boldsymbol{q}} = \dfrac{\dot{\boldsymbol{\Phi}}}{2}$,代入式(7.5.15),且按四元數乘法公式運算和忽略二階小量之后,有

$$\dot{\boldsymbol{\Phi}} = \delta\boldsymbol{\omega}_{ib}^{E} \circ (1 + \frac{\boldsymbol{\Phi}}{2}) - \boldsymbol{\omega}_{iE}^{E} \circ (1 + \frac{\boldsymbol{\Phi}}{2}) + (1 + \frac{\boldsymbol{\Phi}}{2}) \circ \boldsymbol{\omega}_{iEC}^{E} =$$

$$\delta\boldsymbol{\omega}_{ib}^{E} + (\boldsymbol{\omega}_{iEC}^{E} - \boldsymbol{\omega}_{iE}^{E}) - \boldsymbol{\omega}_{iE}^{E} \times \frac{\boldsymbol{\Phi}}{2} \times \boldsymbol{\omega}_{iEC}^{E} =$$

$$\delta\boldsymbol{\omega}_{ib}^{E} + \delta\boldsymbol{\omega}_{iE}^{E} - \boldsymbol{\omega}_{iE}^{E} \times \boldsymbol{\Phi} \tag{7.5.16}$$

式(7.5.16)即數學平臺誤差角的矢量表達式,式中第一項爲陀螺漂移引起的誤差角,由陀螺實際輸出值和理想輸出值的比較給出,即取决于陀螺漂移項,爲了簡單起見,取其表現形式爲

$$\delta\boldsymbol{\omega}_{ib}^{E} = [\varepsilon_E \quad \varepsilon_N \quad \varepsilon_\zeta]^{\mathrm{T}} \tag{7.5.17}$$

式中第三項的 $\boldsymbol{\omega}_{iE}^{E}$ 爲地理坐標系相對慣性空間運動的角速度,其表達形式爲

$$\boldsymbol{\omega}_{iE}^{E} = \begin{bmatrix} -\frac{V_N}{R} \\ \frac{V_E}{R} + \omega_e \cos\varphi \\ \frac{V_E}{R}\tan\varphi + \omega_e \sin\varphi \end{bmatrix} \tag{7.5.18}$$

式中的第二項是由計算機計算的地理坐標系相對慣性空間運動角速度的誤差項,相當于是對式(7.5.18)的微分,即

$$\delta\boldsymbol{\omega}_{iE}^{E} = \begin{bmatrix} -\delta\frac{V_N}{R} \\ \frac{\delta V_E}{R} - \omega_e \sin\varphi\delta\varphi \\ \frac{\delta V_E}{R}\tan\varphi + \frac{V_E}{R}\sec^2\varphi\delta\varphi + \omega_e\cos\varphi\delta\varphi \end{bmatrix} \tag{7.5.19}$$

式中的第三項是由于數學平臺存在誤差角而導致的交聯作用。

平臺誤差角可表示爲

$$\dot{\boldsymbol{\Phi}} = [\dot{\alpha} \quad \dot{\beta} \quad \dot{\gamma}]^{\mathrm{T}} \tag{7.5.20}$$

將式(7.5.17) ~ (7.5.20)代入式(7.5.16),可得數學平臺誤差角的分量表達式爲

$$\begin{aligned} \dot{\alpha} &= -\frac{\delta V_N}{R} + (\frac{V_E}{R}\tan\varphi + \omega_e\sin\varphi)\beta - (\frac{V_E}{R} + \omega_e\cos\varphi)\gamma + \varepsilon_E \\ \dot{\beta} &= \frac{\delta V_E}{R} - \omega_e\sin\varphi\delta\varphi - (\frac{V_E}{R}\tan\varphi + \omega_e\sin\varphi)\alpha - \frac{V_N}{R}\gamma + \varepsilon_N \\ \dot{\gamma} &= \frac{\delta V_E}{R}\tan\varphi + (\frac{V_E}{R}\sec^2\varphi + \omega_e\cos\varphi)\delta\varphi + (\frac{V_E}{R} + \omega_e\cos\varphi)\alpha + \frac{V_N}{R}\beta + \varepsilon_\zeta \end{aligned} \tag{7.5.21}$$

2.速度誤差方程式

由于假定了數學平臺模擬地理坐標系,所以,飛行器相對地面的加速度由第二章的公式

(2.2.16) 給出,即

$$A_r = A_I - (\omega_{iE} + \omega) \times V_r + g \tag{7.5.22}$$

在捷聯系統中,加速度計直接固聯在飛行器上,上式在飛行器坐標系内可寫爲

$$A_{rC}^b = \dot{V}_{rC}^b = A_{Im}^b - (\omega_{iEC}^b + \omega_C^b) \times V_{rC}^b + g_C^b \tag{7.5.23}$$

式中　$\dot{V}_{rC}^b$—— 計算的飛行器相對地面加速度在飛行器坐標系上投影;

A_{Im}^b—— 加速度計輸出的比力;

ω_{iEC}^b、ω_C^b、V_{rC}^b—— 計算的地理坐標系和地球相對慣性坐標系的角速度以及計算的飛行器的地速在飛行器坐標系的投影。

定義速度誤差爲

$$\delta V_r = V_{rC} - V_r$$

由式(7.5.22) 以及式(7.5.23),可得

$$\delta\dot{V}_r^b = A_{Im}^b - A_I^b - [(\omega_{iEC}^b + \omega_C^b) \times V_{rC}^b - (\omega_{iE}^b + \omega^b) \times V_r^b] + g_C^b - g^b \tag{7.5.24}$$

考慮

$$\omega_{iEC}^b = \omega_{iE}^b + \delta\omega_{iE}^b$$

$$\omega_C^b = \omega^b + \delta\omega^b$$

$$V_{rC}^b = V_r^b + \delta V_r^b$$

并認爲

$$g_C^b - g^b = 0$$

則上式可寫爲

$$\begin{aligned}\delta\dot{V}_r^b = {} & A_{Im}^b - A_I^b - [(\omega_{iE}^b + \omega^b + \delta\omega_{iE}^b + \delta\omega^b) \times (V_r^b + \delta V_r^b) - (\omega_{iE}^b + \omega^b) \times V_r^b] = \\ & A_{Im}^b - A_I^b - [(\omega_{iE}^b + \omega^b) \times \delta V_r^b + (\delta\omega_{iE}^b + \delta\omega^b) \times V_r^b]\end{aligned} \tag{7.5.25}$$

把 $\delta\dot{V}_r^b$ 從飛行器坐標系轉换到地理坐標系,有

$$\delta\dot{V}_r^E = q_C A_{Im}^b q_C^{-1} - q A_r^b q^{-1} - q \circ [(\omega_{iE}^b + \omega^b) \times \delta V_r^b + (\delta\omega_{iE}^b + \delta\omega^b) \times V_r^b] \circ q^{-1} \tag{7.5.26}$$

由于

$$A_{Im}^b = A_I^b + \delta A_I^b$$

則有

$$q_C A_{Im}^b q_C^{-1} = q_C A_I^b q_C^{-1} + q_C \delta A_I^b q_C^{-1} \tag{7.5.27}$$

而

$$A_I^b = q^{-1} A_I^E q$$

$$\delta A_I^b = q^{-1} \delta A_I^E q$$

得

$$q_C A_{Im}^b q_C^{-1} = q_C q^{-1} A_I^E q q_C^{-1} + q_C q^{-1} \delta A_I^E q q_C^{-1} = \delta q^{-1} A_I^E \delta q + \delta q^{-1} \delta A_I^E \delta q \tag{7.5.28}$$

將 $\delta q = 1 + \dfrac{\Phi}{2}$ 代入上式,展開,忽略二階小量,有

$$q_C A_{Im}^b q_C^{-1} = A_I^E + A_I^E \times \Phi + \delta A_I^E \tag{7.5.29}$$

將式(7.5.29) 代入式(7.5.26),得

$$\delta\dot{\boldsymbol{V}}_r^E = \delta\boldsymbol{A}_I^E + \boldsymbol{A}_I^E \times \boldsymbol{\Phi} - (\boldsymbol{\omega}_{iE}^E + \boldsymbol{\omega}^E) \times \delta\boldsymbol{V}_r^E - (\delta\boldsymbol{\omega}_{iE}^E + \delta\boldsymbol{\omega}^E) \times \boldsymbol{V}_r^E \tag{7.5.30}$$

注意,在推導以上各式時,一定要注意各式中有關四元數的運算法則。

式(7.5.30) 即爲速度誤差的矢量表達式,式中右邊第一項爲加速度計的誤差項,爲了討論方便,仍假定加速度計只有零位誤差,可寫爲

$$\delta\boldsymbol{A}_I^E = [\Delta A_E \quad \Delta A_N \quad \Delta A_\zeta]^{\mathrm{T}} \tag{7.5.31}$$

式中的第二項是由數學平臺的誤差角引入的交聯影響,式中第三項表明哥氏加速度没有完全補償的影響,第四項則爲由于計算角速度出現誤差而引起的附加哥氏加速度誤差項。

下面將式(7.5.30) 展開成分量形式。

由于

$$\boldsymbol{A}_I^E = [\Delta A_E \quad \Delta A_N \quad \Delta A_\zeta]^{\mathrm{T}}$$

$$\boldsymbol{\Phi} = [\alpha \quad \beta \quad \gamma]^{\mathrm{T}}$$

$$\boldsymbol{\omega}_{iE}^E = \begin{bmatrix} -\dfrac{V_N}{R} \\ \dfrac{V_E}{R} + \omega_e\cos\varphi \\ \dfrac{V_E}{R}\tan\varphi + \omega_e\sin\varphi \end{bmatrix}$$

$$\boldsymbol{\omega}^E = \begin{bmatrix} 0 \\ \omega_e\cos\varphi \\ \omega_e\sin\varphi \end{bmatrix}$$

$$\delta\boldsymbol{V}_r^E = [\delta V_E \quad \delta V_N \quad \delta V_\zeta]^{\mathrm{T}}$$

$$\delta\boldsymbol{\omega}_{iE}^E = \begin{bmatrix} -\delta\dfrac{V_N}{R} \\ \dfrac{\delta V_E}{R} - \omega_e\sin\varphi\delta\varphi \\ \dfrac{\delta V_E}{R}\tan\varphi + \dfrac{V_E}{R}\sec^2\varphi\delta\varphi + \omega_e\cos\varphi\delta\varphi \end{bmatrix}$$

$$\delta\boldsymbol{\omega}^E = \begin{bmatrix} 0 \\ -\omega_e\sin\varphi\delta\varphi \\ \omega_e\cos\varphi\delta\varphi \end{bmatrix}$$

將以上各式代入式(7.5.30),有

$$\delta\dot{V}_E = \left(\frac{V_N}{R}\tan\varphi - \frac{V_\zeta}{R}\right)\delta V_E + \left(\frac{V_E}{R}\tan\varphi + 2\omega_e\sin\varphi\right)\delta V_N - \left(\frac{V_E}{R} + 2\omega_e\cos\varphi\right)\delta V_\zeta +$$
$$\left(\frac{V_E V_N}{R}\sec^2\varphi + 2\omega_e\cos\varphi V_N + 2\omega_e\sin\varphi V_\zeta\right)\delta\varphi + A_N\gamma - A_\zeta\beta + \Delta A_E$$

$$\delta\dot{V}_N = -2(\frac{V_E}{R}\tan\varphi + \omega_e\sin\varphi)\delta V_E - \frac{V_\zeta}{R}\delta V_N - \frac{V_N}{R}\delta V_\zeta -$$

$$(\frac{V_E}{R}\sec^2\varphi + 2\omega_e\cos\varphi)V_E\delta\varphi + A_\zeta\alpha - A_E\gamma + \Delta A_N$$

$$\delta\dot{V}_\zeta = 2(\frac{V_E}{R} + \omega_e\cos\varphi)\delta V_E + 2\frac{V_N}{R}\delta V_N - 2V_E\omega_e\sin\varphi\delta\varphi + A_E\beta - A_N\alpha + \Delta A_\zeta \quad (7.5.32)$$

式(7.5.32) 即速度誤差方程式的展開形式。

3. 位置誤差方程式

根據經、緯度的定義,有

$$\begin{aligned} \dot{\varphi} &= -\frac{V_N}{R} \\ \dot{\lambda} &= \frac{V_E}{R}\sec\varphi \end{aligned} \quad (7.5.33)$$

對上式微分,則得位置誤差方程式

$$\begin{aligned} \delta\dot{\varphi} &= -\frac{\delta V_N}{R} \\ \delta\dot{\lambda} &= \frac{\delta V_E}{R}\sec\varphi + \frac{V_E}{R}\sec\varphi\tan\varphi\,\delta\varphi \end{aligned} \quad (7.5.34)$$

4. 系統誤差方程式

式(7.5.21)、(7.5.32)、(7.5.34) 三組方程式合在一起就構成捷聯慣導系統誤差方程式。由于捷聯式慣導系統的垂直通道也是發散的,通常不單獨采用垂直通道,所以公式中的 $\delta\dot{V}_\zeta$ 可以不考慮。從緯度和經度誤差方程組還可以看出,經度誤差動態特性仍具有開環特性,因此,在列寫系統誤差方程的狀態變量時,$\delta\lambda$ 可以單獨考慮。

爲了便于和平臺式慣導系統誤差方程式進行比較,仍假定載體處于地面静止狀態,即有 $V_E = V_N = V_\zeta = 0, A_N = A_E = 0, A_\zeta = g$,于是捷聯式慣導系統在静基座的誤差方程式可以簡化爲

$$\begin{aligned} \delta\dot{V}_E &= 2\omega_e\sin\varphi\cdot\delta V_N - \beta g + \Delta A_E \\ \delta\dot{V}_N &= -2\omega_e\sin\varphi\cdot\delta V_E + \alpha g + \Delta A_N \\ \delta\dot{\varphi} &= -\frac{\delta V_N}{R} \\ \dot{\alpha} &= -\frac{\delta V_N}{R} + \omega_e\sin\varphi\cdot\beta - \omega_e\cos\varphi\cdot\gamma + \varepsilon_E \\ \dot{\beta} &= \frac{1}{R}\delta V_E - \omega_e\sin\varphi\delta\varphi - \omega_e\sin\varphi\cdot\alpha + \varepsilon_N \\ \dot{\gamma} &= \frac{1}{R}\tan\varphi\cdot\delta V_E + \omega_e\cos\varphi\delta\varphi + \omega_e\cos\varphi\alpha + \varepsilon_\zeta \end{aligned} \quad (7.5.35)$$

上式則可寫爲

$$\begin{bmatrix} \delta\dot{V}_E \\ \delta\dot{V}_N \\ \delta\dot{\varphi} \\ \dot{\alpha} \\ \dot{\beta} \\ \dot{\gamma} \end{bmatrix} = \begin{bmatrix} 0 & 2\omega_e\sin\varphi & 0 & 0 & -g & 0 \\ -2\omega_e\sin\varphi & 0 & 0 & g & 0 & 0 \\ 0 & -\frac{1}{R} & 0 & 0 & 0 & 0 \\ 0 & -\frac{1}{R} & 0 & 0 & \omega_e\sin\varphi & -\omega_e\cos\varphi \\ \frac{1}{R} & 0 & -\omega_e\sin\varphi & -\omega_e\sin\varphi & 0 & 0 \\ \frac{1}{R}\tan\varphi & 0 & \omega_e\cos\varphi & \omega_e\cos\varphi & 0 & 0 \end{bmatrix} \cdot \begin{bmatrix} \delta V_E \\ \delta V_N \\ \delta\varphi \\ \alpha \\ \beta \\ \gamma \end{bmatrix} + \begin{bmatrix} \Delta A_E \\ \Delta A_N \\ 0 \\ \varepsilon_E \\ \varepsilon_N \\ \varepsilon_\zeta \end{bmatrix} \tag{7.5.36}$$

同樣,可簡化爲

$$\dot{\boldsymbol{X}}(t) = \boldsymbol{FX}(t) + \boldsymbol{W}(t) \tag{7.5.37}$$

二、系統誤差傳播特性

將式(7.5.35) 或式(7.5.36) 與平臺式慣導系統誤差方程式(6.4.15) 或式(6.4.16) 比較,可以發現兩組方程式完全一樣,因此,可以認爲在静基座的條件下,捷聯式慣導系統誤差傳播特性與平臺式慣導系統誤差傳播特性是一致的。上一章分析的結論,完全適用于捷聯慣性導航系統中,本章不再做進一步分析。

思　考　題

1. 捷聯慣導系統的"數學平臺" 如何獲取?
2. 機械式陀螺儀和加速度計的誤差模型是什么?
3. 什么是飛行器的姿態矩陣及計算方法?
4. 姿態矩陣的實時算法是如何實現的?
5. 什么是旋轉矢量法?
6. 什么是圓錐運動?
7. 試推導捷聯慣導系統誤差方程式。

第八章　慣性導航系統的初始對準

8.1 概　　述

慣性導航系統在正式工作之前必須對系統進行調整,以便使慣性導航系統所描述的坐標系與導航坐標系相重合,使導航計算機正式工作時有正確的初始條件,如給定初始速度,初始位置等,這些工作統稱爲初始對準。在初始對準的研究工作中,往往由于初始位置準確已知、初始速度爲零(載體的小位移擾動,如振動、陣風、負載變化等另行考慮),使初始對準工作簡化。所以初始對準的主要任務就是研究如何使平臺坐標系(含捷聯慣導的數學平臺)按導航坐標系定向,爲加速度計提供一個高精度的測量基準,并爲載體運動提供精確的姿態信息。

初始對準有對準精度和所需要的對準時間兩個技術指標要求,很明顯,它們是相互矛盾的,因此,需要一個折中的指標。

初始對準的方法也因使用條件和要求的不同而异。根據所提供的參考基準形式不同,一般初始對準方法可分爲兩類,一是利用外部提供的參考信息進行對準,二是所謂的自對準技術。本節將重點講述自對準技術。在對準過程中,一般先進行粗調水平和方位而后進行精調水平和方位。在精調之前,陀螺漂移應得到補償。在精調水平和方位之后,系統方可轉入正常工作。本章主要以平臺式慣導系統爲例加以說明,導航坐標系選定地理坐標系。

光學的自動準直技術可以利用外部提供的參考信息進行對準。其方法是在慣導平臺上附加光學多面體,使光學反射面與被調整的軸綫垂直,這樣可以通過自動準直光管的觀測,發現偏差角,人爲地給相應軸陀螺加矩,使平臺轉到給定方位,或者也可以借光電自動準直光管的觀測,自動地給相應軸的陀螺加矩,使平臺轉到給定位置,實現平臺初始對準的自動化。自動準直光管的方位基準是星體或事先定好的方向靶標。平臺的水平對準如果借助光學辦法實現,光學對準的水平基準是水銀池。光學對準可以達到角秒級的精度,但對準所需時間要長。

全球定位系統(GPS) 可以實時提供當地的經緯度等參數,因此是初始對準的極好的外部基準,在使用條件允許的時候應該應用。

自對準技術是一種自主式對準技術,它是通過慣導系統自身功能來實現的。

地球上的重力加速度矢量和地球自轉角速度矢量是兩個特殊的矢量,它們相對地球的方位是一定的,自對準的基本原理是基于加速度計輸入軸和陀螺敏感軸與這些矢量的特殊關系來實現的。比如,前邊講述的半解析式慣性導航系統,在理想情况下,它的東向和北向加速度計就不敏感當地重力加速度 $\boldsymbol{g}$,此時可認爲平臺位于當地水平面内,而東向陀螺則不敏感地球自轉角速度分量,在滿足上述兩種約束的條件下,則可説平臺坐標系和地理坐標系重合。由于自對準過程可以自主式完成,靈活、方便,在計算機參與控制的條件下,可以達到很高的精度,因此它在軍事上得到了廣泛的應用。同時,把在方位對準過程中,東向陀螺不敏感地球自轉角速度分量的現象稱爲陀螺羅經效應。

8.2 靜基座慣導系統誤差方程

討論初始對準動態過程的方程式是第六章推導的慣導系統誤差方程式(6.4.15),方程是在載體處于地面静止狀態給出的,在此基礎上,再假定載體所在地的緯度是準確知道的,這樣,在方程式中有關緯度的方程就可以不考慮。爲分析簡單起見,略去有害加速度引入的交叉耦合項。式(6.4.15) 可簡化爲

$$
\begin{aligned}
\delta\dot{V}_E &= -\beta g + \Delta A_E \\
\delta\dot{V}_N &= \alpha g + \Delta A_N \\
\dot{\alpha} &= -\frac{1}{R}\delta V_N - \gamma\omega_e\cos\varphi + \beta\omega_e\sin\varphi + \varepsilon_E \\
\dot{\beta} &= \frac{1}{R}\delta V_E - \alpha\omega_e\sin\varphi + \varepsilon_N \\
\dot{\gamma} &= \frac{1}{R}\tan\varphi\delta V_E + \alpha\omega_e\cos\varphi + \varepsilon_\zeta
\end{aligned}
\tag{8.2.1}
$$

與式(8.2.1) 對應的方塊圖如圖 8.1 所示。

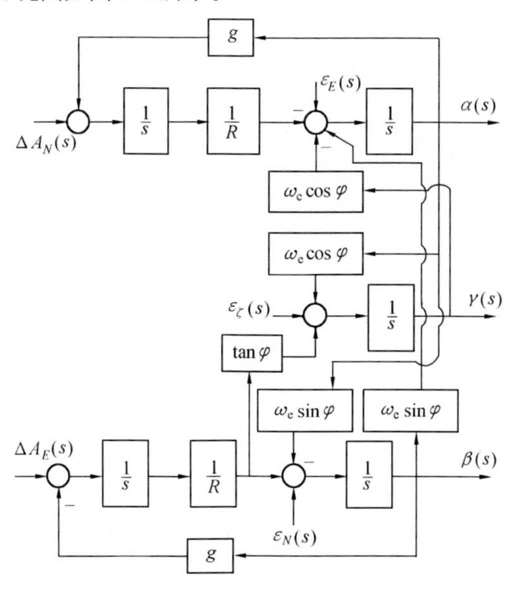

圖 8.1　簡化的系統誤差方塊圖

上述簡化方塊圖及誤差方程式,是研究慣導系統初始對準問題的基礎。

8.3　單回路的初始對準

一、水平對準

初始對準過程的進行,首先是水平粗對準,而后是方位粗對準。在粗對準之后再進行精對準,首先是水平精對準,而后進行方位精對準。在實際慣導系統中,通過一定的程序開關實現信號的轉接。如水平粗對準,可以采用圖 8.2 所示的工作原理實現。

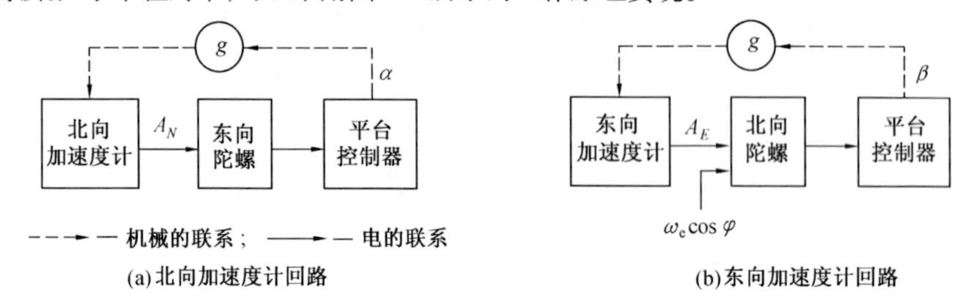

圖 8.2　簡化的自對準功能圖

圖 8.2 中分別給出了北向加速度計回路和東向加速度計回路。圖中的平臺控制器就是我們在前面講過的穩定回路。地球的自轉角速度分量 $\omega_e\cos\varphi$ 必須加給北向陀螺,使平臺相對慣性空間以 $\omega_e\cos\varphi$ 轉動,以保持平臺的水平。爲此,方位陀螺也必須接受 $\omega_e\sin\varphi$ 信號(未畫出)。

如果平臺偏離當地水平面,這兩個加速度計將敏感重力加速度的分量,給出信號到陀螺,陀螺通過平臺控制器使平臺旋轉,迫使平臺回到當地水平面。在實際的設計中,陀螺的輸出信號是通過航向坐標變換器的分解后進入相應的平臺控制器中,而不是如圖示那樣直接進入平臺控制器。

根據圖 8.2 可以畫出單通道水平自對準方塊圖,如圖 8.3 所示。

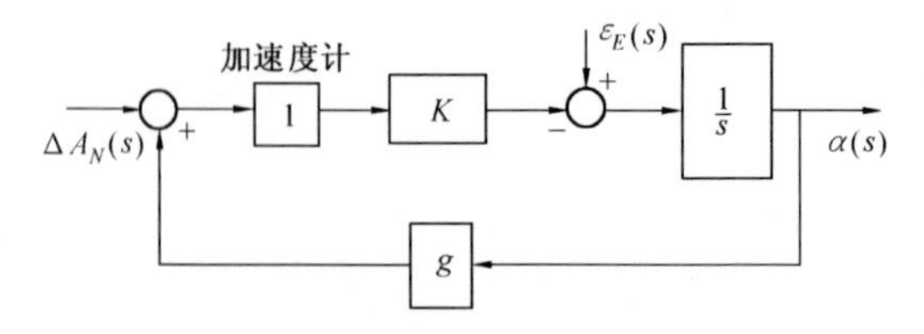

圖 8.3　水平粗對準方塊圖

系統的特征方程式爲

$$s + Kg = 0 \tag{8.3.1}$$

式中的時間常數是

$$\tau = \frac{1}{Kg} \tag{8.3.2}$$

它的大小受到陀螺允許的最大力矩器的輸出電流限制,因此,這種自對準的精度是按指數規律達到的。

從圖 8.3 還可以得到自對準角度 α 和加速度計零位誤差 ΔA_N 以及陀螺漂移角速度 ε_E 之間的關系,即

$$\alpha(s) = \frac{1}{s + Kg}[\varepsilon_E(s) + K\Delta A_N(s)] \tag{8.3.3}$$

設 ε_E、ΔA_N 爲常值時,穩態誤差爲

$$\alpha_s = \frac{\varepsilon_E}{Kg} + \frac{\Delta A_N}{g} \tag{8.3.4}$$

可見這種自對準的精度,最終取決于陀螺漂移和加速度計的零位誤差。爲了縮短自對準的時間,還可以把加速度計的輸出信號直接輸給平臺控制器,用提高系統增益的辦法,在較短時間達到粗對準的目的。尤其是在陀螺没有啓動前采用此方案爲好。

水平精對準是在水平和方位粗對準的基礎上進行,在設計思想上有比較豐富的內容。所選用的方程式是式(8.2.1)。由于水平對準時方位陀螺不參與工作,所以仍將水平對準和方位對準分開討論。由于可以不考慮交叉耦合的影響,簡化的系統誤差方塊圖 8.1 可進一步簡化爲圖 8.4 的形式。與方位偏差有關的項仍保留,作爲常值誤差項,因此,與其對應的方程式爲

$$\begin{aligned} \delta\dot{V}_E &= -\beta g + \Delta A_E \\ \dot{\beta} &= \frac{1}{R}\delta V_E + \varepsilon_N \end{aligned} \tag{8.3.5}$$

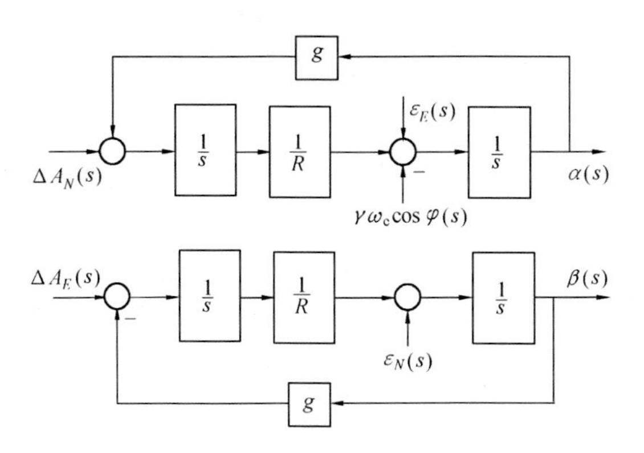

圖 8.4 水平回路誤差方塊圖

$$\delta\dot{V}_N = \alpha g + \Delta A_N$$

和

$$\dot{\alpha} = -\frac{1}{R}\delta V_N - \gamma_0\omega_e\cos\varphi + \varepsilon_E \tag{8.3.6}$$

式(8.3.5) 和式(8.3.6) 分别描述了兩個水平回路的動態特性,從第六章的分析可知,這兩個回路都具有舒拉調諧特性,説明平臺偏離當地水平面的角度 α 和 β 一直處于振蕩狀態,其振蕩幅值和初始偏差角、陀螺漂移角速度以及加速度計零位誤差大小有關,這種動態特性符合初始對準的要求。水平精對準的控制思想,就是在上述回路的基礎上,增加必要的阻尼,在給定的時間内,使平臺偏差角 α 和 β 小于給定值。

圖 8.5 給出了一種三階水平對準回路方塊圖,給出了北向加速度計與東向陀螺回路的組合説明,東向加速度計水平回路與此回路相似。該方案較爲廣泛地被半解式慣導系統采用。其特點是將加速度計的輸出信號,經過一次積分后,乘以比例系數 K_1,反饋到加速度計的輸出端,稱爲一階阻尼,它將使積分環節變成一個非周期環節。在 $\frac{1}{R}$ 環節上并聯一個 $\frac{K_2}{R}$ 環節,使原來的 $\frac{1}{R}$ 環節變成 $\frac{1+K_2}{R}$ 環節,稱其爲二階阻尼。在 $\frac{1}{R}$ 環節上再并聯一個 $\frac{K_3}{s}$ 環節后,使原來的 $\frac{1}{R}$ 環節變成爲 $\frac{1+K_2}{R}+\frac{K_3}{s}$ 環節,稱其爲三階阻尼。與 $K_2 = K_3 = 0$ 或 $K_3 = 0$ 對應的水平對準回路分别稱爲一階水平對準回路或二階水平對準回路。根據以上的説明,圖 8.5 可改畫爲圖 8.6 的形式。在方塊圖中,我們增加了平臺初始偏差角 α_0 誤差項。下面分析由于陀螺漂移 ε_E、加速度計零位誤差 ΔA_N 和平臺初始偏差角 α_0 等引起的初始對準誤差。

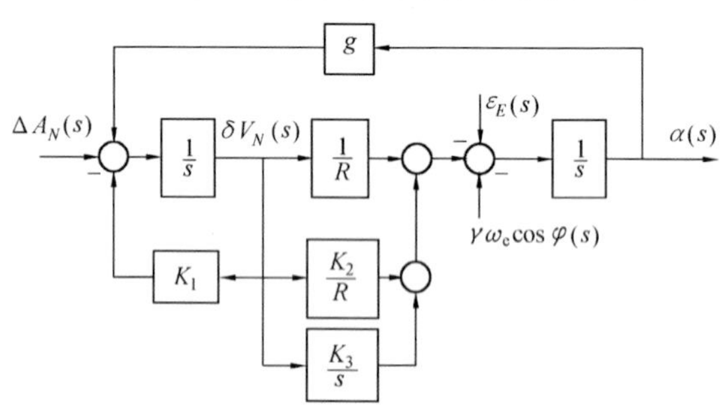

圖 8.5　動基座三階水平對準回路方塊圖

由圖 8.6 可得平臺偏差角和上述干擾量之間的傳遞函數爲

$$\alpha(s) = \frac{1}{\Delta(s)}\{s(s+K_1)[\varepsilon_E(s) - \gamma_0(s)\omega_e\cos\varphi(s)] + [s^2(s+K_1)\alpha_0(s)] - [\frac{s(1+K_2)}{R} + K_3]\Delta A_N(s)\} \tag{8.3.7}$$

式中

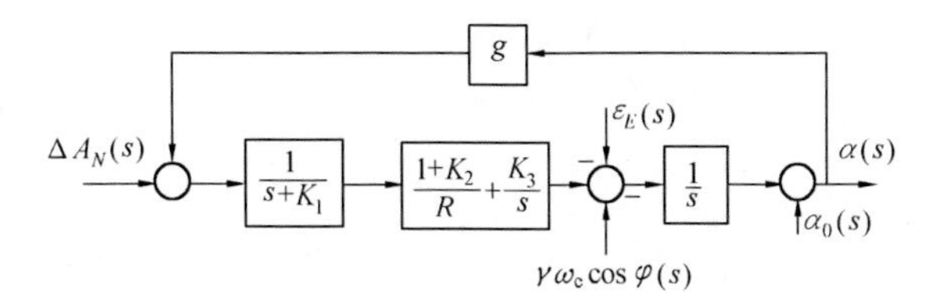

圖 8.6　等效三階水平對準回路方塊圖

$$\Delta(s) = s^3 + K_1 s^2 + (1 + K_2)\omega_s^2 s + K_3 R\omega_s^2 \tag{8.3.8}$$

爲三階水平對準回路的特征方程式。如果所有干擾量均假定爲常值,則根據終值定理可求得 α 的穩態誤差爲

$$\alpha_s = -\frac{\Delta A_N}{g} \tag{8.3.9}$$

即三階水平對準精度僅僅取决于加速度計的零位誤差。從式(8.3.8)還可以看出 K_1、K_2 的物理意義,設 $K_3 = 0$,則式(8.3.8)成爲

$$s^2 + K_1 s + (1 + K_2)\omega_s^2 = 0 \tag{8.3.10}$$

此式爲二階水平對準回路特征方程式,可以很明顯地看出,K_1 的加入,爲系統引入阻尼,而 K_2 的加入將使系統的振蕩周期縮小 $\sqrt{1 + K_2}$ 倍。因此,適當選擇 K_1 和 K_2 可以使系統在短時間内穩定下來。系數 K_1、K_2、K_3 的選擇方法可以從下邊分析得出。

三階水平對準回路特征方程式如式(8.3.8)所示,令其根爲

$$s_1 = -\sigma \qquad s_{2,3} = -\sigma \pm j\omega_n$$

所以,系統特征方程式也可寫爲

$$(s + \sigma)(s^2 + 2\sigma s + \sigma^2 + \omega_n^2) = 0 \tag{8.3.11}$$

令 $\omega_0^2 = \sigma^2 + \omega_n^2$、$\sigma = \xi\omega_0$($\xi$ 爲阻尼系數,ω_0、ω_n 分别爲系統有阻尼和無阻尼時自振頻率),則有

$$\omega_n = \sigma\sqrt{\frac{1-\xi^2}{\xi^2}} \qquad s_{2,3} = -\sigma \pm j\sigma\sqrt{\frac{1-\xi^2}{\xi^2}}$$

而式(8.3.11)成爲

$$s^3 + 3\sigma s^2 + \left(\frac{1}{\xi^2} + 2\right)\sigma^2 s + \frac{\sigma^3}{\xi^2} = 0 \tag{8.3.12}$$

比較式(8.3.8)與式(8.3.12)的系數,有

$$\begin{aligned} K_1 &= 3\sigma \\ K_2 &= \left(\frac{1}{\xi^2} + 2\right)\frac{R}{g}\sigma^2 - 1 \\ K_3 &= \frac{1}{\xi^2 g}\sigma^3 \end{aligned} \tag{8.3.13}$$

當 ξ、σ 確定之后，由式(8.3.13) 可以計算出 K_1、K_2 和 K_3 值。

系統特征方程式 $\Delta(s) = 0$ 的解爲

$$\alpha_1(t) = \alpha_0 e^{-\sigma t}\left[\frac{1+\xi^2}{1-\xi^2}\cos\omega_n t + \frac{1}{\sqrt{\frac{1-\xi^2}{\xi^2}}}\sin\omega_n t - \frac{2\xi^2}{1-\xi^2}\right] \tag{8.3.14}$$

α 角的解爲

$$\alpha(t) = \alpha_1(t) + \alpha_s \tag{8.3.15}$$

有了方程(8.3.14) 和式(8.3.15) 之后，可根據對精度 α 的大小和對準時間 t 的要求，及加速度計的零偏 ΔA_N 的給定數值，求出對應的 ξ 和 σ 值，再帶入式(8.3.13)，就可確定相應的 K_1、K_2 和 K_3 值。

上述三階水平對準方案也可用于動基座的初始對準，只是要把速度誤差項 δV_N 改爲用外部速度和純慣導系統計算速度的差值 $\delta V_N - \delta V_{rN}$ 作爲阻尼信息的輸入。其方塊圖如圖 8.7 所示。與其對應的系統方程式與式(8.3.8) 相同，且有

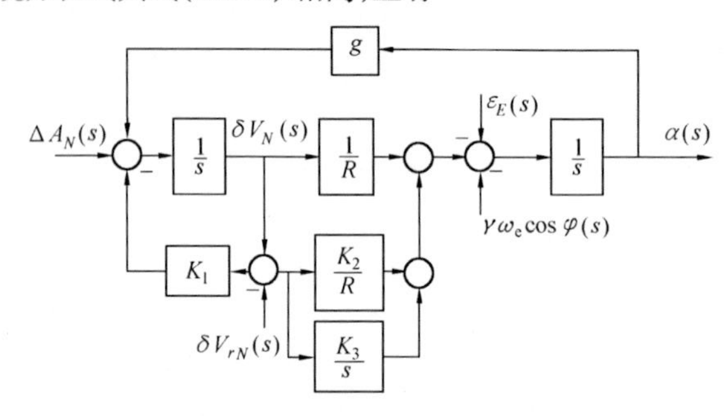

圖 8.7　三階水平對準回路方塊圖

$$\alpha(s) = \frac{1}{\Delta(s)}\Big\{ s(s+K_1)[\varepsilon_E(s) - \gamma_0(s)\omega_e\cos\varphi(s)] + [s^2(s+K_1)\alpha_0(s)] - \left[\frac{(1+K_2)s}{R} + K_3\right]\Delta A_N(s) + \left[\frac{s(K_2 s + K_1)}{R} + K_3 s\right]\delta V_{rN}(s)\Big\} \tag{8.3.16}$$

當所有干擾量均爲常值時，也有

$$\alpha_s = -\frac{\Delta A_N}{g} \tag{8.3.17}$$

所以，原則上三階水平對準回路在動機座的條件下，也可以達到很高的對準精度。

二、方位對準

平臺的方位初始對準是在平臺的水平初始對準之后進行的。從分析水平對準的過程可知，

北向加速度計與東向陀螺組成的水平對準回路與方位回路有較大的交叉影響,即存在較大的交叉耦合項 $\gamma\omega_e\cos\varphi$,通常把 $\gamma\omega_e\cos\varphi$ 影響的物理過程,稱爲羅經效應。即當平臺正確取向時,東向陀螺將不敏感地球自轉角速度分量。當平臺在方位上有誤差以后,東向陀螺將敏感地球自轉角速度的一個分量。在自對準狀態,這將導致平臺偏離當地水平面,并使北向加速度計產生誤差信號,且與 $\gamma\omega_e\cos\varphi$ 成比例。利用這個加速度計輸出信號,使其通過一個適當的補償環節再加給方位陀螺儀的力矩器,從而使平臺在方位上進動,一直到地球自轉角速度分量不再被東向陀螺所敏感,這樣就消除了方位誤差角。圖 8.8 給出了方位對準回路原理方塊圖。圖中的 δV_{rN} 爲引入的外部阻尼速度誤差,在固定基座上方位對準時,可不引入外部參考速度,即設 $\delta V_{rN} = 0$。

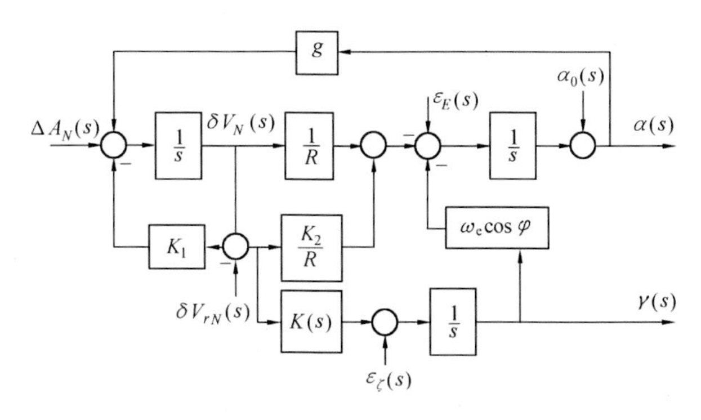

圖 8.8　方位對準回路方塊圖

從圖 8.8 可以看出,采用了二階水平對準回路作爲方位回路的主體,其原因在于,在平臺已事先完成水平對準的假設下,如果平臺方位有誤差,加速度計將有信號輸出,和方位誤差角 γ 成比例,對其一次積分得 δV_N。因此,可測量值 δV_N 將和方位誤差角 γ 成比例。既然要通過 γ 角才能在 δV_N 中反應羅經效應項,所以,在水平對準時先不消除由 ε_E 和 $\gamma\omega_e\cos\varphi$ 引起的穩態誤差角部分,即先不加積分環節 $\frac{K_3}{s}$(見圖 8.7),待方位自動對準再把 $\frac{K_3}{s}$ 加上,進一步校正水平基準。

下面再分析方位對準回路。由圖 8.8 可得出方位對準方程式(設 $\delta V_{rN} = 0$)

$$\begin{aligned}
\delta\dot{V}_N &= \alpha g + \Delta A_N - K_1\delta V_N \\
\dot{\alpha} &= -\frac{1 + K_2}{R}\delta V_N - \gamma\omega_e\cos\varphi + \varepsilon_E \qquad (8.3.18) \\
\dot{\gamma} &= K\delta V_N + \varepsilon_\zeta
\end{aligned}$$

將上式進行拉氏變換,并寫成矩陣形式

$$\begin{bmatrix} s+K_1 & -g & 0 \\ \dfrac{1+K_2}{R} & s & \omega_e\cos\varphi \\ -K(s) & 0 & s \end{bmatrix}\begin{bmatrix} \delta V_N \\ \alpha \\ \gamma \end{bmatrix} = \begin{bmatrix} \delta V_{N0}+\Delta A_N(s) \\ \alpha_0+\varepsilon_E(s) \\ \gamma_0+\varepsilon_\zeta(s) \end{bmatrix} \tag{8.3.19}$$

誤差的拉氏變換解爲

$$\begin{bmatrix} \delta V_N \\ \alpha \\ \gamma \end{bmatrix} = \frac{1}{\Delta(s)}\begin{bmatrix} s^2 & gs & -g\omega_e\cos\varphi \\ -\dfrac{1+K_2}{R}s-\omega_e K(s)\cos\varphi & (K_1+s)s & -(K_1+s)\omega_e\cos\varphi \\ sK(s) & gK(s) & (K_1+s)s+\dfrac{1+K_2}{R}g \end{bmatrix}\begin{bmatrix} \delta V_{N0}+\Delta A_N(s) \\ \alpha_0+\varepsilon_E(s) \\ \gamma_0+\varepsilon_\zeta(s) \end{bmatrix} \tag{8.3.20}$$

式中

$$\Delta(s) = \begin{bmatrix} s+K_1 & -g & 0 \\ \dfrac{1+K_2}{R} & s & \omega_e\cos\varphi \\ -K(s) & 0 & s \end{bmatrix} = s^3+K_1s^2+\omega_s^2(1+K_2)s+K(s)g\omega_e\cos\varphi \tag{8.3.21}$$

爲方位對準時系統特征方程式。設

$$K(s) = \frac{K_3}{\omega_e\cos\varphi(s+K_4)} \tag{8.3.22}$$

且各干擾源仍爲常值,利用終值定理,可以得出方位對準的穩態誤差表達式爲

$$\gamma_s = \frac{\varepsilon_E}{\omega_e\cos\varphi}+\frac{(1+K_2)K_4}{RK_3}\varepsilon_\zeta \tag{8.3.23}$$

由上式可以看出,方位對準的穩態誤差主要取决于東向陀螺漂移 ε_E 的大小,而 ε_ζ 的影響可以通過適當地選擇參數K_2、K_3、K_4而降到最小程度。如果略去 ε_ζ 的影響,則有 $\gamma_s\omega_e\cos\varphi = \varepsilon_E$ 説明東向陀螺漂移角速度和方位誤差角的作用是等效的。如果 $\gamma\omega_e\cos\varphi = \varepsilon_E$,則 $\gamma\omega_e\cos\varphi$ 不再起作用,方位誤差角 $\gamma = \dfrac{\omega_E}{\omega_e\cos\varphi}$ 將不再受到控制,達到穩定平衡狀態。如果 $\varepsilon_E = 0.01°/\mathrm{h}$,則有 $\gamma_s = 2' \sim 3'$ 的穩態誤差。所以,ε_E 直接影響方位對準精度。因此,在系統中測出 ε_E 并將其補償,則會提高方位對準精度。

將式(8.3.22) 代入式(8.3.21),系統特征方程式的形式可寫爲

$$s^4+(K_1+K_4)s^3+[\omega_s^2(1+K_2)+K_1K_4]s^2+\omega_s^2(1+K_2)K_4s+K_3g = 0 \tag{8.3.24}$$

采取和上一小節類似的方法,可求得系統參數 K_1、K_2、K_3 和 K_4 與系統方位對準指標之間的關系。令特征方程的根爲

$$s_{1,2} = s_{3,4} = -\sigma \pm \mathrm{j}\omega_n$$

所以,系統方程式也可以寫爲

$$[s^2 + 2\sigma s + (\sigma^2 + \omega_n^2)]^2 = 0 \tag{8.3.25}$$

即

$$s^4 + 4\sigma s^3 + (6\sigma^2 + 2\omega_n^2)s^2 + (4\sigma^3 + 4\sigma\omega_n^2)s + (\sigma^4 + 2\sigma^2\omega_n^2 + \omega_n^4) = 0 \tag{8.3.26}$$

從式(8.3.25) 可得

$$\omega_0^2 = \sigma^2 + \omega_n^2$$

$$\xi = \frac{\sigma}{\omega_0}$$

有

$$\omega_n = \sqrt{\omega_0^2 - \sigma^2} = \sigma\sqrt{\frac{1-\xi^2}{\xi^2}}$$

且設 $K_1 = K_4$,再比較式(8.3.24) 與式(8.3.26),有

$$K_1 = K_4 = 2\sigma$$

$$K_2 = \frac{2\sigma^2}{\xi^2\omega_s^2} - 1 \tag{8.3.27}$$

$$K_3 = \frac{\sigma^4}{\xi^4 g}$$

根據對準的要求,可確定 ξ 和 σ,則由式(8.3.27) 可選擇系統參數 K_1、K_2、K_3 和 K_4。

8.4 陀螺漂移的測定

從使用角度考慮,希望陀螺漂移角速度是常值,但因陀螺漂移具有不穩定性,因而在不同的時間,每次通電后所測得的陀螺常值漂移角速度的數值并不一樣,標定時給定的陀螺常值漂移角速度值也是一個統計數據。用標定時給定的陀螺常值漂移角速度值去補償,補償效果并不理想。但是,對于大多數陀螺,在一次通電啓動運行下,其漂移的主要分量常值特性很好,工程上用此測量值對陀螺漂移進行補償。本節所講述的陀螺漂移的測定,是指系統在使用前完成的。即在通電后和導彈發射前這段時間内完成的。和常規的陀螺漂移的測定在方法和使用設備上有所不同。如果陀螺漂移穩定性較好,具有長期穩定性,則在對準中可以簡化陀螺漂移測定的程序,縮短對準時間。因此,爲提高系統精度,不僅要對陀螺穩定性提出嚴格要求,而且要在系統中采取合理的測漂和定標措施。

慣性導航系統中的平臺,實質上可看做一個多軸陀螺漂移測試伺服轉臺或位置臺,因此可以借用常規的實驗室陀螺漂移測試方法。導航計算機可以執行測漂、定標的程序。根據陀螺的種類,對準的要求不同,測漂和定標的方法有多種方案,本節只講述在初始對準時的測漂基本原理。

一、水平陀螺漂移的測定

最常用的是兩位置法測量水平陀螺漂移。第一個位置就是慣導平臺正常的導航位置,其初始對準回路主要是東向陀螺敏感東向角速度,北向陀螺敏感北向角速度。東向加速度計的輸出信號經過校正環節饋入北向陀螺的輸入端,而北向加速度計的輸出信號經過校正環節饋入東向陀螺的輸入端。圖 8.9 給出二階水平對準回路方塊圖,可建立如下方程

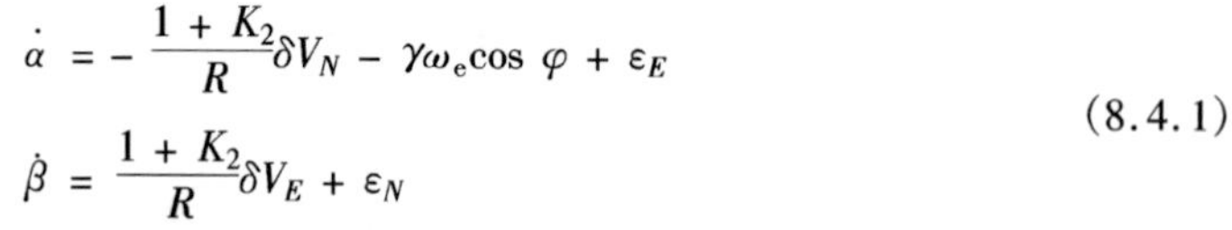

$$\dot{\alpha} = -\frac{1+K_2}{R}\delta V_N - \gamma\omega_e\cos\varphi + \varepsilon_E$$
$$\dot{\beta} = \frac{1+K_2}{R}\delta V_E + \varepsilon_N \tag{8.4.1}$$

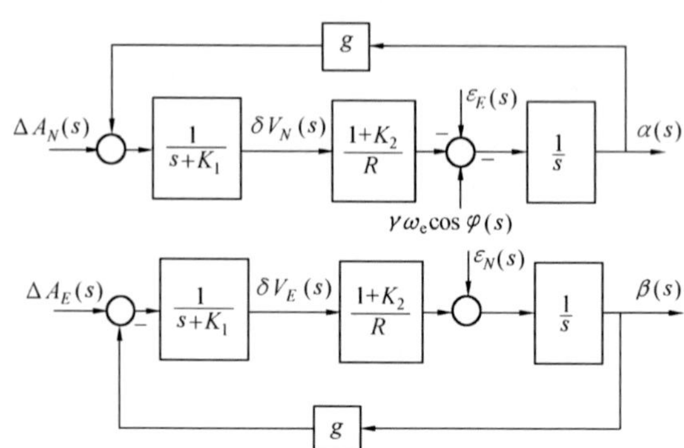

圖 8.9　二階水平對準回路方塊圖

水平對準結束后,有平衡條件 $\dot{\alpha} = 0$ 和 $\dot{\beta} = 0$ 成立,即

$$0 = -\frac{1+K_2}{R}\delta V_N - \gamma\omega_e\cos\varphi + \varepsilon_E$$
$$0 = \frac{1+K_2}{R}\delta V_E + \varepsilon_N \tag{8.4.2}$$

由于 δV_E 和 δV_N 是加速度計的輸出值,是可觀測的,于是與其對應的量

$$\delta\omega_E = \frac{1+K_2}{R}\delta V_N$$
$$\delta\omega_N = \frac{1+K_2}{R}\delta V_E \tag{8.4.3}$$

也是可觀測的量,且是分别加給東向陀螺和北向陀螺的加矩信號。由式(8.4.2)可得

$$\delta\omega_E = -\gamma\omega_e\cos\varphi + \varepsilon_E$$
$$\delta\omega_N = -\varepsilon_N \tag{8.4.4}$$

可以看出,從加矩信號 $\delta\omega_N$ 可以直接看出北向陀螺的漂移角速度值,而在加矩信號 $\delta\omega_E$ 中,不

僅含有東向陀螺漂移角速度值,而且還含有交叉耦合項,不能區分出 ε_E 來。爲了測試東向陀螺漂移角速度值,在完成北向陀螺漂移角速度的測試后,將平臺旋轉 90°,使原來的東向陀螺敏感軸處于北向位置。開始第二個位置的測漂工作,這時的測試平衡方程式爲

$$\begin{aligned} \delta\omega_E' &= -\gamma\omega_e\cos\varphi + \varepsilon_N \\ \delta\omega_N' &= -\varepsilon_E \end{aligned} \tag{8.4.5}$$

式中 $\delta\omega_E'$、$\delta\omega_N'$—— 平臺轉動 90° 以后,對應北向陀螺(現在東向),東向陀螺(現在北向)的加矩信號。

由以上叙述可見,使平臺處于兩個特殊位置,并經兩次測試,就可以完成東向和北向陀螺測試,給出相應的陀螺漂移角速度 ε_E 和 ε_N。

如果 ε_E 和 ε_N 已經測定,則方位誤差角也不難計算出,由式(8.4.4) 可得

$$\gamma = \frac{\varepsilon_E - \delta\omega_E}{\omega_e\cos\varphi} \tag{8.4.6}$$

式中 φ—— 試驗點緯度,是已知量。

這種通過測定水平陀螺的漂移來計算方位偏差角 γ 的方法,也是一種方位對準的方法。

二、方位陀螺漂移的測定

方位陀螺漂移的測定,也應在方位陀螺處于平衡狀態時進行,爲此,設計一個方位控制回路,如圖 8.10 所示。圖中 ψ' 爲平臺的指北方位角,ψ 爲方位對準時的計算方位角,$\delta\omega_{\zeta c}$ 爲方位陀螺的控制信號,$\frac{K_a s + K_b}{s}$ 是爲改善方位控制回路而設計的控制環節,適當地選擇 K_a 和 K_b 可使系統達到一定的品質指標和性能要求。

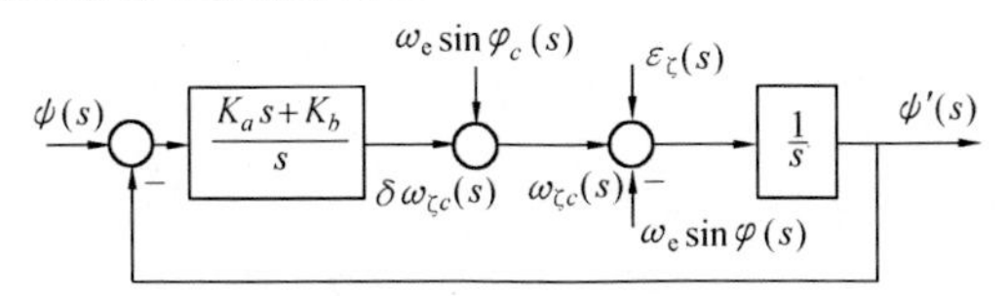

圖 8.10 方位陀螺測漂控制回路

當系統處于穩態時,有

$$\delta\omega_{\zeta c} + (\omega_e\sin\varphi_c - \omega_e\sin\varphi) + \varepsilon_\zeta = 0 \tag{8.4.7}$$

式中 φ_c—— 計算緯度值。

所以,要能精確得到 φ_c,即計算的緯度值與實驗點的緯度值相等,則地球自轉角速度的垂直分量可以被抵消掉,于是式(8.4.7) 成爲

$$\delta\omega_{\zeta c} = -\varepsilon_\zeta \tag{8.4.8}$$

這樣,就確定了方位陀螺的漂移角速度。

爲求得其精確值,可在一定時間内對數據進行采樣,并求其平均值,若采樣次數爲 n,則有

$$\varepsilon_{\zeta} = \frac{\sum_{i=1}^{n} \delta\omega_{\zeta ci}}{n} \tag{8.4.9}$$

利用平衡條件測定陀螺漂移的原理,也可以對陀螺刻度因數進行測量。

8.5　捷聯式慣導系統的初始對準

一、概述

和平臺式慣導系統一樣,初始對準的實現,對捷聯式慣導系統也是非常重要的。捷聯式慣導系統初始對準原理與平臺式一樣,其目的都是爲導航計算提供必要的初始條件。其次,影響對準精度的因素是相同的,都要補償陀螺與加速度計的誤差。對準過程也分粗對準和精對準兩個階段。不同之處在于,捷聯慣導系統是利用陀螺和加速度計的信息,經過濾波處理,在計算機内修正所謂的"數學平臺",亦即姿態方向余弦陣。這實際上是解析對準。盡管其對準精度也取決于水平加速度計和東向陀螺,但因載體運動的干擾作用特別顯著,因而對濾波技術的應用,比平臺系統更爲重要。至于具體的對準方案,多種多樣,尤其是由于計算機軟件的靈活性,其變化就更具多樣性。

捷聯式慣導系統的初始對準,就是在滿足環境條件和時間限制的情況下,以一定的精度給出從機體坐標系到導航坐標系的姿態變換矩陣。

對準可以是自主的,也可以是受控的(使捷聯慣導系統的輸出與某些外部系統的輸出相一致)或這兩種方法的結合。因爲目前實用的捷聯慣導系統大多數選用地理坐標系爲導航坐標系,所以借助慣性儀表測量兩個在空間不共綫的矢量,即地球自轉角速度 $\boldsymbol{\omega}$ 矢量和重力加速度 $\boldsymbol{g}$ 矢量,可以很方便地實現自主對準。

自主式對準也分兩步進行。在粗對準階段,依靠重力加速度 $\boldsymbol{g}$ 矢量和地球自轉角速度 $\boldsymbol{\omega}$ 矢量的測量值,直接估算從機體坐標系到導航坐標系的變換矩陣。在精對準階段,可通過處理慣性儀表的輸出信息,精校計算機計算的導航坐標系和真實導航坐標系之間的小失調角,建立準確的初始變換矩陣。

本節將簡要地叙述捷聯式慣導系統初始對準原理。

二、解析粗對準原理

這里指静基座初始對準,此時加速度計測得的是重力加速度 $\boldsymbol{g}$ 矢量在飛行器坐標系[$\boldsymbol{b}$]中的分量,陀螺儀測得的是地球自轉角速度 $\boldsymbol{\omega}$ 矢量在[$\boldsymbol{b}$]系中的分量。而這兩個矢量在導航坐標系(地理坐標系[$\boldsymbol{E}$])中的分量是已知的,且爲常值,則變換矩陣 $\boldsymbol{C}_b^E$ 可由 $\boldsymbol{\omega}$ 及 $\boldsymbol{g}$ 在[$\boldsymbol{b}$]系和[$\boldsymbol{E}$]系中的測量值或計算值計算出來。如下矢量變換等式成立。

$$\begin{aligned} \boldsymbol{g}^b &= \boldsymbol{C}_E^b \boldsymbol{g}^E \\ \boldsymbol{\omega}^b &= \boldsymbol{C}_E^b \boldsymbol{\omega}^E \end{aligned} \tag{8.5.1}$$

定義矢量 $\boldsymbol{V}$ 爲

$$\boldsymbol{V} = \boldsymbol{g} \times \boldsymbol{\omega} \tag{8.5.2}$$

則有

$$\boldsymbol{V}^b = \boldsymbol{C}_E^b \boldsymbol{V}^E \tag{8.5.3}$$

因爲

$$\boldsymbol{C}_b^E = [\boldsymbol{C}_E^b]^{-1} = [\boldsymbol{C}_E^b]^{\mathrm{T}}$$

上述三個矢量的分量存在關系

$$\begin{bmatrix} \boldsymbol{g}^b \\ \boldsymbol{\omega}^b \\ \boldsymbol{V}^b \end{bmatrix} = \boldsymbol{C}_E^b \begin{bmatrix} \boldsymbol{g}^E \\ \boldsymbol{\omega}^E \\ \boldsymbol{V}^E \end{bmatrix} \tag{8.5.4}$$

或

$$\begin{bmatrix} (\boldsymbol{g}^b)^{\mathrm{T}} \\ (\boldsymbol{\omega}^b)^{\mathrm{T}} \\ (\boldsymbol{V}^b)^{\mathrm{T}} \end{bmatrix} = \begin{bmatrix} (\boldsymbol{g}^E)^{\mathrm{T}} \\ (\boldsymbol{\omega}^E)^{\mathrm{T}} \\ (\boldsymbol{V}^E)^{\mathrm{T}} \end{bmatrix} \boldsymbol{C}_b^E$$

可得

$$\boldsymbol{C}_b^E = \begin{bmatrix} (\boldsymbol{g}^E)^{\mathrm{T}} \\ (\boldsymbol{\omega}^{\mathrm{E}})^{\mathrm{T}} \\ (\boldsymbol{V}^{\mathrm{E}})^{\mathrm{T}} \end{bmatrix}^{-1} \begin{bmatrix} (\boldsymbol{g}^b)^{\mathrm{T}} \\ (\boldsymbol{\omega}^b)^{\mathrm{T}} \\ (\boldsymbol{V}^b)^{\mathrm{T}} \end{bmatrix} \tag{8.5.5}$$

因此,如果式(8.5.5)中的逆矩陣存在,則方向余弦矩陣 $\boldsymbol{C}_b^E$ 便可以惟一地確定了。$\boldsymbol{C}_b^E$ 表示從飛行器坐標系到地理坐標系的坐標變換矩陣。將

$$\begin{aligned} (\boldsymbol{g}^E)^{\mathrm{T}} &= [0 \quad 0 \quad g] \\ (\boldsymbol{\omega}^E)^{\mathrm{T}} &= [0 \quad \omega_{\mathrm{e}}\cos\varphi \quad \omega_{\mathrm{e}}\sin\varphi] \\ (\boldsymbol{V}^E)^{\mathrm{T}} &= [g\omega_{\mathrm{e}}\cos\varphi \quad 0 \quad 0] \end{aligned}$$

代入式(8.5.5),并求逆,有

$$\begin{bmatrix} (\boldsymbol{g}^E)^{\mathrm{T}} \\ (\boldsymbol{\omega}^E)^{\mathrm{T}} \\ (\boldsymbol{V}^E)^{\mathrm{T}} \end{bmatrix}^{-1} = \begin{bmatrix} 0 & 0 & \dfrac{1}{g\omega_{\mathrm{e}}\cos\varphi} \\ \dfrac{-1}{g}\tan\varphi & \dfrac{1}{\omega_{\mathrm{e}}\cos\varphi} & 0 \\ \dfrac{1}{g} & 0 & 0 \end{bmatrix} \tag{8.5.6}$$

顯然,只要 φ 不等于 90°,式(8.5.6)的逆表達式就成立,可得

$$
\boldsymbol{C}_b^E = \begin{bmatrix} 0 & 0 & \dfrac{1}{g\omega_e\cos\varphi} \\ \dfrac{-1}{g}\tan\varphi & \dfrac{1}{\omega_e\cos\varphi} & 0 \\ \dfrac{1}{g} & 0 & 0 \end{bmatrix} \begin{bmatrix} (\boldsymbol{g}^b)^T \\ (\boldsymbol{\omega}^b)^T \\ (\boldsymbol{V}^b)^T \end{bmatrix} \tag{8.5.7}
$$

由于初始對準時,當地的緯度 φ、重力加速度 $\boldsymbol{g}$ 和地球自轉角速度 $\boldsymbol{\omega}_e$ 是準確可知的,所以,從式(8.5.7) 可知,只要能够準確給出 $\boldsymbol{g}^b$ 和 $\boldsymbol{\omega}^b$ 的測量值,就可以計算出機體坐標系和當地地理坐標系間的方向余弦矩陣 $\boldsymbol{C}_b^E$。方向余弦矩陣 $\boldsymbol{C}_b^E$ 的準確性,顯然是受到 $\boldsymbol{g}^b$ 和 $\boldsymbol{\omega}^b$ 這兩個測量值準確性的約束。實際上,陀螺儀和加速度計都存在儀表誤差和敏感環境的干擾角振動或干擾加速度的影響,這種直接計算的結果不能滿足工程需要的對準精度,即方向余弦矩陣的準確性低。

【例 8.1】 假定飛行器坐標系的初始位置和地理坐標系相重合,在不存在儀表誤差和外部干擾時,給出初始對準時方向余弦矩陣的表達式。

解 根據題意,可以寫出加速度計和陀螺的測量值及 $\boldsymbol{V}^b$ 的表達式爲

$$
(\boldsymbol{g}^b)^T = [0 \quad 0 \quad g]
$$

$$
(\boldsymbol{\omega}^b)^T = [0 \quad \omega_e\cos\varphi \quad \omega_e\sin\varphi]
$$

$$
(\boldsymbol{V}^b)^T = [g\omega_e\cos\varphi \quad 0 \quad 0]
$$

將上述表達式代入式(8.5.7),經計算有

$$
\boldsymbol{C}_b^E = \begin{bmatrix} 1 & 0 & 0 \\ 0 & 1 & 0 \\ 0 & 0 & 1 \end{bmatrix}
$$

上式説明,計算機計算的飛行器坐標系和地理坐標系在初始對準后完全重合。

例 8.1 給出的 $\boldsymbol{C}_b^E$ 是一個單位陣,將此轉換矩陣裝入計算機作爲初始方向余弦矩陣,在理想的情況下,通過 $\boldsymbol{C}_b^E$ 的轉換,加速度計和陀螺的輸出都可以正確地轉換爲以地理坐標系表示的比力或角速度分量,可以進行導航更新和姿態矩陣更新。實際上,由于加速度計和陀螺儀的儀表誤差和環境干擾綫振動和角振動的影響,$\boldsymbol{C}_b^E$ 將會成爲如下形式

$$
\boldsymbol{C}_b^E = \begin{bmatrix} 1 & -\gamma & \beta \\ \gamma & 1 & -\alpha \\ -\beta & \alpha & 1 \end{bmatrix} = (\boldsymbol{I} + \boldsymbol{\varphi}) \tag{8.5.8}
$$

$\boldsymbol{\varphi}$ 爲機體坐標系和地理坐標系對準的誤差角,是一個小角度,其值的大小和加速度計(東向陀螺) 輸出在地理坐標系中的分量有關,等效于加速度計輸出經 $\boldsymbol{C}_b^E$ 轉換后的分量,有表達式

$$
\alpha = -\frac{A_N}{g}
$$

$$\beta = \frac{A_E}{g} \tag{8.5.9}$$

$$\gamma = -\frac{\varepsilon_E}{\omega_e \cos\varphi} + \tan\varphi \cdot \frac{A_E}{g}$$

即兩坐標系的對準精度將取决于上述姿態誤差角 $\dot{\boldsymbol{\varphi}} = \dot{\boldsymbol{\alpha}} + \dot{\boldsymbol{\beta}} + \dot{\boldsymbol{\gamma}}$,所以在初始對準時,如果有外部參考系統可以直接給出 $\boldsymbol{\varphi}$,并以式(8.5.8) 裝訂在計算機中,也可以説完成了初始對準。

在上述對準過程中,式(8.5.9) 中的 A_E、A_N、ε_E 分别等效于加速度計和東向陀螺的輸出信號,是一個隨機信號,描述對準過程的運動方程式是一個隨機綫性(或非綫性) 運動方程式,在粗對準過程中,一般都要通過代數的方法(多次平均或積分等) 對誤差角 $\boldsymbol{\varphi}$ 的各分量進行估算,并修正式(8.5.8),因此,對準精度還是很低。

顯然,爲了提高對準精度,對加速度計和陀螺儀的誤差進行補償是必要的。

三、精對準基本原理

精對準的目的,就是在對準過程中,不斷用新的變换矩陣 $\boldsymbol{C}_b^E$ 代替粗對準結束時建立起來的變换矩陣 $\boldsymbol{C}_b^E$,使導航計算機計算出來的地理坐標系逐步趨近于真實的地理坐標系,并在給定的時間内,使兩者之間誤差角小于給定值。

圖 8.11 給出精對準原理方塊圖。導航坐標系仍然選爲地理坐標系,在精對準開始時,導航計算機中已經存儲經粗對準給出的變换矩陣 $\boldsymbol{C}_b^E$。從圖可見,加速度計除了本身零位誤差之外,還將感受重力加速度和干擾加速度的分量,而輸出量是以[$\boldsymbol{b}$]系分量表示的比力 $\boldsymbol{f}^b$,經過轉换矩陣 $\boldsymbol{C}_b^E$ 可得到以導航坐標系表示的比力 $\boldsymbol{f}^E$,該值將反映出機體坐標系和導航坐標系的部分對準狀態,從式(8.5.9) 可知,$\boldsymbol{f}^E$ 中含有 α 和 β 誤差角成比例的分量,并影響 $\boldsymbol{\gamma}$。將這個信息經過適當地濾波處理,求出其最優估值并對 $\boldsymbol{C}_b^E$ 不斷地修正。

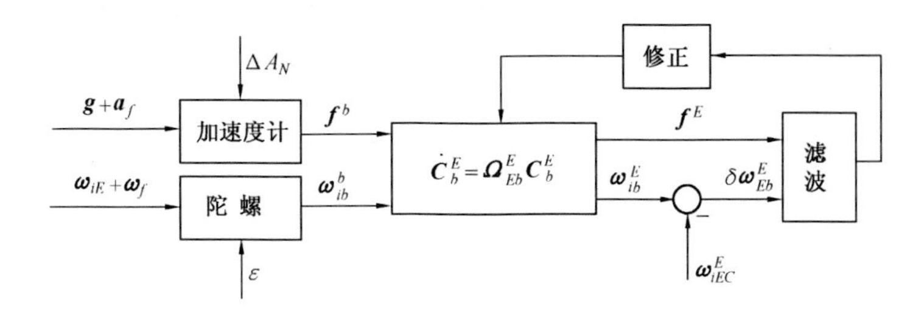

圖 8.11　精對準原理方塊圖

另一方面,捷聯陀螺儀除了本身的漂移外,還敏感到地球自轉角速度 $\boldsymbol{\omega}_{ie}^b$(等效于 $\boldsymbol{\omega}_{iE}^b$) 和干擾角速度 $\boldsymbol{\omega}_f$,而輸出的是相對慣性坐標系的角速度信息 $\boldsymbol{\omega}_{ib}^b$,再經過 $\boldsymbol{C}_b^E$ 的轉换,便可得到在

導航坐標系内的角速度 $\boldsymbol{\omega}_{ib}^{E}$。

在固定基座初始對準階段,由于載體相對地球静止,所以,上面討論的兩個角速度分量,即導航坐標系相對慣性空間的旋轉角速度 $\boldsymbol{\omega}_{iE}^{E}$ 和機體坐標系相對慣性空間的旋轉角速度 $\boldsymbol{\omega}_{ib}^{E}$ 在理論上應該相等,如果存在誤差角速度

$$\delta\boldsymbol{\omega}_{Eb}^{E} = \boldsymbol{\omega}_{ib}^{E} - \boldsymbol{\omega}_{iE}^{E} \tag{8.5.10}$$

等效于由載體運動引起的導航坐標系相對慣性空間的角速度分量,由轉换矩陣 $\boldsymbol{C}_{b}^{E}$ 不準確和陀螺輸入信號中的隨機噪聲引起。用這個誤差角速度去修正轉换矩陣 $\boldsymbol{C}_{b}^{E}$(估計 γ 角),以使得 $\boldsymbol{\omega}_{iE}^{E}$ 與 $\boldsymbol{\omega}_{ib}^{E}$ 平衡,直到 $\delta\boldsymbol{\omega}_{Eb}^{E}$ 趨于零,從而確定轉换矩陣 $\boldsymbol{C}_{b}^{E}$。并由此計算出穩態姿態誤差角,作爲導航計算的初始條件。

綜合上述,捷聯慣導系統的精對準就是在 $\delta\boldsymbol{\omega}_{Eb}^{E}$ 和 $\boldsymbol{f}^{E}$ 的驅動下,通過最優估計的方法使轉换矩陣 $\boldsymbol{C}_{b}^{E}$ 不斷修正。因此,捷聯式慣性導航系統是通過計算姿態轉换矩陣的初始值作爲初始對準的。盡管在形式上與平臺式慣導系統初始對準不同,但是由于捷聯慣導系統有和平臺式慣導系統相同的誤差方程式,因此,從動力學角度來看還是一致的。

思　考　題

1. 簡述慣導系統初始對準的基本原理。
2. 寫出静基座慣導系統初始對準的誤差方程式。
3. 試述常值陀螺漂移和加速度計誤差對對準精度的影響。
4. 什么是陀螺羅經效應?
5. 在初始對準中如何實現陀螺測漂?
6. 捷聯慣導系統如何實現粗對準?
7. 捷聯慣導系統如何實現精對準?

第九章　組合式慣性導航系統

9.1 概　　述

從慣性導航的工作原理和誤差分析可以看出,慣導系統的自主性很强,可以連續地提供包括姿態基準在内的全部導航與制導參數,并且具有非常好的短期精度和穩定性。但是,在長時間的連續工作中,純慣性導航系統的誤差將隨時間而積累。要解決這些問題,就需要高質量的慣性元件,尤其是陀螺儀。然而要研制高精度的慣性元件,必須花費相當大的經濟代價。

在實際應用中有多種原理的其它導航系統,它們具有不同的特點,如多普勒系統,系統的誤差和工作時間長短無關,但保密性不好;天文導航系統,位置精度高,但受觀測星體可見度的影響;衛星導航的精度高,容易做到全球、全天候導航,但它需要一套復雜的定位設備,當載體做機動飛行時,導航性能下降,尤其重要的是,衛星導航在戰時將受到導航星發射國家的制約。于是,人們設想把具有不同特點的導航系統組合在一起,取長補短,用以提高導航系統的精度。

從導航技術的發展來看,最初考慮的是以慣性導航爲主的組合導航系統,它的工作方式有兩種。一是重調方式,在慣性導航工作過程中,利用其它裝置得到的比較準確的位置量測信息對慣性導航位置進行校正。這是一種利用回路之外的導航信息來校正的工作方式,因此,回路的響應特性没有任何變化。二是阻尼方式,采用慣性導航與多普勒雷達(或天文導航)組合,利用慣性導航與多普勒雷達提供的速度(或位置信息)形成速度(或位置)差,使用這個速度差通過反饋去修正慣性導航系統,使導航誤差減小。這種阻尼方式的組合導航系統,在載體做機動運動的情況下,阻尼的效果并不理想。自20世紀60年代現代控制理論出現以后,人們開始研究一種新的組合式導航系統,它是由各類傳感器、濾波器、控制器和導航計算機組成,其中根據卡爾曼濾波方法設計的濾波器是這一系統的關鍵部件,通過濾波器把各種單獨的導航系統組合在一起,形成一種組合式導航系統。它把各類傳感器提供的各種導航信息提供給濾波器,應用卡爾曼濾波方法進行信息處理,得出慣性導航系統的誤差最優估計值,再由控制器對慣性導航系統進行校正,使得系統誤差最小。爲了與一般的重調方式或阻尼方式的組合導航系統相區别,通常稱利用卡爾曼濾波器的組合導航系統爲最優組合導航系統。本章講述阻尼組合導航系統和最優組合導航系統的基本原理。

9.2 慣導系統的阻尼

一、引入阻尼的意義

通過第六章對慣導系統的分析,我們可以看出,由于加速度計的常值零位誤差和陀螺的常值漂移角速度,都可以産生平臺誤差角,從而使整個導航系統出現定位誤差,見式(6.3.32)和式(6.3.33)。此外,由于平臺初始安裝誤差角及初始速度的裝訂誤差也可以引起系統的定位誤差,見式(6.3.31)和式(6.3.34)。這些誤差都具有振蕩特性,均以 84.4 min 的周期振蕩。因此,當導航系統的使用時間接近或超過半個舒拉周期以上時,便要設法將上述無阻尼振蕩現象加以衰減,使其達到穩定狀態,才能比較精確地進行定位與導航。

第六章分析了陀螺常值漂移角速度對慣導系統的影響,在測試的精度範圍内,陀螺常值漂移角速度或其它可預測的陀螺漂移角速度,可以得到有效的補償。作爲漂移角速度中的隨機分量,最簡單的可以用白噪聲來表示,它們成爲慣導系統的輸入信號,這種隨機分量對無阻尼振蕩系統的影響是積累的,所産生的誤差振蕩振幅會隨着時間而增大。

前幾章討論的舒拉回路是一個綫性振蕩器,它的傳遞函數相當于

$$H(s) = \frac{\omega_s}{s^2 + \omega_s^2} \tag{9.2.1}$$

綫性振蕩器的輸入和輸出之間的關系,就相當于前面分析的陀螺漂移和慣性導航系統誤差之間的關系。

假如對上述系統的輸入是一個白噪聲的隨機分量,設其頻譜密度爲

$$s(\omega) = 1 \tag{9.2.2}$$

則系統輸出的均方值,是隨着時間而增加的,是無界的,即陀螺隨機漂移所産生的誤差是積累的。

從消除陀螺隨機漂移分量對慣導系統輸出影響的角度出發,系統的傳遞函數必須是具有阻尼的綫性振蕩器,其傳遞函數應爲

$$H(s) = \frac{\omega_s}{s^2 + 2\xi\omega_s s + \omega_s^2} \tag{9.2.3}$$

當對這個阻尼綫性振蕩器輸入一個白噪聲的隨機函數時,其輸出的均方值趨于一個穩定值,穩定值的大小和阻尼系數有關。

綜上所述,爲了使無阻尼慣導系統的誤差振蕩分量衰減下來,并且使由陀螺漂移隨機分量所産生的系統誤差均方值得到減小,而不再産生積累誤差,因此,對系統必須加以阻尼,根據引入阻尼的方式不同,可以分爲引入内阻尼和外阻尼兩種方式。

二、内阻尼的引入

以北向水平回路爲例加以説明。

通過改變系統的結構形式而使系統具有阻尼的特性,則稱其爲引入内阻尼。如在舒拉回路中加上串聯的水平阻尼網絡 $G_N(s)$,這時的信息流程圖如圖 9.1 所示。

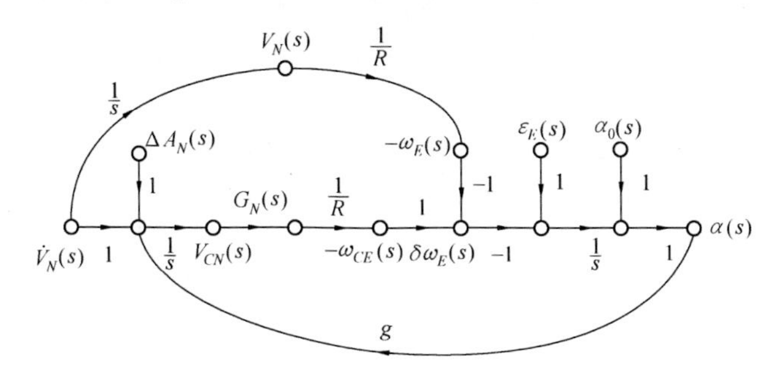

圖 9.1　單通道水平阻尼信息流程圖

在圖 9.1 中,其環路增益爲

$$L_1 = -\frac{\omega_s^2 G_n(s)}{s^2} \tag{9.2.4}$$

因而信息流程圖的特征式爲

$$\Delta = 1 + \frac{\omega_s^2 G_N(s)}{s^2} = \frac{1}{s^2}[s^2 + \omega_s^2 G_N(s)] \tag{9.2.5}$$

此時單通道系統的特征方程式爲

$$\Delta = s^2 + \omega_s^2 G_N(s) = 0 \tag{9.2.6}$$

如果我們選取阻尼網絡 $G_N(s)$ 的適當形式,使上面的特征方程式是一個齊次方程式,并且使系數滿足穩定條件,那么,這個單通道系統便由原來的振蕩系統變成一個穩定的系統,即對系統加上了阻尼。

下面討論在系統具有阻尼后,各種輸入量對水平傾角 α 的影響。

在圖 9.1 中,$\omega_E(s)$ 爲地理坐標系相對慣性空間旋轉角速度的東向分量的拉氏變换式,即

$$\omega_E(s) = -\frac{1}{Rs}\dot{V}_N(s) \tag{9.2.7}$$

從圖可得

$$\alpha_1(s) = \frac{1 - G_N(s)}{R[s^2 + \omega_s^2 G_N(s)]}\dot{V}_N(s) \tag{9.2.8}$$

$$\alpha_2(s) = \frac{G_N(s)}{R[s^2 + \omega_s^2 G_N(s)]}\Delta A_N(s) \tag{9.2.9}$$

$$\alpha_3(s) = \frac{s}{s^2 + \omega_s^2 G_N(s)} \varepsilon_E(s) \tag{9.2.10}$$

$$\alpha_4(s) = \frac{s^2}{s^2 + \omega_s^2 G_N(s)} \alpha_0(s) \tag{9.2.11}$$

從式(9.2.8) 我們還可以得到速度對傾角誤差 α 的影響,即

$$\alpha_5(s) = \frac{s[1 - G_N(s)]}{R[s^2 + \omega_s^2 G_N(s)]} V_N(s) \tag{9.2.12}$$

由以上各式可見,當阻尼網絡傳遞函數 $G_N(s) = 1$ 時,式(9.2.8) 及式(9.2.12) 均爲零,表明加速度及速度對平臺的水平傾角誤差 α 無影響,此時即爲無阻尼時的情況。但其它各項輸入都將對 α 產生振蕩誤差分量,周期爲 84.4 min。

當 $G_N(s)$ 不爲1時,即選擇了一個阻尼網絡,使此單通道回路具有了阻尼,則由 ΔA_N、ε_E 及 α_0 輸入信號產生的水平傾角誤差將逐漸阻尼下來,具有了阻尼特性。但是,在加入阻尼之后,由于$[1 - G_N(s)]$不爲零,破壞了加速度對系統的無干擾條件,因而加速度將對 α 產生誤差分量。由式(9.2.8) 可知,當加速度越大時,所產生的動態誤差也越大,而且這種誤差必須經過幾個振蕩周期(約一兩個小時)之后才逐漸衰減下來。可以看出内阻尼方式對加速度大的運動物體來説是不適用的,而對運動較慢的艦船來説,阻尼所引入的誤差還不至于十分嚴重。因此,對于内阻尼網絡的選擇原則是,加入阻尼網絡后,使系統既具有阻尼作用,又使 $G_N(s)$ 盡可能接近于 1,這樣可使運動體的機動運動對系統的影響減至最小。

9.3 阻尼式組合導航系統

一、利用多普勒效應測量地速的原理

早在 1942 年物理學家多普勒發現運動物體上發射的聲波頻率 f_1 與反射波頻率 f_2 間,在運動速度 V 不爲零的條件下,其頻率差 f_d 將有如下關系,即

$$f_d = f_2 - f_1 = \frac{2V}{c} f_1 = \frac{2V}{\lambda_m} \tag{9.3.1}$$

式中　c—— 聲速;

λ_m—— 聲波的波長。

上述現象稱爲多普勒效應,圖 9.2 給出運動描述。

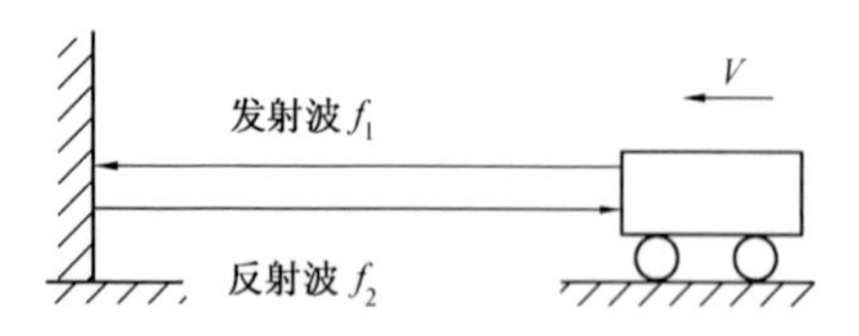

圖 9.2　多普勒效應原理圖

從式(9.3.1) 可見,當 $V = 0$ 時,發射波和反射波的頻率 $f_1 = f_2$。當 $V > 0$ 時,即運動體向反射體方向運動時,反射波的頻率 f_2 大于發射波的頻率 f_1,其頻率差 f_d 如式(9.3.1) 所示。頻率差

f_d 稱爲多普勒頻率,多普勒頻率的高低與聲波的波長 λ_m 成反比,與地速 V 成正比。在波長 λ_m 爲常量時,可以測出多普勒頻率 f_d,等效于測出運動體的地速 V。

當運動物體(如飛機)的速度 V 較大時,可以用無綫電波代替聲波,并且將電波與水平面傾斜某一角度 θ 后,可以利用地面的反射波測定地速,稱其爲多普勒雷達。

圖 9.3 示出飛機上發射超短波與水平面成 θ 角時,測定地速的情況。由于地形的高低不同,多普勒頻率 f_d 在地速爲常值時并不是一個常量,而是由不同的頻率組成的頻譜所形成的窄帶頻率。圖 9.4 示出多普勒頻譜曲綫的形狀,實際應用中,由多普勒效應所形成的電信號需先通過濾波器,轉化爲平滑電壓后才輸入至導航系統的控制綫路内。

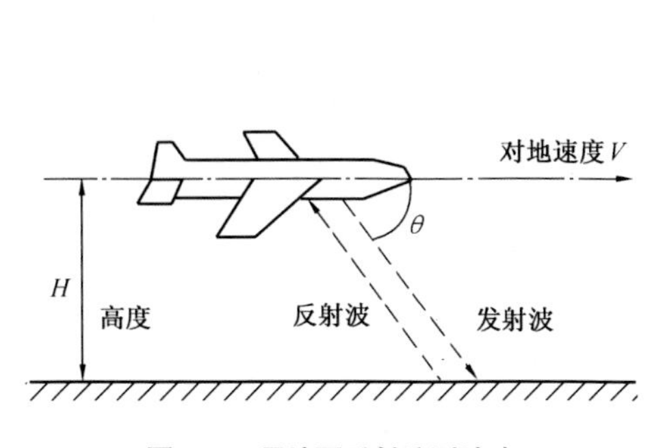

圖 9.3　用地面反射波測地速

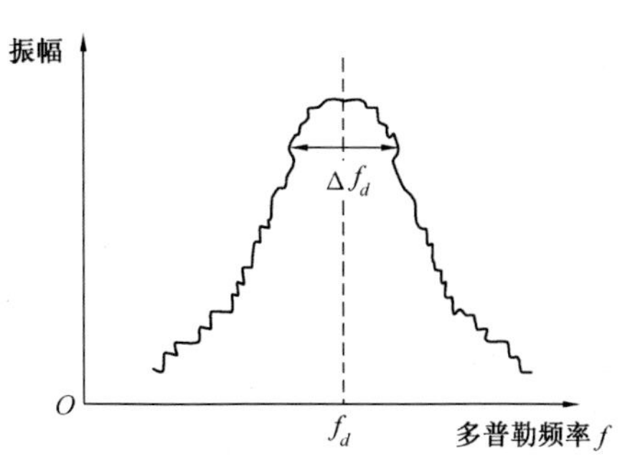

圖 9.4　多普勒頻譜

在圖9.3中,設 V 爲地速的水平分量,θ 爲天綫發射方向與水平面間的角度,則多普勒頻率爲

$$f_d = \frac{2V}{\lambda_m}\cos\theta \tag{9.3.2}$$

地速則爲

$$V = \left(\frac{\lambda_m}{2\cos\theta}\right)f_d \tag{9.3.3}$$

如果地上反射體與飛機在地面上的航向投影成角度 α 的話,則多普勒頻率爲

$$f_d = \frac{2V}{\lambda_m}\cos\theta\cos\alpha \tag{9.3.4}$$

地速則爲

$$V = \left(\frac{\lambda_m}{2\cos\theta\cos\alpha}\right)f_d \tag{9.3.5}$$

爲了提高測速精度,飛行器可以同時向飛行的左前方和右前方發射無綫電波,再對其接受的信號進行處理。

二、天文導航原理

天文導航(星光導航)是這樣一種導航方法,它借助于飛行器本身所携帶的天文儀器——星體跟踪器對星體進行觀測,確定自己在航迹每一點的地理坐標,從而發現飛行偏差,并以此控制飛行器,使其返回預定的航迹。

圖 9.5 給出雙星導航示意圖,飛行器在點 C,采用星體跟踪器跟踪星體 σ_1 和測量高度角 h_1(點 C 所在地平面與星體σ_1 的夾角),根據觀測時的時間和 h_1,依據星體運動規律,可以算出 σ_1 與地心點 O 之連綫與地球表面的交點M_1。以 M_1 爲圓心,以角 $Z_1 = 90° - h_1$ 所對應的地球表面距離爲半徑畫一圓,那么觀測時刻飛行器的位置必定在這個圓上,這個圓稱爲等高圓。如果同時觀測另一個星體 σ_2,就可以得到第二個等高圓與其對應的圓心 M_2,并可得到兩圓交點 C' 和C''。觀測點的瞬時地理位置必居其一,有一個是虚假的,如果兩個星體 σ_1、σ_2 選擇得好,則 C' 和C'' 可以相距較遠,可很容易判斷出位置。如選用三星導航方案,則三個圓交點就是測點位置。

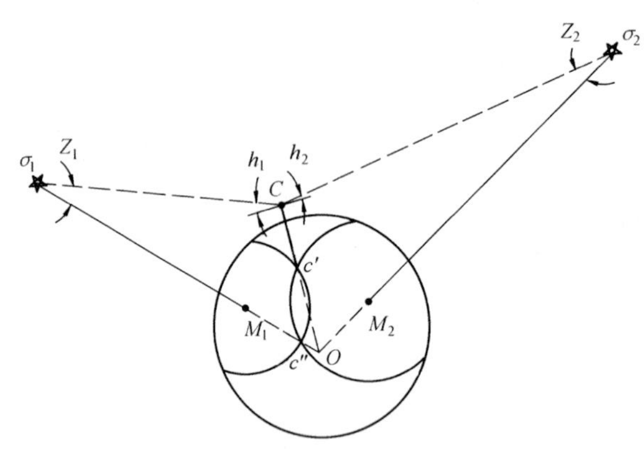

圖 9.5　天文定位原理

天文導航系統包括三個組成部分,陀螺穩定平臺、星體跟踪器(望遠鏡及跟踪控制系統)和計算機。在工作中,根據估計的飛行器所在位置,選擇能觀測到的星體,以穩定平臺爲基準,由計算機算出望遠鏡應有的方位角和高度角,控制望遠鏡跟踪星體。如果星體正好落在望遠鏡視場的中心,則證明原先估計的導航位置信息是正確的,否則應該將實測的星體方位角和高度角送入計算機,重新計算導航定位信號。上述的圓 M_1 和圓 M_2,實際上是用球面三角學表示的一組方程式,其已知參數爲高度角、觀測時間,而未知參數爲經、緯度。求圓 M_1 和圓 M_2 交點,就是聯立求解兩個球面三角方程式。

早期的星體跟踪器(如六分儀)視場角很小,約爲 6′,動態特性不好,天文導航定位誤差小于 1 n mile。目前,采用大規模集成的電荷耦合器件(CCD)作爲輻射光的探測器,使星體跟踪器的視場角、靈敏度、穩定性和可靠性等技術指標有極大地提升。在星體敏感器的視場爲 12° 時，其精度可以小于 1″。電荷注入器件(CID) 是新一代的輻射光的探測器，使星體跟踪器的性能進一步改進。

天文－慣性導航系統的組合有兩重意義，一是用陀螺穩定平臺去穩定星體跟踪器以提高觀測精度和增加抗干擾性，二是用天文導航的位置數據實現對慣導系統的阻尼。

星體跟踪器也可以選用捷聯工作方式，不用陀螺穩定平臺，此時對星體跟踪器的視場和靈敏度會有更高的技術要求。

三、衛星導航系統工作原理

衛星導航系統是以人造衛星作爲導航臺的星基無綫電導航系統的一個總稱。GPS 是美國開發的新一代衛星導航定位系統，也稱全球定位系統。GLONASS 衛星導航系統是由前蘇聯開發，現在由俄羅斯主管的衛星導航系統。GPS 系統設計了兩個僞隨機碼，即 P 碼(精測碼) 和 C/A 碼(粗測碼)。P 碼接收機的水平定位精度爲 10 m(50%)，美國政府對 C/A 碼的發射采取了 SA(選擇可用性) 措施，其標準定位精度下降爲：水平定位精度 100 m(95%)，垂直 156 m(95%)，授時精度 340 ns(2σ)，測速 0.3 m/s(2σ)。GLONASS 系統采用軍用和民用兩種碼，對民用碼不采用 SA 政策，其定位精度可達 40 m。爲了克服美國政府采用的 SA 政策，各國用户開發了差分 GPS(DGPS)，局域 DGPS 增强系統和廣域 DGPS 等系統技術，用以改善 GPS 系統 C/A 碼的定位精度。

GPS 系統主要由導航衛星、地面站及用户設備組成。

GPS 系統由運行周期近 12 個小時的 24 個工作星和一定量的備份星組成，工作星分布于 6 條 20 000 km 高度的近圓軌道上，可以確保地球上的任何一個地方都可同時觀測到 6 ~ 11 個衛星。布置在軌道上的備用星，可隨時進入工作狀態。因此可以説，GPS 衛星導航系統全球覆蓋，可以全天候工作，定位精度高，用途廣。

地面站由一個主控站和若干監視站組成，這些監視站與美國空軍的衛星控制網相配合，擔負衛星遥測的測控，對導航衛星進行跟踪，并爲衛星提供更新的導航信息。而主控站則每天 3 次向所有 GPS 星上注入新的導航信息，確保衛星的導航數據和時鐘信息的精確性。用户設備部分，是所有用户設備及其輔助設備的總稱，由天綫、接收機和具有信號處理和數據處理能力的設備組成。

圖 9.6 給出 GPS 系統組成示意圖。

GPS 系統完成用户定位的基本原理如下：用户通過比較接收到的衛星時鐘信號和本地時鐘信號，測出傳播延時后便能確定衛星的距離，由于存在誤差項，把這次確定的距離稱爲“僞距離”，可以給出

$$D_i = d_i + c\Delta t_{Ai} + c(\Delta t_u - \Delta t_{si}) \tag{9.3.6}$$

式中　D_i—— 用户到第 i 顆衛星的僞距離，$i = 1,2,3,4$；

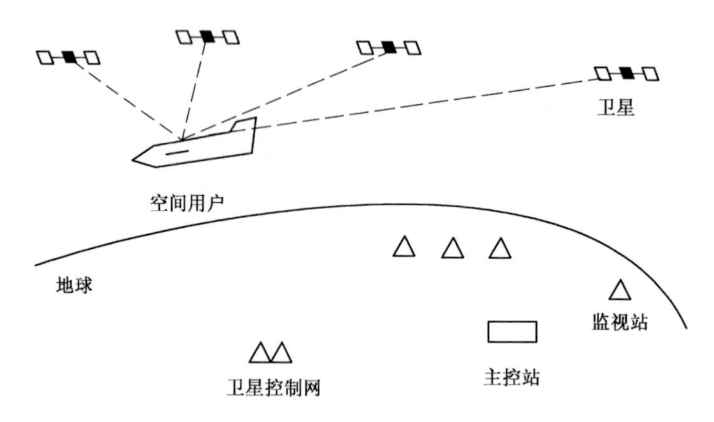

圖 9.6　GPS 系統組成示意圖

d_i—— 用户到第 i 顆衛星的真實距離，$i = 1,2,3,4$；

c—— 光速；

Δt_{Ai}—— 第 i 顆衛星信號傳播延遲時間；

Δt_u—— 用户時鐘偏差；

Δt_{si}—— 第 i 顆衛星時鐘偏差。

設用户和第 i 個衛星相對慣性空間的坐標分别爲 X、Y、Z 及 X_{si}、Y_{si}、Z_{si}，則用户到第 i 顆衛星的距離 d_i 可表示爲

$$d_i = \sqrt{(X_{si} - X)^2 + (Y_{si} - Y)^2 + (Z_{si} - Z)^2} \tag{9.3.7}$$

將式(9.3.7) 代入式(9.3.6)，并分别取 i 爲 1 ~ 4，則得一組方程式爲

$$\begin{aligned} D_1 &= \sqrt{(X_{s1} - X)^2 + (Y_{s1} - Y)^2 + (Z_{s1} - Z)^2} + c\Delta t_{A1} + c(\Delta t_u - \Delta t_{s1}) \\ D_2 &= \sqrt{(X_{s2} - X)^2 + (Y_{s2} - Y)^2 + (Z_{s2} - Z)^2} + c\Delta t_{A2} + c(\Delta t_u - \Delta t_{s2}) \\ D_3 &= \sqrt{(X_{s3} - X)^2 + (Y_{s3} - Y)^2 + (Z_{s3} - Z)^2} + c\Delta t_{A3} + c(\Delta t_u - \Delta t_{s3}) \\ D_4 &= \sqrt{(X_{s4} - X)^2 + (Y_{s4} - Y)^2 + (Z_{s4} - Z)^2} + c\Delta t_{A4} + c(\Delta t_u - \Delta t_{s4}) \end{aligned} \tag{9.3.8}$$

這是用户同時接收 4 個衛星信號所得的一組方程式，式中 X、Y、Z、Δt_u 爲待求的未知量，而 X_{si}、Y_{si}、Z_{si} 及 Δt_{Ai}、Δt_{si} 可以通過接收的衛星信號計算出來。這樣，通過聯立求解方程式(9.3.8)，就可以確定用户三維坐標 X、Y、Z 及用户時鐘偏差 Δt_u。

四、地形輔助導航系統

利用地形特征對導彈進行導航也是一種非常好的自主式導航方法，特别是對于有軍事背景應用的導航系統，其優越性更爲突出。地形輔助導航系統基本上是一種低飛行高度工作的系

統,離地高度超過 300 m 時其精度就會明顯地降低,而到了 800 ~ 1 500 m 的高度則無法使用。它可以提供飛行器的精確的水平位置、高度信息、飛行器的前方和下方的地形信息以及視距外的信息。一種組合的地形參考導航系統,用于遠程攻擊目標的武器時其定位精度可達幾米(CEP)。

按工作原理,地形輔助導航系統一般可以分兩類:一是利用地形高度數據的地形匹配系統;二是景象匹配地形輔助導航系統。地形高度數據的地形匹配導航系統主要有以地形標高剖面圖爲基礎和以數字地圖導出的地形斜率爲基礎的兩類,他們都以地形高度數據進行導航定位。景象匹配地形輔助導航系統,通過一個數字景象匹配區域相關器將載體飛越區域的景象與預存在計算機中有關地區的數字景象進行匹配,可以獲得很高的導航精度,該系統主要用于末端制導。這兩類系統的組成基本相同,包括地形匹配系統、慣性導航系統、數字地圖存儲裝置和數據處理裝置四部分。

圖 9.7 給出一種地形高度匹配輔助導航系統組成結構示意圖。通常稱爲地形輪廓匹配導航系統,其工作原理又可以用圖 9.8 進一步説明。依據在地球陸地表面上任何地點的地理坐標,都可以根據其周圍的等高綫地圖或地貌來單值地確定。飛行器飛越某塊已數字化了的地形時,彈載無綫電高度表測得飛行器離地面的相對高度 h_r,同時氣壓式高度表與慣導系統綜合測得飛行器的絶對高度 h,兩者之差可以得到飛行器所在區域相對海平面的海拔高度 h_a。當飛行器飛行一段時間后,即可測得飛行航綫下飛行航迹地面的一組航程高度數字列。將測得的飛行輪廓數據與預先存儲的數字地圖進行相關分析,具有相關峰值的點即被確定爲飛行器的估計位置。在相關處理之前,由慣性導航系統提供其確定的航迹區域的數字地圖,該數字地圖應能包括飛行器可能出現的位置序列,以保證相關分析得以進行。可以看出,相關處理的作用是在計算機的存儲信息中確定出一條路徑,這條路徑平行于導航系統給出的航綫并最接近于高度表實測的航迹。

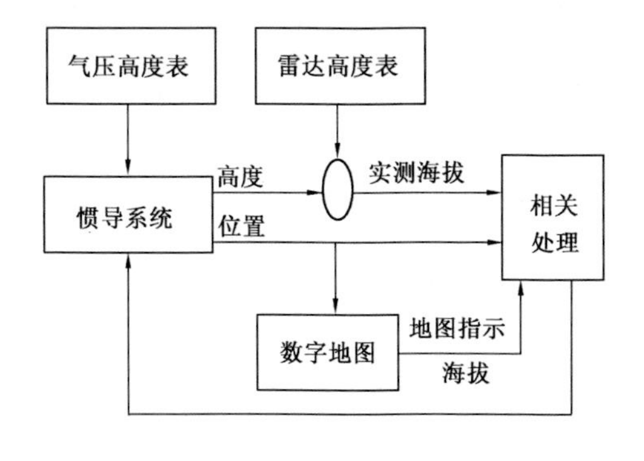

圖 9.7　地形輪廓匹配導航系統

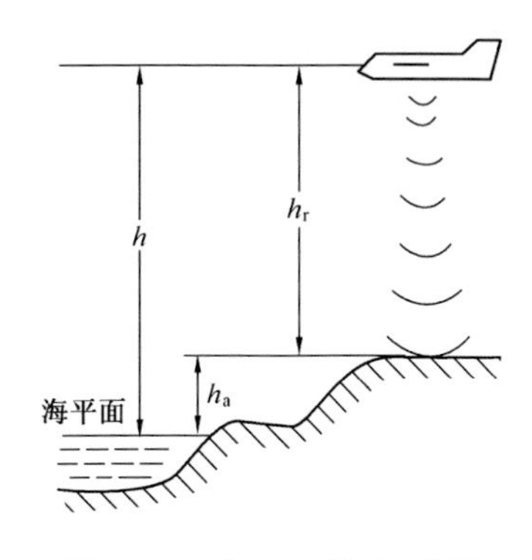

圖 9.8　h_a 與 h、h_r 關系示意圖

對于景像匹配地形輔助導航系統，其景象匹配是地面二維圖像的相關問題。其信息的獲得是由彈載攝像設備或合成孔徑雷達提供，在計算機中與已存儲的標準圖像進行位置匹配，給出很高的位置精度。

數字地圖、存儲技術、多模型卡爾曼濾波技術、相關技術等是地形輔助導航系統關鍵技術。在巡航導彈、飛機、潛艇上都有突出的應用實例。

五、多普勒速度阻尼

本小節介紹外阻尼方式中的一種形式 —— 外部速度阻尼方案。實際上這是從多普勒系統獲得速度信息，作爲標準的信息與慣導系統内計算得到的速度信息相比較，以其差值對系統實現阻尼。這種方法的主要優點是系統的動態精度可得到保證，即運動體的加速度不引起新的誤差。

引入外部速度信息，單通道系統的信息流程圖如圖 9.9 所示。這時外部速度信息 V_{rE} 通過阻尼網絡 $[1 - G_E(s)]$ 加到系統中。在圖 9.9 中，外部速度的連接方式也可采用圖 9.10 的形式，實際上兩種連接方式是一致的。圖中的外部速度信息 V_{rE} 等于真實速度 V_E 加上外部速度誤差 δV_{rE} 之和，圖中的 δV_{E0} 爲初始速度誤差。

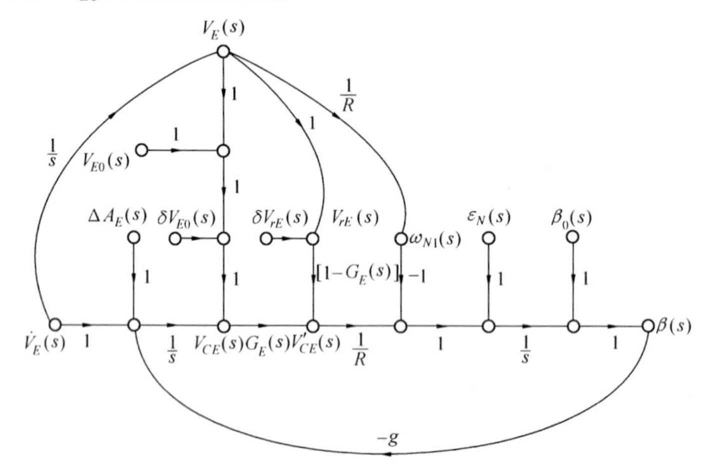

圖 9.9　單通道外部速度阻尼信息流程圖之一

這里以單通道系統來説明外部速度阻尼的問題。

首先看加速度 $\dot{V}_E$ 對平臺水平傾角誤差 β 的影響。由圖 9.9 可見，當没有外部速度信息時，由 $\dot{V}_E(s)$ 至 $\beta(s)$ 有兩條信息通道。而這兩條信息通道的前向流程增益之和爲

$$P = \frac{G_E(s)}{Rs^2} - \frac{1}{Rs^2} = \frac{1}{Rs^2}[G_E(s) - 1] \tag{9.3.9}$$

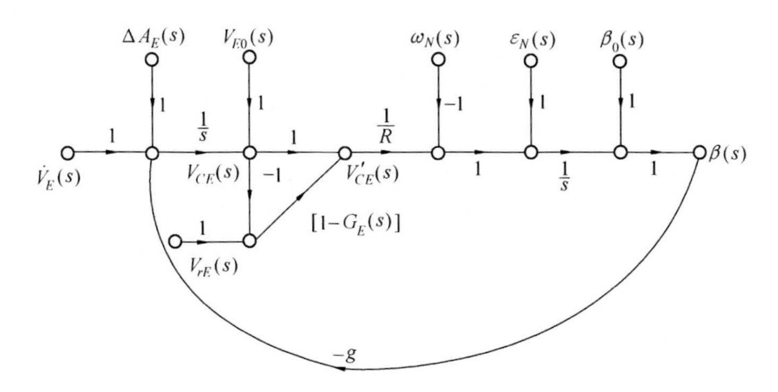

圖 9.10　單通道外部速度阻尼信息流程圖之二

上式中的 $G_E(s)$ 即爲内阻尼網絡,可見,如果不加内阻尼網絡時,$G_E(s) = 1$,亦即在無阻尼時兩條信息通道是互相抵消的,加速度對系統無干擾。當加上内阻尼網絡后,上式不爲零,此處破壞了舒拉調整條件,因而加速度對系統要産生干擾誤差。在此情況下,如果我們再引入外部速度信息,亦即增加了一條信息通道,假若我們能够適當選擇其阻尼網絡,使其與前面兩條信息通道得以相互抵消,那么,亦可避免加速度對系統的干擾。這也就是引入外速度阻尼的目的。

下面再具體看一下引入外部速度信息以后所解决的問題以及産生的新問題。當不加入外部速度信息時,由圖 9.9 可得

$$\beta(s) = \frac{[G_E(s) - 1]\frac{1}{R}}{s^2 + \omega_s^2 G_E(s)}\dot{V}_E(s) + \frac{[G_E(s) - 1]\frac{1}{R}}{s^2 + \omega_s^2 G_E(s)}sV_{E0}(s) \tag{9.3.10}$$

上式即是在内阻尼情況下,加速度及速度對角 β 的影響,可參看式(9.2.8) 及式(9.2.12)。其余各項輸入,無論是内阻尼還是外阻尼的狀態,對 β 産生的誤差都是一樣的,即振蕩誤差項被阻尼,從而振蕩周期縮短了。但由于陀螺漂移等原因所引起的主要誤差項仍保持不變。這是可以預料的,因爲外部信息在這方案中没有被用來校準這些儀表誤差,這與下節將要介紹的最優組合導航系統正好相反。

引入外部速度信息以后,加速度、速度對平臺傾角 β 的影響,將變爲如下的形式(參見圖 9.9)

$$\begin{aligned}\beta(s) = {} & \frac{1}{s^2 + \omega_s^2 G_E(s)}\left\{[G_E(s) - 1]\frac{1}{R} + [1 - G_E(s)]\frac{1}{R}\right\}\dot{V}_E(s) + \\ & \frac{1}{s^2 + \omega_s^2 G_E(s)}\left\{[G_E(s) - 1]\frac{1}{R} + [1 - G_E(s)]\frac{1}{R}\right\}sV_{E0}(s) + \\ & \frac{[1 - G_E(s)]\frac{1}{R}}{s^2 + \omega_s^2 G_E(s)}s\delta V_{rE}(s)\end{aligned} \tag{9.3.11}$$

因而可得

$$\beta(s) = \frac{[1 - G_E(s)]\frac{1}{R}s}{s^2 + \omega_s^2 G_E(s)} \delta V_{rE}(s) \tag{9.3.12}$$

可見,當引入外部速度信息以后,由加速度及速度對系統所產生的誤差得到了補償。即系統在經過舒拉調諧之后所得到的動態精度没有被破壞,因而解决了加内阻尼以后産生的問題,但是,這要求外部速度信息很精確。實際上外部速度是有誤差 δV_{rE} 的,這又將産生如式(9.3.12)所示的新速度誤差,然而與内阻尼時的式(9.3.10)比較,外速度誤差 δV_{rE} 總比速度 V_E 小很多,因而與其對應的誤差也要小很多,采用外阻尼方式還是有利的。

六、外部位置信息阻尼方案

利用天文導航系統得來的外部位置信息實現對慣導系統阻尼的一種原理方案,如圖 9.11 所示。圖中 φ_r 爲外部位置信息,可與慣性導航系統緯度信息 φ_C 相比較,以其差值信息通過 K_1、K_2 和 K_3 環節輸入到系統中去。將圖 9.11 改畫成誤差信息流程圖 9.12,其中 $\delta\varphi_r$ 爲外部位置信息誤差。

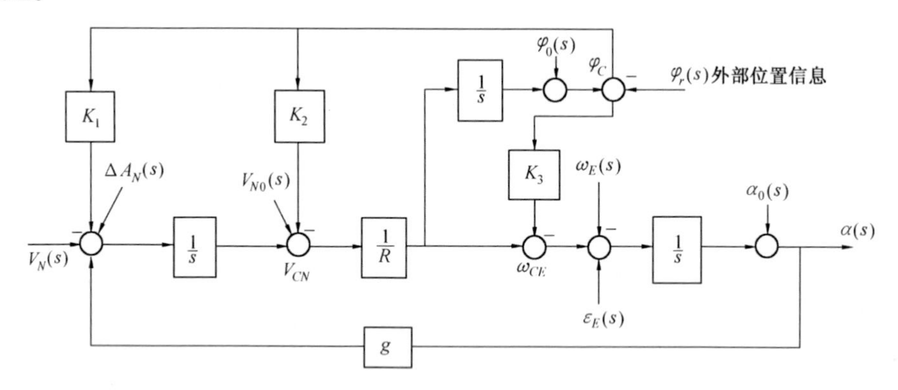

圖 9.11 單通道外部位置信息阻尼方塊圖

由信息流程圖可得特征式爲

$$\Delta = \frac{1}{s^3}\left[s^3 + \frac{K_2}{R}s^2 + (\omega_s^2 + \frac{K_1}{R})s + K_3\omega_s^2 \right] \tag{9.3.13}$$

故其特征方程式爲

$$\Delta' = s^3 + \frac{K_2}{R}s^2 + (\omega_s^2 + \frac{K_1}{R})s + K_3\omega_s^2 = 0 \tag{9.3.14}$$

由上式可見,系統變成三階系統,可通過適當選擇參數 K_1、K_2 和 K_3,使原來爲無阻尼的慣導系統轉變爲有阻尼的慣導系統。可見要使系統有阻尼,除可以引入速度信息(系統内部的或

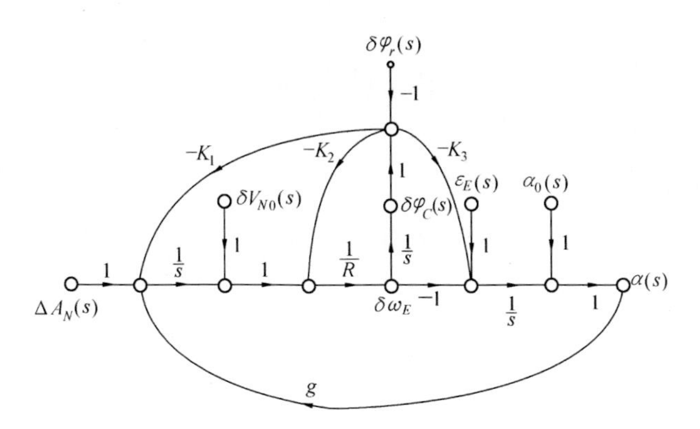

圖 9.12　外部位置信息阻尼信號流程圖

者外部的）進行阻尼而外，還可以用外部位置信息進行阻尼。此外，還可通過適當地選擇參數改變自振周期，以得到所需要的動態特性。

由圖 9.12 可得系統的定位誤差 $\delta\varphi_C(s)$ 和平臺水平傾角誤差 $\alpha(s)$ 爲

$$\delta\varphi_C(s) = \frac{1}{\Delta'}\Big\{\frac{s}{R}\Delta A_N(s) + \frac{s^2}{R}\delta V_{N0}(s) + \omega_s^2\varepsilon_E(s) + \omega_s^2 s\alpha_0(s) + \Big[\frac{K_2}{R}s^2 + \frac{K_1}{R}s + K_3\omega_s^2\Big]\delta\varphi_r(s)\Big\} \tag{9.3.15}$$

$$\alpha(s) = \frac{1}{\Delta'}\Big\{-\frac{s+K_3}{R}\Delta A_N(s) - \frac{s(s+K_3)}{R}\delta V_{N0}(s) + \Big[s^2 + \frac{K_2}{R}s + \frac{K_1}{R}\Big]\varepsilon_E(s) + \Big[s^2 + \frac{K_2}{R}s + \frac{K_1}{R}\Big]s\alpha_0(s) - \Big[(\frac{K_2}{R} - K_3)s + \frac{K_1}{R}\Big]s\delta\varphi_r(s)\Big\} \tag{9.3.16}$$

系統穩定后，從以上兩式可得系統的穩態誤差爲

$$\delta\varphi_{Cs} = \frac{1}{K_3}\varepsilon_E + \delta\varphi_r \tag{9.3.17}$$

$$\alpha_s = \frac{\Delta A_N}{g} \tag{9.3.18}$$

以上兩式是假設各輸入量爲常值時的穩態誤差。可見，在增加了附加的修正環節和外部位置信息之后，在定位誤差中，消除了初始速度誤差，而陀螺的常值漂移只產生常值定位誤差。在平臺水平傾角誤差中，也只有加速度計誤差產生水平傾角誤差，其它各項輸入量產生的誤差得到消除。因此，這樣的組合，可以提高定位精度和平臺的姿態精度。

9.4 最優組合導航系統

一、卡爾曼濾波器

卡爾曼濾波器是一種實時的算法,用于估計在隨機噪聲干擾下綫性系統的狀態變量,在最優組合導航系統中是一項核心技術。對其簡要介紹如下。

被估值系統的離散狀態方程式爲

$$\begin{aligned} X_{K+1} &= AX_K + BU_K + GW_K \\ Z_K &= HX_K + V_K \end{aligned} \tag{9.4.1}$$

式中 X_K—— 系統的狀態變量;

U_K—— 系統的控制變量;

W_K—— 系統的隨機干擾輸入;

Z_K—— 系統的測量值;

V_K—— 測量值的隨機干擾變量。

狀態轉移陣均爲已知,同時要求已知驗前統計量

$$X_0 \sim N(X_0, P_{X0}), W_K \sim N(0, Q_K), V_K \sim N(0, R_K)$$

并假定$\{W_K\}$和$\{V_K\}$是高斯白噪聲序列,它們之間以及和X_0之間均互不相關,并要求$R_K > 0$。其濾波過程爲:

給定初值

$$P_0 = P_{X0} \qquad \hat{X}_0 = \bar{X}_0$$

時間修正(系統動力學的影響)

估值預測誤差協方差

$$P_{K+1}^{-} = AP_K A^{\mathrm{T}} + GQ_K G^{\mathrm{T}} \tag{9.4.2}$$

驗前估值

$$\hat{X}_{K+1}^{-} = A\hat{X}_K + BU_K \tag{9.4.3}$$

測量修正(測量的影響)

估值誤差協方差

$$P_{K+1} = (I - K_{K+1}H)P_{K+1}^{-} \tag{9.4.4}$$

卡爾曼增益

$$K_{K+1} = P_{K+1}^{-}H^{\mathrm{T}}(HP_{K+1}^{-}H^{\mathrm{T}} + R_{K+1})^{-1} \tag{9.4.5}$$

待求的估值

$$\hat{X}_{K+1} = \hat{X}_{K+1}^{-} + K_{K+1}(Z_{K+1} - H\hat{X}_{K+1}^{-}) \tag{9.4.6}$$

在編制軟件時，式(9.4.4)應寫成對稱表達式，即

$$P_{K+1} = (\boldsymbol{I} - K_{K+1}H)P_{K+1}^{-}(\boldsymbol{I} - K_{K+1}H)^{\mathrm{T}} + K_{K+1}RK_{K+1}^{\mathrm{T}} \tag{9.4.7}$$

式(9.4.4)至式(9.4.6)三式，還可以用如下兩式表示：

估值誤差協方差

$$P_{K+1} = [(P_{K+1}^{-})^{-1} + H_{K+1}^{\mathrm{T}}R_{K+1}^{-1}H_{K+1}]^{-1} \tag{9.4.8}$$

待求的估值

$$\hat{X}_{K+1} = X_{K+1}^{-} + P_{K+1}HR_{K+1}^{-1}(Z_{K+1} - H\hat{X}_{K+1}^{-}) \tag{9.4.9}$$

卡爾曼濾波器對狀態變量的估值是實時遞推進行的，其估值結果是最優的，設估值誤差爲

$$\tilde{X}_K = X_K - \hat{X}_K \tag{9.4.10}$$

則有估值誤差的平均值爲零，即

$$E[\tilde{X}_K] = 0 \tag{9.4.11}$$

同時，使估值誤差的方差 $E[\tilde{X}^2]$ 最小。由于狀態變量是由和導航參數有關的變量組成，如位置、速度、姿態角等變量，因此通過使用卡爾曼濾波器的計算，可以在有隨機干擾噪聲的條件下對所需要的導航參數實現最優估計，構成最優導航的基本算法。

二、卡爾曼濾波器在慣性導航中的應用

根據卡爾曼濾波器所估計的狀態變量不同，一般可將卡爾曼濾波器在慣導中的應用分爲直接法和間接法。直接法估計導航參數本身，間接法估計慣導系統輸出的導航參數的誤差量。圖 9.13 和圖 9.14 分別給出直接法和間接法濾波的示意方塊圖，從圖中可以明顯看出，直接法的卡爾曼濾波器接受慣導系統測量的比力和其它導航系統計算的某些導航參數，經過濾波給出有關導航參數的最優估值。間接法的卡爾曼濾波器，接收的信號是由慣導系統和其它導航系統各自計算的某些導航參數之差，經過計算，給出有關誤差的最優估值。下面對間接法做進一步説明。

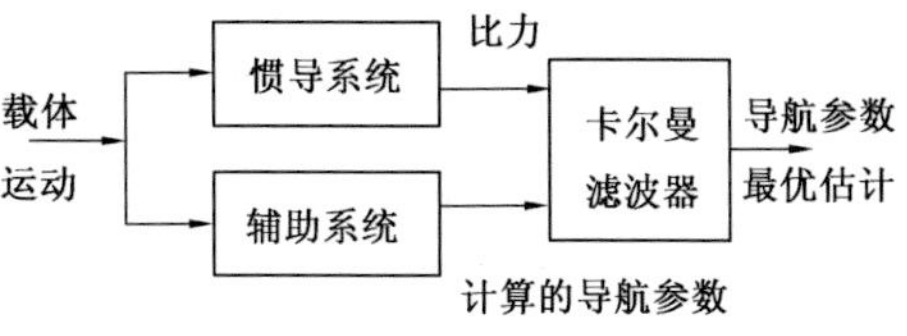

圖 9.13　直接法濾波方塊圖

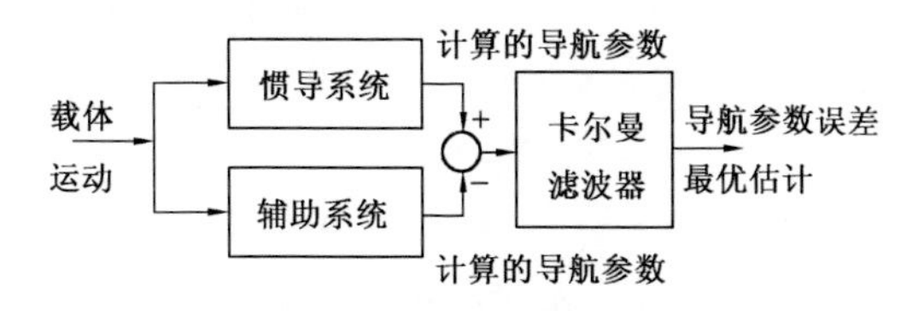

圖 9.14　間接法濾波方塊圖

卡爾曼濾波器在組合式導航系統中應用是根據導航誤差各分量統計特性和動態特性的差异，利用所建立的誤差模型分離估算慣性導航各個誤差源，用得到的誤差估算值去校正導航系統的輸出。在這種應用的情况下，濾波器估算的狀態變量并不直接是經緯度等導航參數，而是

導航參數誤差及某些可估計的測量元件誤差。濾波器引用的狀態模型是綫性化的導航系統誤差方程和元件誤差模型，而觀測量（或測量值）則是慣性導航測量結果與其它導航測量結果的差值。

根據使用方法不同，間接法還可分爲開環誤差補償（輸出校正）和閉環誤差控制（反饋校正）兩種形式，圖 9.15 是當前組合導航系統的典型方塊圖。慣導系統的輸出是真實值加上慣導系統的誤差，輔助系統輸出是真實值加測量誤差，把這兩種輸出作爲觀測值（Δ = 慣性誤差 − 測量誤差），顯然觀測量包含慣導誤差信息。卡爾曼濾波器功能就在于處理這個數據，以便得出慣導系統誤差的最優估計。圖中把慣導系統作爲主要參考系統，其它導航系統作爲輔助系統。圖 9.15 中這兩種工作方式，在誤差模型綫性假定下，結果是一樣的，但工作方式是有區別的，閉環結構根據卡爾曼濾波估算的誤差，通過在慣導系統内給陀螺加矩或對加速度計的補償，控制慣導系統誤差，因而誤差始終保持在模型綫性假定範圍之內。但慣性元件工作狀態不斷改變，可能導致偏離最好的工作區域。開環結構中，濾波結果直接與慣導系統輸出相結合，補償輸出誤差，而不影響慣導系統工作狀態，由于是開環，對濾波器模型誤差較敏感，所以要求使用較精確的模型。

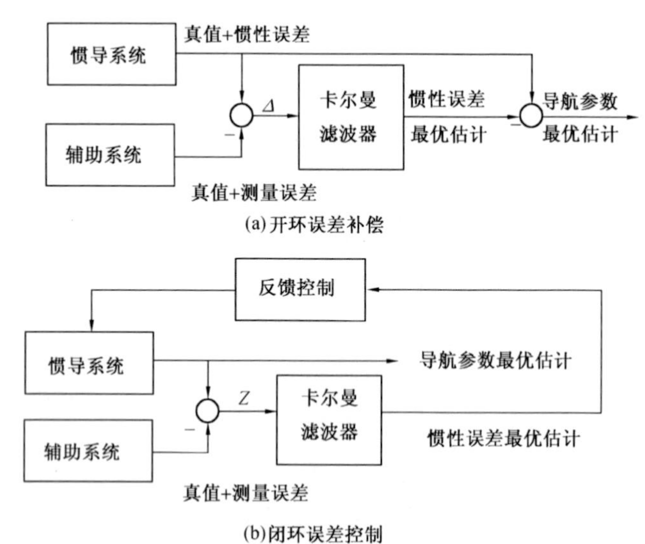

圖 9.15　間接法工作原理圖

開環系統的狀態方程、量測方程及狀態估計方程分别爲

$$
\begin{aligned}
\dot{X}(t) &= F(t)X(t) + G(t)W(t) \\
Z(t) &= H(t)X(t) + V(t)
\end{aligned}
\tag{9.4.12}
$$

$$
\hat{\dot{X}} = F(t)\hat{X}(t) + K(t)[Z(t) - H(t)\hat{X}(t)] \tag{9.4.13}
$$

最優估計誤差爲

$$\boldsymbol{e}(t) = X(t) - \hat{X}(t) \tag{9.4.14}$$

并有

$$\dot{\boldsymbol{e}}(t) = \dot{X}(t) - \dot{\hat{X}}(t) \tag{9.4.15}$$

于是

$$\dot{\boldsymbol{e}}(t) = [F(t) - K(t)H(t)]\boldsymbol{e}(t) + G(t)W(t) - K(t)V(t) \tag{9.4.16}$$

式(9.4.16)表明了動態系統串接卡爾曼濾波器所構成的開環系統最優估計誤差 $\boldsymbol{e}(t)$ 的動態特性,爲得出最優估計誤差,應使 $\hat{X}$ 去補償 X,即輸出校正的含義。

當構成閉環系統時,如果將卡爾曼濾波器對慣性導航系統的反饋控制信號取爲

$$U(t) = -K(t)Z(t) \tag{9.4.17}$$

那么,閉環系統的動態方程就變爲

$$\dot{\boldsymbol{X}}(t) = \boldsymbol{F}(t)\boldsymbol{X}(t) + \boldsymbol{G}(t)\boldsymbol{W}(t) - \boldsymbol{U}(t) \tag{9.4.18}$$

經過變換,可得

$$\dot{\boldsymbol{X}}(t) = [\boldsymbol{F}(t) - \boldsymbol{K}(t)\boldsymbol{H}(t)]\boldsymbol{X}(t) + \boldsymbol{G}(t)\boldsymbol{W}(t) - \boldsymbol{K}(t)\boldsymbol{V}(t) \tag{9.4.19}$$

將式(9.4.19)與式(9.4.16)比較,可以看出,用 X 表征的閉環系統的動態特性與用 e 表征的開環系統的最優估計誤差的動態特性是完全一致的。因此,加入反饋信號(式(9.4.17))以后,能使慣性導航系統處理導航參數 N 的誤差等于最優估計誤差。這時,閉環系統的狀態向量 X,實際上相當于開環系統的最優估計誤差向量 $\boldsymbol{e}$。

三、最優組合導航系統簡介

1.慣性-多普勒最優組合導航系統

慣性-多普勒最優組合導航系統是以慣性導航系統爲主,以多普勒雷達測速系統作爲慣性導航系統的輔助測量手段,爲慣性導航系統連續地提供載體的速度信息,采用卡爾曼濾波方法處理信息。

首先,建立系統的狀態方程和測量方程,參看第六章式(6.4.5)、(6.4.11)、(6.4.14),并設

$$V_\zeta = 0 \qquad \dot{V}_\zeta = 0$$

取半解析式慣性導航系統的水平速度誤差、位置誤差、姿態誤差以及陀螺隨機漂移角速度作爲狀態變量,即

$$\boldsymbol{X} = [\delta V_E, \delta V_N, \delta\varphi, \delta\lambda, \alpha, \beta, \gamma, \varepsilon_E^R, \varepsilon_N^R, \varepsilon_\zeta^R]^{\mathrm{T}} \tag{9.4.20}$$

可得系統的誤差方程爲

$$\dot{\boldsymbol{X}}(t) = \boldsymbol{F}(t)\boldsymbol{X}(t) + \boldsymbol{W}(t) \tag{9.4.21}$$

其中

$$
\boldsymbol{F}(t)=\begin{bmatrix}
F_{11} & F_{12} & F_{13} & 0 & 0 & F_{16} & F_{17} & 0 & 0 & 0\\
F_{21} & 0 & F_{23} & 0 & F_{25} & 0 & F_{27} & 0 & 0 & 0\\
0 & F_{32} & 0 & 0 & 0 & 0 & 0 & 0 & 0 & 0\\
F_{41} & 0 & F_{43} & 0 & 0 & 0 & 0 & 0 & 0 & 0\\
0 & F_{52} & 0 & 0 & 0 & F_{56} & F_{57} & 1 & 0 & 0\\
F_{61} & 0 & F_{63} & 0 & F_{65} & 0 & F_{67} & 0 & 1 & 0\\
F_{71} & 0 & F_{73} & 0 & F_{75} & F_{76} & 0 & 0 & 0 & 1\\
0 & 0 & 0 & 0 & 0 & 0 & 0 & -\dfrac{1}{T_{gE}} & 0 & 0\\
0 & 0 & 0 & 0 & 0 & 0 & 0 & 0 & -\dfrac{1}{T_{gN}} & 0\\
0 & 0 & 0 & 0 & 0 & 0 & 0 & 0 & 0 & -\dfrac{1}{T_{g\zeta}}
\end{bmatrix}
$$

式中

$$F_{11}=\frac{V_N}{R}\tan\varphi$$

$$F_{12}=2\omega_e\sin\varphi+\frac{V_E}{R}\tan\varphi$$

$$F_{13}=2V_N\omega_e\cos\varphi+\frac{V_EV_N}{R}\sec^2\varphi$$

$$F_{16}=-\left(g-2V_E\omega_e\cos\varphi-\frac{V_E^2+V_N^2}{R}\right)$$

$$F_{17}=\left(\dot{V}_N+2V_E\omega_e\sin\varphi+\frac{V_E^2}{R}\tan\varphi\right)$$

$$F_{21}=-\left(2\omega_e\sin\varphi+\frac{2V_E}{R}\tan\varphi\right)$$

$$F_{23}=-\left(2V_E\omega_e\cos\varphi+\frac{V_E^2}{R}\sec^2\varphi\right)$$

$$F_{25}=-F_{16}$$

$$F_{27}=-\left(\dot{V}_E-2V_N\omega_e\sin\varphi-\frac{V_EV_N}{R}\tan\varphi\right)$$

$$F_{32}=-\frac{1}{R}$$

$$F_{41}=\frac{1}{R}\sec\varphi$$

$$F_{43} = \frac{V_E}{R}\tan\varphi\sec\varphi$$

$$F_{52} = \frac{1}{R}$$

$$F_{56} = \omega_e\sin\varphi + \frac{V_E}{R}\tan\varphi$$

$$F_{57} = -\left(\omega_e\cos\varphi + \frac{V_E}{R}\right)$$

$$F_{61} = \frac{1}{R}$$

$$F_{63} = -\omega_e\sin\varphi$$

$$F_{65} = -\left(\omega_e\sin\varphi + \frac{V_E}{R}\tan\varphi\right)$$

$$F_{67} = -\frac{V_N}{R}$$

$$F_{71} = \frac{1}{R}\tan\varphi$$

$$F_{73} = \omega_e\cos\varphi + \frac{V_E}{R}\sec^2\varphi$$

$$F_{75} = \frac{V_E}{R} + \omega_e\cos\varphi$$

$$F_{76} = \frac{V_N}{R}$$

這里,陀螺的隨機漂移角速度采用表達式

$$\begin{aligned} \dot{\varepsilon}^R(t) &= -\frac{1}{T_g}\varepsilon^R(t) + \sqrt{2\sigma_g^2/T_g}\cdot q(t) \\ E\{q(t)q(t+\tau)\} &= \delta(t-\tau) \\ E\{\varepsilon^R(t)\varepsilon^R(t+\tau)\} &= \sigma_g^2 e^{-\frac{|\tau|}{T_g}} \end{aligned} \tag{9.4.22}$$

加速度計的誤差假設爲高斯白噪聲,于是,有系統輸入噪聲陣

$$W(t) = [\Delta A_E, \Delta A_N, 0, 0, 0, 0, 0, q_E, q_N, q_\zeta]^T \tag{9.4.23}$$

是白噪聲陣,其均值爲零,加速度計的方差由先驗知識給定。q_E、q_N、q_ζ 的方差按式(9.4.22) 推導應該爲單位 1,但鑒于狀態方程(9.4.21) 中 $G = 1$ 的寫法,式(9.4.23) 中 q 的方差應爲 $2\sigma_g^2/T_g$ 形式,協方差陣可表示爲

$$E[W(t)W^T(t)] = Q'(t)\delta(t-\tau) \tag{9.4.24}$$

爲了便于計算機計算,將方程式(9.4.21) 離散化,得離散形式的狀態方程式爲

$$\boldsymbol{X}_{K+1} = \boldsymbol{\Phi}_{K+1,K}X_K + W_K \tag{9.4.25}$$

式中的狀態轉移陣 $\phi_{K+1,K}$ 可近似地取爲

$$\boldsymbol{\Phi}_{K+1,K} = \boldsymbol{I} + \boldsymbol{F}_K T \tag{9.4.26}$$

離散化的動態噪聲是均值爲零的獨立隨機序列,它的協方差陣爲

$$E[\boldsymbol{W}_K \boldsymbol{W}_i^{\mathrm{T}}] = \boldsymbol{Q}_K \delta_{Ki} \tag{9.4.27}$$

式中的 $\boldsymbol{Q}_K$ 也可近似爲

$$\boldsymbol{Q}_K = \boldsymbol{Q}'(t_K)T \tag{9.4.28}$$

在選擇的設計方案中,考慮閉環控制,因此在狀態方程中必須加進控制項 $B_{K+1,K}U_K$,并且設 $B_{K+1,K} = \phi_{K+1,K}$,最終建立的離散形狀態方程式爲

$$X_{K+1} = \boldsymbol{\Phi}_{K+1,K}(\boldsymbol{X}_K + \boldsymbol{U}_K) + \boldsymbol{W}_K \tag{9.4.29}$$

系統量測方程的建立是基于如下思想:選擇慣性導航系統給出的導航信息與多普勒雷達給出的量測信息之差作爲外部量測量,可寫出量測方程爲

$$\begin{aligned} Z_1 &= \delta V_E + V_1 \\ Z_2 &= \delta V_N + V_2 \end{aligned} \tag{9.4.30}$$

或寫爲

$$\boldsymbol{Z}_K = \boldsymbol{H}\boldsymbol{X}_K + \boldsymbol{V}_K \tag{9.4.31}$$

式中

$$\boldsymbol{H} = \begin{bmatrix} 1 & 0 & 0 & 0 & 0 & 0 & 0 & 0 & 0 \\ 0 & 1 & 0 & 0 & 0 & 0 & 0 & 0 & 0 \end{bmatrix} \tag{9.4.32}$$

量測噪聲 V_K 是均值爲零的獨立隨機序列,它的協方差陣爲

$$E[\boldsymbol{V}_K \boldsymbol{V}_i^{\mathrm{T}}] = \boldsymbol{R}_K \delta_{Ki} \tag{9.4.33}$$

可由先驗知識給出。

下面考慮卡爾曼濾波器的設計。

由狀態方程(9.4.29) 和量測方程(9.4.31) 建立的組合式導航系統的數學模型,是一個帶有白噪聲的綫性隨機控制系統,對于這樣的綫性系統,卡爾曼濾波計算公式爲

$$\begin{aligned} \hat{X}_{K+1} &= \hat{X}_{K+1}^{-} + K_{K+1}(Z_{K+1} - H_{K+1}\hat{X}_{K+1}^{-}) \\ \hat{X}_{K+1}^{-} &= \phi_{K+1,K}(\hat{X}_K + U_K) \\ K_{K+1} &= P_{K+1}^{-}H_{K+1}^{\mathrm{T}}(H_{K+1}P_{K+1}^{-}H_{K+1}^{\mathrm{T}} + R_{K+1})^{-1} \\ P_{K+1}^{-} &= \phi_{K+1,K}P_K\phi_{K+1,K}^{\mathrm{T}} + Q_K \\ P_{K+1} &= (\boldsymbol{I} - K_{K+1}H_{K+1})P_{K+1}^{-} \end{aligned} \tag{9.4.34}$$

濾波方程組將給出系統狀態變量的最優估計值,在所考慮的組合導航系統中,由于系統的狀態變量都是誤差量,控制的目的是要消除這些誤差,因此,在 t_k 時刻得到這些誤差量的估計值之

后,可直接從系統中把它們消除掉,這是一種直接控制方式,其控制規律爲

$$U_K = -\hat{X}_K \tag{9.4.35}$$

在這個控制作用下,系統誤差量的預測值爲零,即有 $\hat{X}_{K+1}^{-}=0$,這可從式(9.4.34)看出,這時閉環組合導航系統的卡爾曼濾波器的方程簡化爲

$$\begin{aligned}\hat{X}_{K+1} &= K_{K+1}Z_{K+1}\\ K_{K+1} &= P_{K+1}^{-}H_{K+1}^{\mathrm{T}}(H_{K+1}P_{K+1}^{-}H_{K+1}^{\mathrm{T}}+R_{K+1})^{-1}\\ P_{K+1}^{-} &= \phi_{K+1,K}P_K\phi_{K+1,K}^{\mathrm{T}}+Q_K\\ P_{K+1} &= (\boldsymbol{I}-K_{K+1}H_{K+1})P_{K+1}^{-}\end{aligned} \tag{9.4.36}$$

控制規律(9.4.35)和閉環組合導航系統的卡爾曼濾波器方程(9.4.36)就是我們所要設計的組合導航系統的控制方案。

2. 衛星 - 慣性組合導航系統

上一小節討論的是以連續的信息作爲外部量測信息的最優組合導航系統,而有些組合方式不能提供連續的信息,只能在離散點上給出量測信息,以衛星 - 慣性組合導航系統爲例,來説明卡爾曼濾波器在這類組合系統中是如何工作的。我們做如下兩個假設:

① 假設載體做緩慢運動,因而可以忽略載體運動的影響。

② 假設慣導系統工作在水平阻尼工作狀態,允許忽略平臺水平姿態誤差角的影響。

從第六章慣導系統誤差傳播特性可以看出,長時間連續工作的慣性導航系統的定位誤差主要是由未經補償的陀螺漂移角速度造成的。由未經補償的常值陀螺漂移角速度產生的緯度誤差和方位誤差是等幅振蕩的,經度誤差是發散的。而由隨機陀螺漂移角速度產生的緯度誤差、經度誤差和方位誤差都是發散的。由此看來,未經補償的陀螺漂移角速度嚴重地影響着慣性導航系統的定位精度。爲了保證長時間連續工作的慣性導航系統具有足够的定位精度,提高陀螺精度是主要的設計環節。采用衛星導航系統離散測量的位置信息去校正或補償陀螺的漂移角速度,以提高陀螺的使用精度。并假設陀螺漂移角速度由兩部分組成,即一部分是均值爲零的一階馬爾可夫型的隨機過程分量,一部分是隨機偏置分量,可以用公式表示爲

$$\boldsymbol{\varepsilon}(t) = \boldsymbol{\varepsilon}^R(t) + \boldsymbol{\varepsilon}^C(t) \tag{9.4.37}$$

系統的狀態方程取 ψ 方程,由第六章式(6.2.19)可以得

$$\begin{aligned}\dot{\psi}_E &= \omega_e\sin\varphi\psi_N - \omega_e\cos\varphi\psi_\zeta + \varepsilon_E^R + \varepsilon_E^C\\ \dot{\psi}_N &= -\omega_e\sin\varphi\psi_E + \varepsilon_N^R + \varepsilon_N^C\\ \dot{\psi}_\zeta &= \omega_e\cos\varphi\psi_E + \varepsilon_\zeta^R + \varepsilon_\zeta^C\end{aligned} \tag{9.4.38}$$

式中

$$\begin{aligned}\dot{\varepsilon}_E^R(t) &= -\frac{1}{T_{gE}}\varepsilon_E^R(t) + \sqrt{2\sigma_{gE}^2/T_{gE}}q_E(t)\\ \dot{\varepsilon}_N^R(t) &= -\frac{1}{T_{gN}}\varepsilon_N^R(t) + \sqrt{2\sigma_{gN}^2/T_{gN}}q_N(t)\end{aligned} \tag{9.4.39}$$

$$\dot{\varepsilon}_{\zeta}^{R}(t) = -\frac{1}{T_{g\zeta}}\varepsilon_{\zeta}^{R}(t) + \sqrt{2\sigma_{g\zeta}^{2}/T_{g\zeta}}q_{\zeta}(t)$$

$$\dot{\varepsilon}^{C}(t) = 0 \tag{9.4.40}$$

式中 $q_E(t)$、$q_N(t)$、$q_{\zeta}(t)$ 均爲方差爲 1 的白噪聲過程,在上一小節中,把式(9.4.39) 右側最后一部分統稱爲一個白噪聲過程,其自相關函數,可表示爲 $2\sigma_g^2/T_g\delta(\tau)$ 形式。綜合上述三組方程式,得到慣導系統狀態方程式

$$\dot{\boldsymbol{X}}(t) = \boldsymbol{F}(t)\boldsymbol{X}(t) + \boldsymbol{G}(t)\boldsymbol{W}(t) \tag{9.4.41}$$

式中

$$\boldsymbol{X} = [\psi_E, \psi_N, \psi_Z, \varepsilon_E^R, \varepsilon_N^R, \varepsilon_{\zeta}^R, \varepsilon_E^C, \varepsilon_N^C, \varepsilon_{\zeta}^C]^{\mathrm{T}} \tag{9.4.42}$$

$$\boldsymbol{F} = \begin{bmatrix} 0 & \omega_e\sin\varphi & -\omega_e\cos\varphi & 1 & 0 & 0 & 1 & 0 & 0 \\ -\omega_e\sin\varphi & 0 & 0 & 0 & 1 & 0 & 0 & 1 & 0 \\ \omega_e\cos\varphi & 0 & 0 & 0 & 0 & 1 & 0 & 0 & 1 \\ 0 & 0 & 0 & -\frac{1}{T_{gE}} & 0 & 0 & 0 & 0 & 0 \\ 0 & 0 & 0 & 0 & -\frac{1}{T_{gN}} & 0 & 0 & 0 & 0 \\ 0 & 0 & 0 & 0 & 0 & -\frac{1}{T_{g\zeta}} & 0 & 0 & 0 \\ 0 & 0 & 0 & 0 & 0 & 0 & 0 & 0 & 0 \\ 0 & 0 & 0 & 0 & 0 & 0 & 0 & 0 & 0 \\ 0 & 0 & 0 & 0 & 0 & 0 & 0 & 0 & 0 \end{bmatrix} \tag{9.4.43}$$

$$\boldsymbol{G} = \begin{bmatrix} 0 & 0 & 0 & \sqrt{2\sigma_{gE}^2/T_{gE}} & 0 & 0 & 0 & 0 & 0 \\ 0 & 0 & 0 & 0 & \sqrt{2\sigma_{gN}^2/T_{gN}} & 0 & 0 & 0 & 0 \\ 0 & 0 & 0 & 0 & 0 & \sqrt{2\sigma_{g\zeta}^2/T_{g\zeta}} & 0 & 0 & 0 \end{bmatrix} \tag{9.4.44}$$

$$\boldsymbol{W} = [q_E, q_N, q_{\zeta}]^{\mathrm{T}} \tag{9.4.45}$$

方程(9.4.41) 離散化,得

$$\boldsymbol{X}_{K+1} = \boldsymbol{\Phi}_{K+1,K}\boldsymbol{X}_K + \boldsymbol{W}_K \tag{9.4.46}$$

這里的 $\boldsymbol{\Phi}_{K+1,K}$ 爲對應 $\boldsymbol{F}$ 的狀態轉移陣,其計算式爲

$$\boldsymbol{\Phi}_{K+1,K} = \mathrm{e}^{\boldsymbol{F}T}$$

離散噪聲序列 $\boldsymbol{W}_K$ 的計算式爲

$$\boldsymbol{W}_K = \int_0^T \mathrm{e}^{\boldsymbol{F}t}\boldsymbol{G}(t)\boldsymbol{W}(t)\mathrm{d}t \tag{9.4.47}$$

它的均值爲零、協方差近似爲

$$E[\boldsymbol{W}_K\boldsymbol{W}_j^{\mathrm{T}}] = \boldsymbol{G}\boldsymbol{G}^{\mathrm{T}}T = \boldsymbol{Q}\delta_{Kj} \tag{9.4.48}$$

方程式(9.4.46)是由一個白噪聲激勵的離散綫性系統,是衛星－慣性組合導航系統的狀態方程式。

爲了討論方便,假設慣導系統工作在水平阻尼工作狀態,允許忽略平臺水平姿態誤差角的影響。據式(6.2.21)和式(6.2.22),有

$$\begin{aligned} \delta\varphi &= \psi_E \\ \delta\lambda &= -\sec\varphi\psi_N \end{aligned} \tag{9.4.49}$$

考慮衛星導航系統測量值爲離散值,且 $\delta\varphi$ 和 $\delta\lambda$ 爲測量值和慣導系統計算值之差,再加上衛星導航系統的測量誤差,上兩式變爲

$$\begin{aligned} \delta\varphi_K &= \psi_{EK} + V_{1K} \\ \delta\lambda_K &= -\sec\varphi_k\psi_{NK} + V_{2K} \end{aligned} \tag{9.4.50}$$

這里的 V_{1K}、V_{2K} 分别代表衛星導航系統測量誤差,由于每次測量都是相互獨立進行的,并且認爲衛星導航系統没有系統誤差,根據先驗知識,設 $\{V_{1K}\}$、$\{V_{2K}\}$ 都是均值爲零、方差分别爲 σ_{V1}^2、σ_{V2}^2 的獨立隨機序列。設

$$\boldsymbol{Z}_K = \begin{bmatrix} \delta\varphi_K \\ \delta\lambda_K \end{bmatrix}$$

$$\boldsymbol{V}_K = \begin{bmatrix} V_{1K} \\ V_{2K} \end{bmatrix}$$

$$\boldsymbol{H} = \begin{bmatrix} 1 & 0 & 0 & 0 & 0 & 0 & 0 & 0 & 0 \\ 0 & -\sec\varphi & 0 & 0 & 0 & 0 & 0 & 0 & 0 \end{bmatrix}$$

將式(9.4.50)寫成矢量形式

$$\boldsymbol{Z}_K = \boldsymbol{H}_K\boldsymbol{X}_K + \boldsymbol{V}_K \tag{9.4.51}$$

式中 $\{V_K\}$ 是一個均值爲零、協方差爲

$$E[\boldsymbol{V}_K\boldsymbol{V}_j^{\mathrm{T}}] = \boldsymbol{R}_K\delta_{Kj} \tag{9.4.52}$$

的獨立隨機矢量序列,這里

$$\boldsymbol{R}_K = \begin{bmatrix} \sigma_{V1}^2 & 0 \\ 0 & \sigma_{V2}^2 \end{bmatrix}$$

式(9.4.51)就是衛星－慣性組合導航系統的量測方程。

確定了狀態方程和量測方程之后,就可以用卡爾曼濾波方法求狀態矢量 X_K 的估計值。卡爾曼濾波計算式可寫爲

$$\begin{aligned}
\hat{\boldsymbol{X}}_{K+1} &= [\boldsymbol{I} - \boldsymbol{K}_{K+1}\boldsymbol{H}_{K+1}]\boldsymbol{\phi}_{K+1,K}\hat{\boldsymbol{X}}_K + \boldsymbol{K}_{K+1}\boldsymbol{Z}_{K+1} \\
\boldsymbol{K}_{K+1} &= \boldsymbol{P}_{K+1}^{-}\boldsymbol{H}_{K+1}^{\mathrm{T}}(\boldsymbol{H}_{K+1}\boldsymbol{P}_{K+1}^{-}\boldsymbol{H}_{K+1}^{\mathrm{T}} + \boldsymbol{R}_{K+1})^{-1} \\
\boldsymbol{P}_{K+1}^{-} &= \boldsymbol{\phi}_{K+1,K}\boldsymbol{P}_K\boldsymbol{\phi}_{K+1,K}^{\mathrm{T}} + \boldsymbol{Q}_K \\
\boldsymbol{P}_{K+1} &= (\boldsymbol{I} - \boldsymbol{K}_{K+1}\boldsymbol{H}_{K+1})\boldsymbol{P}_{K+1}^{-}
\end{aligned} \tag{9.4.53}$$

由于平臺漂移角和陀螺漂移角速度都可以直接補償，因此在 K 時刻計算出 $\hat{X}_K$ 之后就可以實現這種補償。如果在 K 時刻利用 $\hat{X}_K$ 對慣性導航系統進行了平臺漂移角和陀螺漂移角速度補償之后，相當于濾波方程(9.4.53) 的第一個方程式的初始條件變成了零，即 $\hat{\boldsymbol{X}} = 0$。那么，$K+1$ 時刻的估計就可以簡單了，這時，經過補償后的閉環系統濾波方程變爲

$$\hat{\boldsymbol{X}}_{K+1} = \boldsymbol{K}_{K+1}\boldsymbol{Z}_{K+1} \tag{9.4.54}$$

實際上，式(9.4.53) 的后三個方程式與式(9.4.54) 是最后給出的衛星 – 慣性組合導航系統的計算方程式，它由導航計算機實時解算。

3. 信息融合理論在組合導航系統中的應用

衛星導航系統(GPS) 和慣性導航系統的組合是一種非常完美的組合方式，但是，由于 GPS 系統的應用受衛星所有權國家的控制，因此，不同國家的用户，爲了尋求使用上的安全性，在組合導航系統的構成上，選用多種類導航系統的組合。由于使用多個傳感器來測量同一個導航參數，出現冗余信息，增加了組合導航系統的可靠性，故障診斷和識別也變成了組合導航系統應該實現的一個很重要的研究内容。在濾波器的設計思想上，由集中濾波轉向分散濾波。當所有的導航參數都用一個狀態方程描述時，其方程的階次必然增加，因此采用高階次的集中式濾波器，在工程上實現實時性的要求就存在一定的困難。采用數據融合理論，設計分散式卡爾曼濾波器就成爲多傳感器組合式導航系統的核心算法。

如一個以激光陀螺捷聯慣導系統爲基本導航系統的多傳感器組合導航系統，由 GPS 系統、天文導航系統(CNS)、大氣數據系統(ADS)、磁羅盤系統(MS) 等組合，其分散式卡爾曼濾波器的設計框圖如圖 9.16 所示。

各子濾波器狀態方程和測量方程爲

$$\begin{aligned}
\dot{\boldsymbol{X}}_i &= \boldsymbol{F}_i\boldsymbol{X}_i + \boldsymbol{G}_i\boldsymbol{W}_i \\
\boldsymbol{Z}_i &= \boldsymbol{H}_i\boldsymbol{X} + \boldsymbol{V}_i
\end{aligned}$$

式中角標分別表示爲 1,2,3,4 和 s 子濾波器的通道數。如子濾波器 1 的狀態方程則爲

$$\begin{bmatrix} \dot{X}_{\mathrm{SINS}} \\ \dot{X}_{\mathrm{GPS}} \end{bmatrix} = \begin{bmatrix} F_{\mathrm{SINS}} & 0 \\ 0 & F_{\mathrm{GPS}} \end{bmatrix}\begin{bmatrix} X_{\mathrm{SINS}} \\ X_{\mathrm{GPS}} \end{bmatrix} + \begin{bmatrix} G_{\mathrm{SINS}} & 0 \\ 0 & \boldsymbol{I} \end{bmatrix}\begin{bmatrix} W_{\mathrm{SINS}} \\ W_{\mathrm{GPS}} \end{bmatrix}$$

測量方程爲

$$Z_{\mathrm{GPS}} = [H_1 \quad H_{\mathrm{GPS}}]\begin{bmatrix} X_{\mathrm{SINS}} \\ X_{\mathrm{GPS}} \end{bmatrix}$$

子濾波器 2 則爲捷聯慣導系統和天文導航系統組成，給出該子系統的狀態的最優估值 X_2

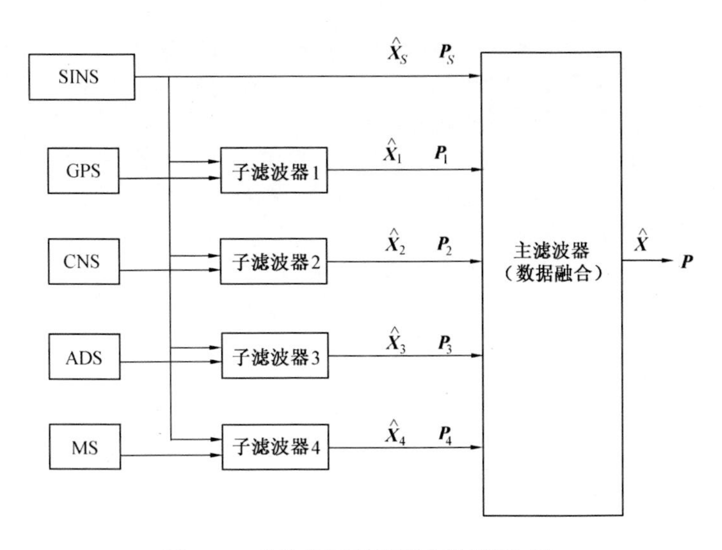

圖 9.16　分散式卡爾曼濾波器的設計框圖

和估值誤差的方差 P_2。

子濾波器3和4,則分别給出大氣數據子系統和磁羅盤子系統對狀態的最優估值 X_3 和 X_4,以及與其對應的方差 P_3 和 P_4。

在主濾波器中,各通道的信息將以一定的比例融合,信息的分配應滿足信息守恒的原則,即

$$\sum_{i=1}^{N} \beta_i = 1$$

式中　β_i——第 i 個子濾波器的信息分配系數,β_i 的確定和各子濾波器的估值誤差的方差成反比例。

由于是多傳感器的信息融合,對于信息到達主濾波器的信息同步問題是分散濾波應解决的另一個重要技術關鍵。

由于采用多傳感器的信息融合,這類系統總是將系統的故障診斷和識别作爲系統設計的内容之一。

9.5　慣性導航系統誤差的統計分析

一、圓概率誤差 CEP

在討論慣性導航系統的精度時,一般是采用統計學的方法來進行處理。對于一個系統絶對

精度的預測,不僅要求知道每個誤差系數的初始準確值,而且要準確知道在飛行中的誤差源的定量狀態。在實際工程中,形成誤差源的因素是不能確切知道的,其本身是一個隨機變量,因此系統設計者應該采用統計的方法去評定系統的精度。

其中,由慣性元件不完善而引起的誤差統稱爲儀表誤差,并可看做一個隨機函數。慣性導航系統的誤差可以看做是由儀表誤差激發系統誤差方程而引起的,通常假定儀表誤差是正態分布的,則由慣導系統誤差方程的綫性性質可知系統誤差也是正態分布的。可以認爲慣導系統的縱向回路和橫向回路的誤差分別決定了導彈的縱向誤差和橫向誤差,這兩項誤差可以描述導彈在地球表面的打擊精度。在一個回路內,系統誤差是由多個誤差源産生的,并假定這些誤差源間是互不相關的。對于慣性導航系統來説,至少有 20 ~ 30 個誤差源,根據中心極限定理,可認爲系統誤差的概率分布是正態的分布,符合數學公式

$$f(x,y) = \frac{1}{2\pi\sigma_x\sigma_y\sqrt{1-\rho_{xy}^2}}\exp\left\{\frac{-1}{2\sqrt{1-\rho_{xy}^2}}\left[\left(\frac{x-\mu_x}{\sigma_x}\right)^2 - 2\rho_{xy}\frac{(x-\mu_x)(y-\mu_y)}{\sigma_x\sigma_y} + \left(\frac{y-\mu_y}{\sigma_y}\right)^2\right]\right\} \tag{9.5.1}$$

式中 ρ_{xy}——x 回路和 y 回路的相關系數,$\rho_{xy} = \frac{\sigma_{xy}}{\sigma_x\sigma_y}$;

σ_{xy}—— 協方差;

σ_x——x 回路的標準差;

σ_y——y 回路的標準差;

μ_x——x 方向的均值;

$x-\mu_x$——x 方向偏差;

μ_y——y 方向的均值;

$y-\mu_y$——y 方向偏差。

在一個方向系統誤差的概率分布可簡化爲

$$f(x) = \frac{1}{\sqrt{2\pi\sigma^2}}e^{-x^2/2\sigma^2} \tag{9.5.2}$$

上式假定偏置值 μ_x 爲零。上式的意義是制導誤差 x 在一個方向内落在 x 和 $x+dx$ 之間的概率。方差 σ^2 和通道内各誤差源方差之間的關系爲

$$\sigma^2 = \sum_{i=1}^{n}\sigma_i^2 \tag{9.5.3}$$

對二維的位置誤差 x、y,在偏置爲零的假定下,當兩個回路位置誤差無關時,誤差分布概率密度函數可進一步簡化爲

$$f(x,y) = \frac{1}{2\pi\sigma_x\sigma_y}\exp\left\{-\frac{1}{2}\left[\frac{x^2}{\sigma_x^2}+\frac{y^2}{\sigma_y^2}\right]\right\} \tag{9.5.4}$$

因此,打擊點落入以 R 爲半徑的圓周内概率爲

$$p(R) = \int_R f(x,y)\mathrm{d}x\mathrm{d}y \tag{9.5.5}$$

將式(9.5.4) 代入上式,并改爲極坐標,則有

$$p(R) = \frac{1}{2\pi\sigma_x\sigma_y}\int_0^R\int_0^{2\pi}\exp\left\{-\frac{r^2}{2}\left[\frac{\cos^2\theta}{\sigma_x^2}+\frac{\sin^2\theta}{\sigma_y^2}\right]\right\}r\mathrm{d}r\mathrm{d}\theta \tag{9.5.6}$$

所謂圓概率誤差 CEP(The Circle of Equal Probability) 就是指使上述積分的概率等于 0.5 的 R 值。當 $\sigma_x = \sigma_y = \sigma$ 時,其圓概率誤差 CEP 爲

$$R(P = 0.5) \overset{\Delta}{=\!=} \mathrm{CEP} = 1.177\,4\sigma \tag{9.5.7}$$

在一般情況下,由于兩個通道的方差不相等,式(9.5.6) 計算起來很復雜,可用下式表示爲

$$p(R) = \frac{1}{\sigma_y^2\rho}\int_0^R I_0\left[\frac{r^2(1-\rho^2)}{4\sigma_y^2\rho^2}\right]\exp\left\{-\frac{r^2(1+\rho^2)}{4\sigma_y^2\rho^2}\right\}\mathrm{d}r \tag{9.5.8}$$

式中

$$\rho = \frac{\sigma_x}{\sigma_y}$$

$$I_0 = 2\int_0^\pi\exp\left\{-\left[\frac{A}{2}\cos 2\theta\right]\right\}\mathrm{d}\theta$$

$$A = \frac{r^2(1-\rho^2)}{2\rho^2\sigma_y^2}$$

圖 9.17 給出式(9.5.8) 的數值解。圖中的虛綫代表方程的近似解,這個近似解由兩條直綫表示,均可用于工程。

第一條是

$$\mathrm{CEP} = 0.589(\sigma_x + \sigma_y) \tag{9.5.9}$$

在 $\rho = 0.2 \sim 1$ 之間,準確度小于 3%。

第二條是

$$\mathrm{CEP} = 0.615\sigma_x + 0.562\sigma_y \tag{9.5.10}$$

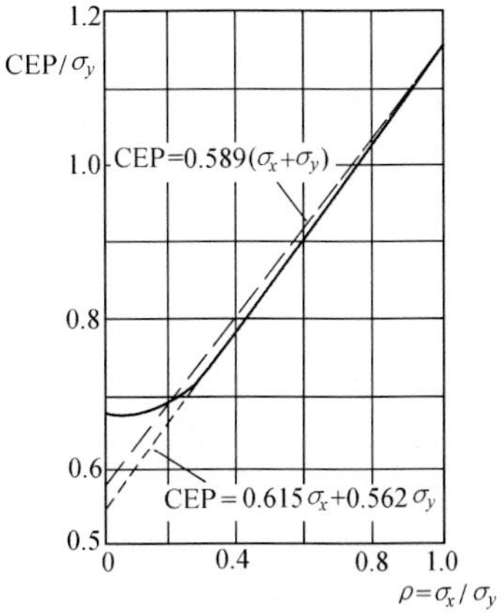

圖 9.17　CEP 的三類曲綫

式中 σ_y 要大于 σ_x,從圖可見,在 ρ 的一定範圍内,第二個近似解比較準確。

二、球概率誤差 SEP

對于空中打擊目標,可以用三維位置誤差的概率(SEP) 來描述,其近似表達式爲

$$\mathrm{SEP} \approx [\sigma_T^2(1 - V/9)^3]^{1/2} \tag{9.5.11}$$

$$\sigma_T^2 = \sigma_E^2 + \sigma_N^2 + \sigma_\zeta^2$$

$$V = \frac{2(\sigma_E^4 + \sigma_N^4 + \sigma_\zeta^4)}{\sigma_T^4}$$

式中　σ_T—— 總的標準偏差；

σ_E—— 東向標準偏差；

σ_N—— 北向標準偏差；

σ_ζ—— 天向標準偏差。

在有的情況下，用 RER 表示慣導系統的徑向位置誤差，其表達式爲

$$\mathrm{RER} = \sqrt{(\phi - \phi_0)^2 R^2 + (\lambda - \lambda_0)^2 R^2 \cos^2 \phi_0} \tag{9.5.12}$$

式中　ϕ_0—— 初始緯度；

λ_0—— 初始經度；

R—— 地球半徑。

思　考　題

1. 慣導系統爲什么要加阻尼？
2. 舉例説明阻尼式組合導航系統有何特點。
3. 天文導航系統的基本工作原理。
4. 衛星導航系統的基本工作原理。
5. 地形輔助導航系統的基本工作原理。
6. 最優組合導航系統的特點是什么？
7. 什么是慣導系統的 CEP?

參考文獻

[1] 陸元久.陀螺及慣性導航原理[M].北京:科學出版社,1964.

[2] 秦永元,張洪鉞,汪叔華.卡爾曼濾波與組合導航原理[M].西安:西北工業大學出版社,1998.

[3] KENNETH R BRITTING. Inertial Navigation Systems Analysis[M]. New York: John Wiley & Sons, Inc., 1971.

[4] 以光衢,等.慣性導航原理[M].北京:航空工業出版社,1987.

[5] 崔中興.慣性導航系統[M].北京:國防工業出版社,1982.

[6] 富爾 P,等.最優導航與統計濾波[M].吳維熊,等譯校.北京:國防工業出版社,1986.

[7] 勃拉涅茨 B H,等.四元數在剛體定位問題中的應用[M].梁振和,譯.北京:國防工業出版社,1977.

[8] 任思聰.實用慣導系統原理[M].北京:宇航出版社,1988.

[9] 王恩平,崔義.綫性控制系統理論在慣性導航系統中的應用[M].北京:科學出版社,1984.

[10] 陳哲.捷聯慣導系統原理[M].北京:宇航出版社,1986.

[11] 周百令.動力調諧陀螺儀設計與制造[M].南京:東南大學出版社,2002.

[12] 萬德鈞,房建成.慣性導航初始對準[M].南京:東南大學出版社,1998.

[13] 鄧正隆.慣性導航原理[M].哈爾濱:哈爾濱工業大學出版社,1994.

[14] 干國强.導航與定位[M].北京:國防工業出版社,2000.

[15] 艾佛里爾,等.高精度慣性導航基礎[M].武鳳德,等譯.北京:國防工業出版社,2002.

[16] 吴俊偉.慣性技術基礎[M].哈爾濱:哈爾濱工程大學出版社,2002.

[17] MILLER R B. A new strapdown attitude algorithm[J]. Journal of Guidance, Control and Dynamics, 1983,6(4): 287 ~ 291.

[18] ANTHONY LAWRENCE. Modern Inertial Technology: Navigation, Guidance, and Control[M]. New York: Springer-Verlag, 1993.

[19] GEORGE M SIOURIS. Aerospace Avionics Systems: A Modern Synthesis[M]. San Diego, California: Academic Press, Inc., 1993.

[20] 《慣性技術手册》編輯委員會.慣性技術手册[M].北京:宇航出版社,1995.

[21] HERVE C LEFEVRE.光纖陀螺儀[M].張桂才,王巍,譯.北京:國防工業出版社,2002.

國家圖書館出版品預行編目(CIP)資料

慣性技術 / 鄧正隆編著. -- 初版. -- 臺北市 : 崧燁文化, 2018.04 面； 公分 ISBN 978-957-9339-95-7(平裝) 1.航空工程 2.導航設備 447.85 107006822

作者：鄧正隆 編著
發行人：黃振庭
出版者 ：崧燁出版事業有限公司
發行者 ：崧燁文化事業有限公司
E-mail：sonbookservice@gmail.com
粉絲頁 網址 :http://sonbook.net
地址：台北市中正區重慶南路一段六十一號八樓 815 室
8F.-815, No.61, Sec. 1, Chongqing S. Rd., Zhongzheng Dist., Taipei City 100, Taiwan (R.O.C.)
電 話：(02)2370-3310 傳 真：(02) 2370-3210
總經銷：紅螞蟻圖書有限公司
地址：台北市內湖區舊宗路二段 121 巷 19 號
電話 :02-2795-3656 傳真 :02-2795-4100 網址：
印 刷 ：京峯彩色印刷有限公司（京峰數位）
定價：300 元
發行日期： 2018 年 4 月第一版